YUANDAI DE KEXUE JISHU YU SHEHUI

元代的科学技术与社会

彭少辉　著

U0202108

河南大学出版社

·开封·

图书在版编目(CIP)数据

元代的科学技术与社会/彭少辉著. —开封:河南大学出版社,
2010.9

ISBN 978-7-5649-0259-9

Ⅰ.①元… Ⅱ.①彭… Ⅲ.①科学技术－技术史－中国－
元代 Ⅳ.①N092

中国版本图书馆 CIP 数据核字(2010)第 185889 号

责任编辑 纪庆芳
责任校对 辛 媛
装帧设计 马 龙

出 版	河南大学出版社			
	地址:河南省开封市明伦街 85 号		邮编:475001	
	电话:0378-2825001(营销部)		网址:www.hupress.com	
排 版	郑州市今日文教印制有限公司			
印 刷	河南郑印印务有限公司			
版 次	2010 年 12 月第 1 版	印 次	2010 年 12 月第 1 次印刷	
开 本	890mm×1240mm 1/32	印 张	10.625	
字 数	276 千字	定 价	26.00 元	

目　录

引　论

科学技术与社会是一门自然科学和社会科学相交融的研究领域。

17世纪英国哲学家弗朗西斯·培根提出"知识就是力量"的口号,他在《新工具》一书中对于科技与社会的关系有许多论述,如对于中国人发明的印刷、火药和磁石,他说:"这三种发明已经在世界范围内把事物的全部面貌和情况都改变了;第一种是在学术方面,第二种是在战事方面,第三种是在航行方面;并由此又引起难以数计的变化来;竟至任何帝国、任何教派、任何星辰对人类事务的力量和影响都仿佛无过于这些机械性的发现了。"①说明他看到了科学技术的巨大社会功能和价值,认为人类对科学技术的运用可以深刻地改变社会。

19世纪中叶起,马克思、恩格斯亲身经历工业革命给人类社会带来的深刻变革,考察了科学技术对于促进社会生产力发展的重要作用,恩格斯在马克思墓前的悼词中指出:"科学是一种在历史上起推动作用的,革命的力量",把科学技术是社会生产力的重要因素的观点有机地融入马克思主义的基本理论,视其为经济和

---

① （英）弗朗西斯·培根:《新工具》第一卷,商务印书馆1984年版,第103页。

社会发展的一个极其关键的组成部分。

　　1931年在伦敦召开的第二届国际科学史大会上,苏联物理学家盖森宣读的论文《牛顿力学的社会经济根源》标志着科学史研究的新纪元,被认为是从"内史"转向"外史"的开端。学者们开始从社会的经济、政治、文化环境和条件等诸多因素来探讨科学和技术发展的规律性。

　　英国物理学家贝尔纳从事关于科学的社会性质、作用和科学的政策、管理、发展战略等问题的研究,出版了《科学的社会功能》(1939年)、《十九世纪的科学与工业》(1953年)、《历史上的科学》(1954年)等书。他的这些著作比较全面地阐述科学技术与社会发展的互相促进作用。

　　1935年,美国哈佛大学研究生罗伯特·金·默顿在被誉为"科学史之父"的乔治·萨顿的指导下写出题为《十七世纪英格兰的科学、技术与社会》的博士论文,并于1938年发表在萨顿主编的科学史刊物《OSIRIS》上,他被认为是把科学、技术、社会三词组合在一起的第一位学者,他的这篇论文标志着科学社会学成为一门新的学科。这篇论文既是科学史的研究,又是社会学的研究。正如范岱年先生在译后记所言:"在科学史领域,它突破了传统科学史研究的科学思想史(或内部史)框架,开创了科学社会史(或外部史)的研究,把科学不仅看做是一种知识体系,还把它看做是一种社会体制,并研究了它与其他社会体制(如经济、宗教等等)之间的互动。"①

　　三十多年后,默顿在此书于1970年再版时,以重新审视的眼光提出了诸多问题,后来成为科学社会学的若干研究主题,诸如科学的道德规范和精神气质,科学的继承性和科学成果的公有性,科

――――――――――

　　①　(美)罗伯特·金·默顿:《十七世纪英格兰的科学、技术与社会》,商务印书馆2000年版,第356页。

学家的优势积累——马太效应,对科学、技术与社会的互动方面的研究等等。①

正如默顿所言:"这些问题显然具有足够的普遍性,它们适用于具有一定数目的科学工作者的各个社会和历史时期。"②

元代国祚虽不算长,但如果从 1206 年成吉思汗建立蒙古汗国算起,也有超过一个半世纪的历史,同时,它是当时世界上最强大、最富庶的国家,疆域"北逾阴山,西极流沙,东尽辽左,南越海表。盖汉东西九千三百二里,南北一万三千三百六十八里,唐东西九千五百一十一里,南北一万六千九百一十八里,元东南所至不下汉、唐,而西北则过之,有难以里数限者矣"③。

从版图广度上看,元太祖二十年(1225 年),"乙酉春,帝至和林行宫,分封诸子:以和林之地与拖雷,以叶密尔河边之地与窝阔台。以锡尔河东之地与察合台,以咸海西货勒自弥之地与术赤"④。此时蒙古的势力范围已经地跨亚欧两大洲,欧亚大陆的大部分地区都处于蒙古汗国的统辖之下,从前的疆域界限尽被扫除。

纵览 14 世纪 60 年代以前的中国历史,元朝可谓引人瞩目。它是中国历史上由一代天骄成吉思汗及其子孙建立和经营的空前统一的封建王朝。就其极盛之时,无论是其占有的疆域广度上还是军事力量、经济力量、对外交流与开放规模上以及科学技术的建树上,均超前代,是当时无与伦比的世界强国。

元代的科学技术包括手工业技术,曾有过辉煌的历史,科技在

---

①　(美)罗伯特·金·默顿:《十七世纪英格兰的科学、技术与社会》,商务印书馆 2000 年版,第 356 页。

②　(美)罗伯特·金·默顿:《十七世纪英格兰的科学、技术与社会》,商务印书馆 2000 年版,第 4 页。

③　《元史》卷 58《地理志一》。

④　《新元史》卷 3《太祖下》。

当时推动着元代社会在诸多方面快速发展。诚如杜石然先生所言:"先进的中国科学技术(在当时世界上确实是先进的),推动着生产力,推动着中国社会不断向前发展,从而在世界的东方,早在公元前 3 世纪就造就了一个封建的大帝国。这个封建的大帝国,虽然在它的内部不断地改朝换代,但它在世界上的领先地位,却在十多个世纪的长时期内,历汉、唐、宋、元各个朝代而不衰,科学技术取得的一系列成就是它国力强盛的重要基础。"①

李约瑟在为坦普尔《中国的创造精神——中国的 100 个世界第一》作序时,这样说道:"近代科学只在 17 世纪兴起于欧洲,因为到那时最好的进行发现的方法本身才被发现;但是当时及以后的发现和发明,在许多情况下都有赖于以前许多个世纪内的中国内在科学、技术与医学方面的进步。"②

元朝立国时间不算长,但它在科学技术方面取得丰硕成果。学术界目前对于元代科技在中国科技史上的地位基本达成共识,即认为宋元时期是中国古代科技上的高峰期,但具体时间分期,如元代科技发展高峰形成、衰落的时间、原因、标志等比较模糊,对于元代统治者的科技奖励、科技认识水平研究不够,特别是对于蒙古诸汗、以元世祖为中心的元代诸皇帝对于元代科学技术发展所起的促进作用研究,对于元代科技人物,尤其与手工业生产、技术的改进、创造、发明息息相关的元代科技官员及其工匠群体的研究,对于元代科技世家的研究,很少有人问津,故此,本书将重点从以上几个方面展开论述。

学界对于元代数学史的研究最为深入,如白尚恕、李迪《十三世纪中国数学家王恂》,李迪《中国数学史简编》相关部分,杜石然

① 杜石然:《中国科学技术史稿》,第 309 页。

② (英)Robert Temple:《中国的创造精神——中国的 100 个世界第一》,人民教育出版社 2004 年版,第 3 页。

《朱世杰研究》(1960年)、《试论宋元时期中国和伊斯兰国家间的数学交流》,钱宝琮《中国数学史》元代部分,梅荣照《李冶及其数学著作》,(法)林力娜(K. Chemla)撰、郭世荣译《李冶〈测圆海镜〉的结构及其对数学知识的表述》(1985年),孔国平《李冶传》(1988年,河北教育出版社)、《李冶、朱世杰与金元数学》(2000年,河北科学技术出版社)。上述研究大部分偏重于内史的研究,对于外史虽有涉及,但内容较少。梁宗巨曾认为从元代中期(1314年算起)起中国数学发展呈现中断现象,并着重从社会因素提出中断原因:1.知识分子政策不好;2.科举制度阻碍数学的发展;3.文化专制及其他原因。梅荣照提出不同看法,他认为促进数学的发展有两个原因,一是社会原因,二是数学内部原因,并认为数学某些内容可以超过社会时代而产生。①

元代的天文学人物研究方面的专著,有潘鼐、向英合著《郭守敬》(1980年),近年有陈美东所著《郭守敬传》(2003年,南京大学出版社),该书在前者研究的基础上,对于郭守敬的科学技术成果进行了深入分析,并对其历史地位和对国内外的影响进行了评价,堪称元代科技人物研究的一大力作。

其他专题研究方面,范金民《元代江南丝绸业论述》则是关于元代丝织业方面的研究成果。该文对江南种桑、养蚕、缫丝技术的发展,民间丝绸业生产的普遍化以及官营织局的整体状况作了介绍,突出了元代江南丝绸业的历史地位。还有乐华云《金线银丝织春色:元代建康的丝织业》。目前的研究重点局限于南方地区,对北方地区的蚕桑丝织业状况重视不够。

矿冶业亦是学者们研究领域的重要问题之一,元代矿冶业研究肇始于20世纪40年代。这一时期侧重于金属冶炼技术及地域

---

① 吴文俊主编:《中国数学史论文集》,山东教育出版社1985年版,第10页。

性矿冶的发展等方面,如王荫嘉《元之浸铜术》、宁超《元明时期云南矿冶发展概况》以及日本学者伊藤幸一《元朝成立期蒙古民族的矿工业》均为这一时期的开创性成果。20 世纪 80 年代以来,对于元代矿冶业的研究不断深入,如李榦《元代社会经济史稿》介绍了元代矿冶业的概貌,着重分析了冶炼技术;王颋《元代矿冶业考略》对元代矿产地与矿冶机构作了考证;90 年代高树林《元代冶炼户计研究——元代"诸色户计"研究之三》则对元朝淘金户、银户、铁户等冶炼户及内部生产关系作了初步探讨。张子文《论元代冶金技术的几个特点》对元代冶金技术的几个特点,如筑炉技术的改进与规范、铜制模具的出现以及镔铁的生产与管理作了论述。对矿冶业内部生产方式、矿产品分配情况、元代各级国家机构的矿冶业管辖权,以及矿产品与商品经济的联系诸问题也有学人作进一步的研究。但目前的研究对元代银、铁、铜的产量、具体分布缺乏全面了解,虽认为元代银、铁的产量超过宋代,但没有一个量化指标,对铜的开采、冶炼以及铜器铸造更是没有涉及,没有注意到元代首先在开采、冶炼铸造政策上与宋代有了明显变化,特别是铜的开采、冶炼、及铜器铸造,没有充分考虑到元代并不严禁寺院用铜、铁铸钟、像等,故传统观点认为元代铜的产量极低。对于元代铜产量的计算,应该首先对元代的寺院用铜有一个深入的统计。以此为前提,得出元代的铜产量。

研究这一时期的历史资料有四大类:正史,别史,政书、行记、笔记、方志与史料汇编、四库全书中的元人文集,以及域外史料(也称非汉语史料)。

正史方面,《元史》虽然质量较差,错误疏漏之处颇多,向来为治元史者所诟病,但因《元史》所依据的诸多原始资料如《经世大典》、《十三朝实录》均已散佚,其史料价值自非后世各家改修、重修之作所能替代,仍然是今天研究蒙元史的最基本史料。

后人改修、重修的著作有胡粹中《元史续编》、邵远平《元史类编》、毕沅《续资治通鉴》、魏源《元史新编》、曾廉《元书》、屠寄《蒙兀儿史记》、柯邵忞《新元史》以及钱大昕《廿二史考异》、汪辉祖《元史本证》等。本文兼采柯邵忞《新元史》中的小部分内容，虽然它有很多弊病，但就优点而言，它位列二十五史之中，同时在广泛占有材料、博采众家之长方面，远胜他书。柯邵忞曾做过多年的资料整理，集腋成裘，多方搜求私家藏书与石刻拓本，其中不乏秘籍及手抄本，这是如今学人难以企及的，特别在元人传记方面，据文集碑传、金石文字以及域外资料增补 1100 余人，为研究相关专题提供了便利。

别史方面有《蒙古秘史》、《庚申外史》、《元朝名臣事略》、《国朝群雄事略》等。

政书，主要有《经世大典》，原书已佚，目前有《永乐大典》残本以及《元文类》所载《经世大典序录》。由黄时鉴主编、浙江古籍出版社出版了《元代史料丛刊》，以元代政书为主要收集对象，共有六种，分别是《通制条格》(1986 年)、《元代法律资料辑存》(1988 年)、《吏学指南(外三种)》(1988 年)、《庙学典礼(外二种)》(1992 年)、《秘书监志》(1992 年)以及《元代奏议集录》(1998 年)。

元代行记数量众多，是元代史料的一大特色，如耶律楚材的《西游录》和《长春真人西游记》、周达观的《真腊风土记》、汪大源的《岛夷志略》，欧洲人马可波罗的《马可波罗行纪》、鲁布鲁克的《鲁布鲁克东行纪》、鄂多立克的《鄂多立克东游录》、乞剌可思·刚扎克赛的《海屯行纪》，尤以马可波罗的最为出名，被称为"世界一大奇书"，对欧洲人了解中国及东方影响极大，其书受到蒙元史家的高度重视。

元代笔记内容也比较丰富，河北教育出版社 1994 年出版的《历代笔记小说集成》收书近千种，比 1984 年扬州广陵书社所出的《笔记小说大观》145 种多达数倍，其中的宋代笔记小说 188 种，元代笔记小说 29 种，为研究这一时期的政治、经济、文化、科技提供了丰富的史料。

元代的地方志存世不多,其中,最为重要的官修《大元一统志》1300卷久已失传,仅有残卷;赵万里根据《永乐大典》等资料进行辑佚,仅成10卷,是目前最为通行的本子。其他的地方志尚有《至顺镇江志》、《至大金陵新志》、《延祐四明志》、《至正四明续志》、《大德南海志》、《析津志辑佚》、《类编长安志》等等。

史料汇编主要有《元代农民战争史料汇编》、《元代白莲教资料汇编》、《元代画家史料》、《元代钞法资料辑录》、《元代罗罗斯史料辑考》、《宋末四川战争史料选编》、《元代法律资料辑存》。

对于笔者研究元代科学技术与社会帮助最大的当数有元一代的文献总汇《全元文》,由北师大古籍研究所负责编纂,总卷数为1880卷,收录作者3210人,总数为33728篇,从1998年起,由江苏古籍出版社(后改为凤凰出版社)负责出版,60册已经全部出齐,是一项总结元代文化的浩大工程。

域外史料除前面提到的几种欧洲人写的游记之外,还有波斯文典籍,最重要的两种为志费尼《世界征服者史》与拉施特《史集》,均已译为汉文。但这些只是西方文字的转译,而且种类非常有限,世界上关于蒙元时期的波斯文、阿拉伯文资料众多,由于语言障碍,目前尚不能充分利用。

本书所述元代的分期,是以1206年成吉思汗建立"大蒙古国",亦称"大朝"开始,1260年其孙忽必烈(1215～1294年)在其兄蒙哥(元宪宗)征蜀身亡后即位于开平,时为中统元年,以开平为上都,后以燕京(后称大都)为中都,将政治中心南移。1271年,接受其智囊团核心人物汉人刘秉忠的建议,附会《易经》中的"大哉乾元",改"大朝"为国号"大元",以大都为首都,上都为陪都,并实行两都巡幸制。

1279年,元灭南宋。又传九位皇帝,分别为成宗(孛儿只斤铁穆耳)、武宗(孛儿只斤海山)、仁宗(孛儿只斤爱育黎拔力八达)、英宗(孛儿只斤硕德八剌)、泰定帝(孛儿只斤也孙铁木儿)、天顺帝(孛儿只斤阿速吉八)、文宗(孛儿只斤图帖睦儿)、明宗(孛儿只斤和世㻋)、宁宗(孛儿只斤懿璘质班)、顺帝(孛儿只斤妥懽帖睦尔)。

1368年,明军攻入大都,末代皇帝妥懽帖睦尔退出中原。其继承者据有漠北,仍用元国号,史称北元。

明初由宋濂任总裁官修《元史》,把自成吉思汗建国至元顺帝退出中原(1206～1368年),总计162年的历史通称元朝(此说为多数中外治元史家所采用),本书也采此法划分元代分期。

传统的科学技术史的研究方法,偏重于对内史的研究,即对科学概念、定律、理论、方法、观察手段、实验仪器、数学工具等的分析,本论著重点是对元代的科学技术与社会的研究,偏重外史。近年来,元代相关研究逐渐成为学界热点,相关专题研究接连面世,如《元代基督教研究》、《元代国子监研究》、《元代手工业研究》、《元代矿冶业研究》,这些研究成果集中于宗教学、教育、手工业管理、矿冶业管理等方面,迄今为止,还没有出现一部在广泛收集元代各种史料的基础上,对元代一个半世纪多的科学技术与社会进行全面探讨和研究的论著,笔者在这方面作了一些初步尝试。中国目前正处在进行民族伟大复兴的过程,探讨元代社会能够在科学技术方面达到中国古代科技的巅峰状态,对于目前的科技创新应当说有现实的启发意义。

第一章　蒙元诸汗、皇帝与科学技术

20世纪50年代以前,学界一直有偏见,认为蒙元诸汗、皇帝不重视科学技术,这种看法越来越受到现代学者的摒弃。本章发现大量史料,可以证明皇祐浑仪在北宋灭亡时被金国掠取,后被蒙古汗国所获,并一直得到元政府的高度重视和精心保护。蒙古汗国时期和元朝政府动用国库黄金对浑仪进行修饰,在中国科技史上也是空前绝后的。同时以北宋铜人在元代亦受重视为例,说明蒙元诸汗在科技领域是有重视科技的传统思想的,并十分重视对汉民族先进的科学技术文明的传承。勾勒出《元史》缺载的一直受到蒙元诸汗、皇帝重视的掌管元代司天监、且许多史实不为后人所知的岳飞后人岳铉,以及继岳铉之后成为英宗时代后直至元顺帝时期(1321~1368年)主管司天监的最高官员王宏钧,补正《元史》对成吉思汗时期兴起的四代制甲、造盾工匠世家中的若干问题。

第一节 从宋代皇祐浑仪以及铜人在元代命运
看蒙元诸汗、皇帝对科技的态度及
元世祖对南宋科技文明的传承

一、北宋皇祐浑仪①

北宋曾先后铸制五台大型天文仪器，皇祐浑仪位列其一。史载："仁宗皇祐三年庚辰，新作浑仪。"②由于它是在北宋皇祐年间铸制的，故为此名。

靖康二年(1127年)，金人大掠汴京，掳礼器、乐器、祭器、八宝、九鼎、浑天仪、铜人、刻漏、古器、技艺、工匠北归，府库为之一空，文物典籍荡然殆尽，所谓"靖康之变，测验之器尽归金人"③。北宋天文仪器的辉煌成就可以说是毁于一旦。公元1215年，蒙古汗国攻克金中都，其时中都只有一台金灭北宋时掳获的铜浑仪，宋代其他几台浑仪，是毁于宋金战火，还是毁于其他情况不得而知。笔者近日涉猎元人文集、笔记，结合元史，发现几条证据，足以证明蒙古汗国所获这台浑仪是北宋皇祐铜浑仪，现录如下：

证据一：元人吴师道《九月二十三日城外纪游》诗云："……故桥旧市不复识，只有积土高坡陀。城南靡靡度阡陌，疏柳掩映连枯荷。清台突兀出天半，金光耀日如新磨。玑衡遗制此其得，众环倚值森交柯。细书深刻皇祐字，观者叹息争摩挲。司天贵重幸不毁，

---

① 笔者此内容已载于《自然辩证法通讯》2008年第2期，题为《北宋皇祐浑仪在元代命运如何？》

② 《宋史》卷12《仁宗四》。

③ 《宋史》卷23《钦宗本纪》。

回首荆棘悲铜陀……作诗写实不可毁,马上已复成微哦。"①作者
描述的是后来金中都司天台天文仪器与浑仪的情况,此诗用写实
方法,描述南郊之游。此时司天台浑仪仍然存于元大都的南城(今
北京崇文门外磁器口一带),他亲眼见到浑仪的铭刻为皇祐,叹息
之间即景成诗,这条史料可以说是铁证如山,它确凿地说明这台历
经风雨而幸存下来的浑仪应是北宋皇祐铜浑仪。

　　证据二:"太宗五年(1233年),敕修孔子庙及浑天仪。"②元太
宗窝阔台时期,蒙古立国不到30年,忙于四方征战,尚无天文仪器
铸造的技术实力,况元史用的措词是"修",所以敕修的浑天仪当为
蒙古灭金所获的那台铜浑仪。

　　证据三:"至元三年(1266年)五月辛丑,以黄金饰浑天仪。"③
众所周知,1271年元世祖忽必烈在改元后,把金、南宋两个司天监
的技术吏员集中到大都,再加上一些新选拔的人才,使得元代初期
的天文历法研究队伍人才济济,在王恂、郭守敬等人的主持下,从
事大规模的制仪、观测和编历活动,在短短几年之中就取得极大成
就。但在1266年,尚不具备铸制浑仪的技术实力,也不可能是扎
马鲁丁所制,此时元世祖下令用黄金修饰的浑仪,笔者推测可能是
这台皇祐浑仪。

　　证据四:郭守敬在研制简仪之前,曾利用原有的浑仪,并发现:
"今司天浑仪,宋皇祐中汴京所造,不与此处天度相符,比量南北二
极,约差四度;表石年深,亦复欹侧。"④从文中显然可知郭守敬所
借鉴、利用的正是这台皇祐浑仪。齐履谦是郭守敬的学生和得力
助手,后也知太史院事。他写了一篇追忆郭守敬的文章《知太史院

①　吴师道:《礼部集》卷5。

②　《元史》卷2《太宗本纪》。

③　《元史》卷6《世祖本纪三》。

④　李修生等编:《全元文》卷679《知太史院事郭公行状》。

事郭公行状》,成为明初宋濂主持编修《元史》、史官王祎主笔《郭守敬传》的最主要参考资料,也成为后世研究郭守敬生平和学术思想最权威、史料最可信、价值也最高的科技史资料。郭守敬所言当不为虚,这条史料也是最有说服力的。

证据五:元代危素《王宏钧传》:"为少监时,有星变,宏钧入见英宗,直言无所隐。上称叹久之。初,金人徙宋嘉祐中所制浑天仪象,沈括所议者是也。至是,宏钧奏请出内帑黄金四锭饰之。讫工,复加赏赉。"①王宏钧当时是司天少监,后为钦象大夫、提点司天监事,相当于现在的国家天文台台长。危素所记为嘉祐年间所制浑仪,沈括曾经议论过,笔者在《梦溪笔谈》中找到这样一段话:"天文家有浑仪,测天之器,设于崇台,以候垂象者,则古玑衡是也。浑象,象天之器,以水激之,或以水银转之,置于密室,与天行相符,张衡、陆绩所为,及开元中置于武成殿者,皆此器也。皇祐中,礼部试《玑衡正天文之器赋》,举人皆杂用浑象事,试官亦自不晓,第为高等。汉以前皆以北辰居天中,故谓之极星。自祖亘以玑衡考验天极不动处,乃在极星之末犹一度有余。熙宁中,予受诏典领历官,杂考星历,以玑衡求极星,初夜在窥管中,少时复出,以此知窥管小,不能容极星游转,乃稍稍展窥管候之,凡历三月,极星方游于窥管之内,常见不隐,然后知天极不动处,远极星犹三度有余。每极星入窥管,别画为一图。图为一圆规,乃画极星于规中。具初夜、中夜、后夜所见各图之,凡为二百余图,极星方常循圆规之内,夜夜不差。予于《熙宁历奏议》中叙之甚详。"②

在《梦溪笔谈》第8卷,他论及北宋时期制造的浑仪,"司天监铜浑仪,景德中历官韩显符所造,依仿刘曜时孔挺、晁崇、斛兰之法,失于简略。天文院浑仪,皇祐中冬官正舒易简所造,乃用唐梁

①　李修生等编:《全元文》卷1476《王宏钧传》。
②　沈括:《梦溪笔谈》卷7《象数一》。

令瓒、僧一行之法,颇为详备,而失于难用。熙宁中,予更造浑仪,并创为玉壶浮漏、铜表,皆置天文院,别设官领之。天文院旧铜仪,送朝服法物库收藏,以备讲求"①。由此可见,沈括说北宋铸制浑仪分别在景德年间(1004~1007年)、皇祐年间(1049~1053年)、熙宁年间(1068~1077年),没有提到嘉祐年间有铸制浑仪的活动。《宋史》对宋代天文仪器也有总结,可是也没有提到嘉祐中期有铸制天文仪器之举,"宋之初兴,近臣如楚昭辅,文臣如窦仪,号知天文。太宗之世,召天下伎术有能明天文者,试隶司天台;匿不以闻者幻罪论死。既而张思训、韩显符辈以推步进。其后学士大夫如沈括之议,苏颂之作,亦皆底于幻眇"②。

为了彻底弄清北宋时期铸制浑仪的活动,笔者根据《宋史·天文志》和有关人物纪传,将北宋时期浑仪铸制的情况一并辑录如下。

"太平兴国四年(979年)正月,巴中人张思训创作以献。太宗召工造于禁中,逾年而成,诏置于文明殿东鼓楼下。其制:起楼高丈余,机隐于内,规天矩地。下设地轮、地足;又为横轮、侧轮、斜轮、定身关、中关、小关、天柱;七直神,左摇铃,右扣钟,中击鼓,以定刻数,每一昼夜周而复始。又以木为十二神,各直一时,至其时则自执辰牌,循环而出,随刻数以定昼夜短长。上有天顶、天牙、天关、天指、天抱、天束、天条,布三百六十五度,为日、月、五星、紫微宫、列宿、斗建、黄赤道,以日行度定寒暑进退。开元遗法,运转以水,至冬中凝冻迟涩,遂为疏略,寒暑无准。今以水银代之,则无差失。冬至之日,日在黄道表,去北极最远,为小寒,昼短夜长。夏至之日,日在赤道里,去北极最近,为小暑,昼长夜短。春秋二分,日在两交,春和秋凉,昼夜平分。寒暑进退,皆由于此。并著日月象,

---

① 沈括:《梦溪笔谈》卷8《象数二》。
② 《宋史》卷48《天文志一》。

皆取仰视。按旧法，日月昼夜行度皆人所运行。新制成于自然，尤为精妙。以思训为司天浑仪丞。"①这是北宋时期最早铸制的浑仪。

"韩显符，不知何许人。少习三式，善察视辰象，补司天监生，迁灵台郎，累加司天冬官正。显符专浑天之学，淳化初，表请造铜浑仪、候仪。诏给用度，俾显符规度，择匠铸之。至道元年（995年）浑仪成，于司天监筑台置之，赐显符杂彩五十匹。"②可见，韩显符在至道元年曾铸制浑仪。

在《宋史》卷76《律历九》有"皇祐浑仪"条，其记载："皇祐初，又命日官舒易简、于渊、周琮等参用淳风、令瓒之制，改铸黄道浑仪，又为漏刻、圭表，诏翰林学士钱明逸详其法，内侍麦允言总其工。既成，置浑仪于翰林天文院之候台，漏刻于文德殿之钟鼓楼，圭表于司天监。帝为制《浑仪总要》十卷，论前代得失，已而留中不出。"③这就是本文所重点讨论的皇祐浑仪的来历，前已述及，它于皇祐三年（1051年）铸制。

沈括曾于神宗熙宁六年（1073年）主持制成浑仪，是在他提举司天监时，"迁太子中允、检正中书刑房、提举司天监，日官皆市井庸贩，法象图器，大抵漫不知。括始置浑仪、景表、五壶浮漏，招卫朴造新历，募天下上太史占书，杂用士人，分方技科为五，后皆施用。加史馆检讨"④。

"元祐间（1086～1093年）苏颂更作者，上置浑仪，中设浑象，旁设昏晓更筹，激水以运之。三器一机，吻合躔度，最为奇巧。宣

---

① 《宋史》卷48《天文志一》。
② 《宋史》卷461《韩显符传》。
③ 《宋史》卷76《律历志九》。
④ 《宋史》卷331《沈括传》。

和间，又尝更作之。而此五仪者悉归于金。"①更确切地说，元祐浑仪的制造时间是在哲宗元祐七年（1092 年），由苏颂、韩公廉等人造成，名为"水运仪象台"，它是将浑仪、浑象等综合起来的一种天文仪器，具有观测天象、自动演示天象和自动报时等诸多功能："既又请别制浑仪，因命颂提举。颂既邃于律历，以吏部令史韩公廉晓算术，有巧思，奏用之。授以古法，为台三层，上设浑仪，中设浑象，下设司辰，贯以一机，激水转轮，不假人力。时至刻临，则司辰出告。星辰缠度所次，占候则验，不差晷刻，昼夜晦明，皆可推见，前此未有也。"②这些就是北宋时期所铸制的浑仪，分别为太平兴国四年（979 年）张思训所制浑仪，至道元年（995 年）韩显符所制浑仪，皇祐三年（1051 年）舒易简、于渊、周琮等铸制的皇祐浑仪，熙宁六年（1073 年）沈括主持制成的熙宁浑仪，以及哲宗元祐七年（1092 年）由苏颂、韩公廉等人造成的"水运仪象台"，即史料提到的"五仪者悉归于金"。

根据目前所掌握的诸多史料，北宋时期一共有上述五次铸制浑仪的活动，嘉祐年间确实没有铸造浑仪的活动。通过对上述史料的回溯，可以得出这样的结论：危素可能把皇祐（1049～1053年）浑仪错当成了嘉祐年间（1056～1063 年）所制，也可能是笔误，或者是后世传抄出现的错误。

证据六："至正十二年（1352 年）二月，上出内帑钱二千五百缗，以赐钦象大夫、提点司天监事王公宏钧修治先茔……素始至京师，即从公求观故宋所铸浑天仪，考其制度。公不问其姓名，欣然相携观之。古所谓倾盖如故，公之谓矣。今几二十年……因请饰

---

① 《宋史》卷 48《天文志一》。
② 《宋史》卷 340《苏颂传》。

浑天仪,敕太府出黄金四锭,即讫工,赐楮币千贯。"①本条证据和第五条都出自于危素之手,所述内容大致吻合,虽写于元顺帝之时,但追忆的是英宗时用黄金饰浑天仪之事。尤为可贵的是,这二则史料还明确了用国库黄金饰浑天仪的数量为四锭(按元制每锭为五十两)。

结合上述相互呼应的六条史料,笔者断定这台浑仪为北宋皇祐铜浑仪。在蒙元初期和中后期,这台浑仪不仅没有受到战火的破坏,却受到元太祖铁木真、元太宗窝阔台、元世祖忽必烈以及元英宗硕德八剌等的高度重视和精心保护;且曾经用数量不菲、代价昂贵的国库黄金来修饰浑天仪,在中国科技史上可说是空前绝后。这体现了元代蒙古大汗、皇帝不仅重视天文、历法,也重视对汉族先进科学技术的传承。

二、北宋铜人

中统元年(1260年),尼泊尔匠师阿尼哥来华。"建黄金浮图于吐蕃。以天竺泥波罗国良工之萃也,发诏征之。国王奉诏,蒐罗得八十人,令自推一人为行长,众莫敢当,有少年独出当之,使(恐误,或为询)之年,曰十七矣……明年浮图成,自请归养。帝师奇其材,勉以入见天子……上大悦,命取古铜人示之曰:'此王檝奉使来时所进,关鬲脉络咸备,岁久缺坏,命匠缮葺,皆辞不能。汝能之乎?'辄诺,奉诏。至元二年(1265年)乙丑,补铜人成,上阅之大喜,悉呼辞不能者皆来,使之谛观,曰:'尔辞不能,此谁所补?'皆顿首谢曰:'天巧非人所及也。'"②

---

① 李修生等编:《全元文》卷1479《大元钦象大夫提点司天监事王公寿藏碑》。

② 程钜夫:《雪楼集》卷7《凉国敏慧公神道碑》。

　　此文由程钜夫写成,他在阿尼哥的传记中记述了铜人可以重新发挥它的神奇功能,在元代同样得到了高度重视;中医文明得以继续在元朝得以传承,强盛的大元帝国从域外得到阿尼哥这样的名匠使之修复完好这件事。

　　《元史》卷203《方技传》据以成史:帝命取明堂针灸铜像示之曰:"此宣抚王檝使宋时所进,岁久阙坏,无能修完之者,汝能新之乎?"对曰:"臣虽未尝为此,请试之。"至元二年(1265年),新像成,关鬲脉络皆备,金工叹其天巧,莫不愧服。

　　这里提到的铜人源于北宋王惟一设计并监制的两具铜质人体模型,用以表示针灸人体经穴的位置。模型的构造精巧,造型逼真,使针灸图像具有了立体感和真实感,在测试医学考生时,先将铜人外面涂蜡,再穿上衣服,体内注汞水,针入穴位则水涌出,否则针不能刺入,这在宋人笔记中有记载:"又尝闻舅氏章叔恭云:昔倅襄州日,尝获试针铜人,全像以精铜为之,腑脏无一不具。其外俞穴,则错金书穴名于旁,凡背面二器相合,则浑然全身,盖旧都用此以试医者。其法外涂黄蜡,中实以汞,俾医工以分折寸,按穴试针,中穴,则针入而汞出,稍差,则针不可入矣,亦奇巧之器也。后赵南仲归之内府,叔恭尝写二图,刻梓以传焉,因并附见于此焉。"①为便于操作,还编写了《新铸铜人腧穴针灸图经》三卷。②

　　铜人铸造时间为天圣五年(1027年):"(天圣五年十月)壬辰,医官院上所铸俞穴铜人式二,诏一置医官院,一置相国寺。先是,上以针砭之法,传述不同,俞穴稍差,或害人命。遂令医官王惟一考明堂气穴经络之会,铸铜人式。又纂集旧闻,订正讹谬,为《铜人针灸图经》。至是,上之。因命翰林学士夏竦撰序,摹印颁行。(赐

---

　　①　(宋)周密:《齐东野语》卷14。
　　②　《宋史》卷207《艺文六》。

诸州在七年闰二月,今并书之。)"①

铜人模型在宋代的针灸学教学和医师业务考核中发挥了很大作用,长期受到国内外医学界的高度重视。这两具铜人中的一具铜人在北宋亡后被金军掳掠到了金国,"凡法驾、卤簿,皇后以下车辂、卤簿,冠服、礼器、法物,大乐、教坊乐器,祭器、八宝、九鼎、圭璧,浑天仪、铜人、刻漏,古器、景灵宫供器,太清楼秘阁三馆书、天下州府图及官吏、内人、内侍、技艺、工匠、娼优,府库蓄积,为之一空"②。

由上可以得知,至少有一具铜人在元代得到了元世祖的精心保护。还可以得知,此具铜人是由王檝使宋时所进,此时当在元世祖(1260年)即位之前,太宗以后。《元史》有他的传:"癸巳,奉命持国书使宋,以兀鲁剌副之。至宋,宋人甚礼重之,即遣使以金币入贡。前后凡五往,以和议未决,隐忧致疾,卒于南。"③癸巳为1233年,时年为太宗五年,这可能是铜人被南宋献于蒙古汗国的最初时间。

铜人可能还与窦默有关,他是《元史》中提到的、由名医李浩传授并通晓铜人针法之人,"医者王翁妻以女,使业医。转客蔡州,遇名医李浩,授以铜人针法。金主迁蔡,默恐兵且至,又走德安。孝感令谢宪子以伊洛性理之书授之,默自以为昔未尝学,而学自此始。适中书杨惟中奉旨招集儒、道、释之士,默乃北归,隐于大名,与姚枢、许衡朝暮讲习,至忘寝食。继还肥乡,以经术教授,由是知名"④。

元苏天爵《名臣事略》卷8引墓志云:"河南既下,中书杨君奉

---

① 李焘:《续资治通鉴长编》卷105《仁宗天圣五年》。

② 《宋史》卷23《钦宗纪》。

③ 《元史》卷153《王檝传》。

④ 《元史》卷158《窦默传》。

朝命招集释、道、儒士,公应募北归至大名。寻返乡里,以经术教授邑人。病者来谒,无分贫富贵贱,视之如一。针石所加,应手良已,道誉益著。"①

　　元代鲜于枢也说:"中朝名士有以木菴陪饭,窦太师陪针,王状元陪口,作三陪图。"②所以窦默平生精于医术,而尤于针法独得真传,才有此之说。

北宋名医王惟一与针灸铜人③

　　《元史》记载,忽必烈在未即位前,召窦默问以治道,默首以三纲五常为对。世祖曰:"人道之端,孰大于此。失此,则无以立于世矣。"默又言:"帝王之道,在诚意正心,心既正,则朝廷远近莫敢不

　　①　苏天爵:《国朝名臣事略》卷8《内翰窦文正公》。

　　②　鲜于枢:《困学斋杂录》。

　　③　图片来源:http://culture.china.com/zh_cn/history/wenwu/11022845/20051206/12919668.html。

一于正。"一日凡三召与语,奏对皆称旨,自是敬待加礼,不令暂去左右。世祖问今之明治道者,默荐姚枢,即召用之。俄命皇子真金从默学,赐以玉带钩,谕之曰:"此金内府故物,汝老人,佩服为宜,且使我子见之如见我也。"①

忽必烈召窦默的真实原因其实是非常欣赏他的医术,以后,窦默就成为忽必烈的私人医生。后元世祖要封他为太子太傅,先后五次推辞不受。②

对于窦默,有许多事实需要澄清,如他没有做过太子太傅,有史料为证;窦太师之说,那为卒时追赠,所以以此说他位居一品三公之首,是不合历史事实的;关于针灸方面的著作,《针经指南》为他所作,据《千顷堂书目》,有《窦默铜人针经密语一卷》,其余之作,大都托他之名,以讹传讹。《四库提要辨证》有以下评论:

> 《读书敏求记》卷三医家类有《窦太师注标幽赋》一卷,今人章钰校证云:"钰案窦默字汉卿,肥乡人,金末以医自给,入元官至昭文馆大学士,卒赠太师,谥文正,见《元史》钱补,《元志》因著录是书,绛云目作金太师,殊误。又案《四库》存目有《疮疡经验全书》十三卷,《提要》云旧本题宋窦汉卿撰,卷首署燕山,而申时行序乃称为合肥人,以疮医行于宋庆历祥符间,《提要》纠之,而未举《元史》为证,且言《宋志》有《窦太师子午流注》一卷,今检《宋志》并无此书,馆臣以误滋误,至为可异!《爱日志》有影写元刊本《针灸四书》,内《针经指南》一卷,题金窦杰字汉卿撰,有其子桂芳至大辛亥序云南北有二汉卿,姓同字同,为医亦同,北之汉卿官至太师,南之汉卿,隐居济世云云。一窦汉卿,为宋、为金、为元,离奇至此,洵属异闻。似当

---

① 《元史》卷158《窦默传》。

② 王磐:《大学士窦公神道碑》,录于《全元文》卷62。

以见《元史》者为有据。《针经指南》序末题岁在壬辰,乃金哀宗天兴元年,其时盖尚未改名,故题为金窦杰也。默虽以医术知名,然其后究心伊洛性理之书,与姚枢、许衡朝暮讲习,卒以理学名儒,致位通显,其医术乃转为盛名所掩。默又自改其名字,于是后人不知著医书之窦汉卿,即是窦默,又讹肥乡人为合肥人。以讹传讹,遂有窦梦麟者,殆乡曲间粗习歌括之庸医,习闻前朝医家中有合肥窦汉卿者,号为窦太师,遥遥华胄,可依附以取名,乃冒为其后裔,取其书刻之,附入己之治验,以邀声价。"①

尼泊尔名匠阿尼哥在至元二年(1265 年)为元世祖忽必烈修复铜人一事,说明铜人之前已经被使用,此铜人在元世祖皇宫中只有窦默会用。据《千顷堂书目》,有《窦默铜人针经密语一卷》②,这也是窦默使用铜人的证据。

此铜人是宣抚史王檝(1184～1243 年)使元时所进,王檝使元的最初时间是 1233 年,逝于 1243 年,此年正是忽必烈最初召见窦默之时,可能是忽必烈此时已经拥有铜人,但苦于无人精通针术,特召深谙此术的窦默使用铜人。

窦默师从学针灸之术之人是李浩,他是山东滕县人,"世以儒显,而浩兼治方术,精医学,常来往东平间为人治病,率神效。所著有《素问沟玄》、《仲景或问》,诸书皆甚精确。窦默荐之于朝,世祖征之,以衰老甚,不就,诏有司岁给衣米终其身"③。

据史料记载,窦默有婿名刘执中(1242～1296 年),"字仲和,世为汴人……侯少负志节,长而益骞,种学绩文,以裕所蕴。同里

---

①　《四库提要辨证》卷 12《子部三》。
②　《千顷堂书目》卷 14。
③　清修《山东通志》卷 31《人物》。

窦文正公奇之,妻以子。既从窦公,悉得其学。余力所及,犹能以针医名天下"①。

窦默在元代医学史上对于针灸法的传布、实践方面卓有贡献,特别是对于北宋时期用于针灸教学的铜人在元代的继续传承,做出了应有的贡献。

同时可以看出,元太宗窝阔台、元世祖忽必烈对中原文明,包括医学在内的科技文明也是心向往之,并以具体行动,注重对科技文明的传承。铜人经尼泊尔匠师阿尼哥之手得以修补完整,重见天日,继续发挥它的作用,这应该算是元代医学史和科技史上的一件大事,也是中国和尼泊尔文化、科技交流中值得大书特书的一件耐人寻味的事情。

三、元世祖对南宋科技文明的传承

元世祖对于汉文典籍非常重视,至元九年(1272 年)置秘书监,掌管历代图籍及阴阳禁书。至元十三年二月,在进入南宋都城临安时下诏,对前代文明给以保护,不许破坏,并征集科技人才,"百官有司、诸王邸第、三学、寺、监、秘省、史馆及禁卫诸司,各宜安居。所在山林河泊,除巨木花果外,余物权免征税。秘书省图书,太常寺祭器、乐器、法服、乐工、卤簿、仪卫,宗正谱牒,天文地理图册,凡典故文字,并户口版籍,尽仰收拾。前代圣贤之后,高尚儒、医、僧、道、卜筮,通晓天文历数,并山林隐逸名士,仰所在官司,具以名闻。名山大川,寺观庙宇,并前代名人遗迹,不许拆毁。鳏寡孤独不能自存之人,量加赡给。伯颜就遣宋内侍王野入宫,收宋国衮冕、圭璧、符玺及宫中图籍、宝玩、车辂、辇乘、卤簿、麾仗等

---

① 　吴澄:《吴文正集》卷 73《元故少中大夫吉州路总管刘侯墓志铭》。

物"①。

元世祖对于接收工作非常重视，派与之相关的专门官员进行，"命枢密副使张易兼知秘书监事。伯颜入临安，遣郎中孟祺籍宋太庙四祖殿，景灵宫礼乐器、册宝暨郊天仪仗，及秘书省、国子监、国史院、学士院、太常寺图书祭器乐器等物"②。

为了使大批历代珍贵图书免遭兵火，将南宋秘书省、国子监、国史院、学士院的图书由海道舟运至大都秘书监收藏，"初，伯颜平江南时，尝命张瑄、朱清等，以宋库藏图籍，自崇明州从海道载入京师"③。据《元史》记载，仅南宋国史院的图书典籍就有5000多册，全都安然无恙，"伯颜命文炳入城，罢宋官府，散其诸军，封库藏，收礼乐器及诸图籍。文炳取宋主诸玺符上于伯颜。伯颜以宋主入觐，有诏留事一委文炳。禁戢豪猾，抚慰士女，宋民不知易主。时翰林学士李槃奉诏招宋士至临安，文炳谓之曰：'国可灭，史不可没。宋十六主，有天下三百余年，其太史所记具在史馆，宜悉收以备典礼。'乃得宋史及诸注记五千余册，归之国史院"④。另据元史官苏天爵记载，遗留下来的史料"宋自太祖至宁宗实录几三千卷，国史几六百卷，编年又千余卷，其他宗藩图谱、别集、小说，不知其几"⑤。

正因如此，后来元脱脱等撰《宋史》，大部分就据以为史，全书共496卷，包括本纪47卷，志162卷，表32卷，列传255卷，是正史中卷帙最庞大的一部史书。它记载了自宋太祖建隆元年（960年）至赵昺祥兴二年（1279年），前后320年的历史，保存了大量丰

---

① 《元史》卷9《世祖本纪六》。
② 《元史》卷9《世祖本纪六》。
③ 《元史》卷93《食货一》。
④ 《元史》卷156《董文炳传》。
⑤ 苏天爵：《滋溪文稿》卷25《三史质疑》。

富的史料,对宋朝的政治、经济、文化、科技等都有详细记载,是研究宋代历史最重要的史书,这与元世祖的上述举措有很大关系。

对于接收南宋文物、图籍和天文仪器过程中元军所为,史料载:"宋降,从文炳入宋宫,取宋主降表及收其文书图籍,静重识大体,秋毫无所取,军中称之。"①即使是这次伐宋战争的前线总指挥伯颜,也没有私取一物,此事在《元史》中有多处详细记载,当时的大贪官阿合马想从伯颜处得到一些南宋珍宝,结果大失所望,"伯颜之取宋而还也,诏百官郊迎以劳之,平章阿合马先百官半舍道谒,伯颜解所服玉钩绦遗之,且曰:'宋宝玉固多,吾实无所取,勿以此为薄也。'阿合马谓其轻己,思中伤之,乃诬以平宋时取其玉桃盏,帝命按之,无验,遂释之,复其任。阿合马既死,有献此盏者,帝愕然曰:'几陷我忠良!'别吉里迷失尝诬伯颜以死罪,未几,以它罪诛,敕伯颜临视,伯颜与之酒,怆然不顾而返。世祖问其故,对曰:'彼自有罪,以臣临之,人将不知天诛之公也。'"②明初修《元史》的史官对伯颜称赞有加:"伯颜深略善断,将二十万众伐宋,若将一人,诸帅仰之若神明。毕事还朝,归装惟衣被而已,未尝言功也。"③

这些图籍、天文仪器等对元代的科技推动作用不可小觑,如浑仪对郭守敬研制简仪具有很重要的参考作用,最主要的是,它使前代的科技文明得以保存,并继续发展。对培养元代科技人才也起到重要作用,这里举一例,郭守敬的学生齐履谦,据《元史》记载,就是因为自学了众多的南宋故书,学识渊博,"及为星历生,在太史局,会秘书监辇亡宋故书,留置本院,因昼夜讽诵,深究自得,故其学博洽精通,自六经、诸史、天文、地理、礼乐、律历,下至阴阳五行、

---

① 《元史》卷156《董士选传》。
② 《元史》卷127《伯颜传》。
③ 《元史》卷127《伯颜传》。

医药、卜筮,无不淹贯,尤精经籍"①。

第二节　蒙元诸汗、皇帝与元代科技名家

一、成吉思汗至元世祖时期孙氏四代制甲世家的出现

元代的造甲盛极一时。成吉思汗很重视战甲的制造,在蒙古军队中有大批精于制作战甲的回纥甲匠,据元人危素记载,"耶尔脱忽璘,事我太祖皇帝,为雅剌风赤,佩金符,管领回纥甲匠"②。

除此之外,元代自成吉思汗时代至元世祖时期,还出现了孙氏四代制甲、盾工匠世家,"孙威,浑源人。幼沉鸷,有巧思。金贞祐间,应募为兵,以骁勇称。及云中来附,守帅表授义军千户,从军攻潞州,破凤翔,皆有功。善为甲,尝以意制蹄筋翎根铠以献,太祖亲射之,不能彻,大悦。赐名也可兀兰,佩以金符,授顺天、安平、怀州、河南、平阳诸路工匠都总管"③。也可兀兰在蒙古语中意为"大工匠"。

孙威的制甲技术从何而来?元人刘因因为与其孙有交往,故对其家世颇为熟悉,"予始识公(此指孙公亮,孙威子)于镇州,于其言论风旨,已得其所谓良御史者。及其子拱与予交,则又得其出处之详者如此"④。"威即公之考也,夙巧慧,少出入战阵,每患世之

---

① 《元史》卷172《齐履谦传》。

② 《全元文》卷1480《元故资善大夫福建道宣慰使都元帅古速鲁公墓志铭》。

③ 《元史》卷203《孙威传》。

④ 刘因:《静修集》卷8《中顺大夫彰德路总管浑源孙公先茔碑铭》。

甲胄不坚寿。其妇兄杜伸，则《考工记》所谓燕人能为函者，因密得其法，且能创蹄筋翎根别为之，太宗亲射之，不少贯，宠以金符。"①

可见，孙威的制甲技术是从其妇兄处得来，这既是偶然也带有一定的必然性，与其少年时的志向有关。他得到这项技术后，能够推陈出新，有所创造，"创蹄筋翎根别为之，太宗亲射之，不少贯"，得到了最高统治者的青睐。

太宗窝阔台汗因孙威的制甲技艺高超，故对其人亦非常器重，孙威从攻邠、乾，突战不避矢石，帝劳之曰："汝纵不自爱，独不为吾甲胄计乎！"因命诸将衣其甲者问曰："汝等知所爱重否？"诸将对，皆失旨意。曰："能捍蔽尔辈以与我国家立功者，非威之甲耶？而尔辈言不及此，何也？"复以锦衣赐威。每从战伐，恐民有横被屠戮者，辄以搜简工匠为言，而全活之。②

这篇传记是明初修《元史》的史官采自元人王恽为工部尚书孙公亮所作神道碑，由于修史时间仓促，出现了多处重大失误，把孙威之子孙公亮误为其孙，且对孙公亮的诸多史实失载，孙拱的后代也失载，使得后世许多学者以讹传讹，出现不应有的错误。

据王恽的记载，孙威之子应为孙公亮，"公讳公亮，字继明，世家浑源横山里……及长，资英明，多艺能，慷慨有大志，练习国典，通晓译语……庚子岁（1240 年，时为太宗十二年），袭父职，佩银符。定宗朝，换银符。岁进课精，例赐锦币，宪宗特赉貂裘，仍勑继称父赐名。世祖皇帝在潜邸，上命岁输百铠，有中七矢而不贯者，其坚完如此，及南征，果获用。中统建元，授都总管。上北征，驻昔

---

① 刘因：《静修集》卷 8《中顺大夫彰德路总管浑源孙公先茔碑铭》。
② 《元史》卷 203《孙威传》。

没敦,公出私财制甲胄六十袭以献"①。

孙公亮后来官至工部尚书,是一位典型的科技官吏。元史缺载的孙公亮史实有:

中统年间,任都总管,"考制度,定程式,作诸路恒法"。

(至元)十六年冬,"授正议大夫、浙西道宣慰使,兼行工部事。籍人匠四十二万,立局院七十余所,每岁定造币缟、弓矢、甲胄等物"。

至元十八年:"上命左丞相阿剌罕等征日本,给办艅艎战具,缮制坚完,都将以闻,上曰:'也兀可阑岂有误邪?'"②

孙拱,为孙公亮之子,"资诚实,材果纯,孝力学,由工部侍郎升受少中大夫、大同路总管"。他也如其祖父、父亲一样擅长制作战甲,"巧思如其父,尝制甲二百八十袭以献"。不仅如此,1274 年,他在家族技艺的基础上,触类旁通,创造发明出一种"古所未有"的"叠盾",为家族制造史增添一段新的佳话,也开创了元代制盾技术新的篇章。这项优良的军事装备得到元世祖的高度肯定,并迅速应用到伐宋战争中,以充分发挥它的实际效果。

> "至元十一年,别制叠盾,其制,张则为盾,敛则合而易持。世祖以为古所未有,赐以币帛。丞相伯颜南征,以甲胄不足,诏诸路集匠民分制。拱董顺天、河间甲匠,先期毕工,且象虎豹异兽之形,各殊其制,皆称旨。"③

---

① 王恽:《秋涧集》卷 58《大元故正议大夫浙西道宣慰使行工部尚书孙公神道碑铭》。

② 王恽:《秋涧集》卷 58《大元故正议大夫浙西道宣慰使行工部尚书孙公神道碑铭》。

③ 《元史》卷 203《孙威传》。

孙公亮还有"孙男四:谦,袭世职,从侍郎、保定等路军器人匠提举;谐,承置郎、利器库提点;谊,进义副尉、保定等路军器人匠提举"①。孙谦、孙谐、孙谊是孙氏的第四代后人,他们作为军器人匠提举,在元代属于高级匠官,他们是否会制造战甲、盾?一般而言,在古代社会,作为制甲世家的后人,这项技艺应当不会失传,如元代理学大师吴澄曾言:"古者四民各世其业,故工有世工,而子孙以之为氏者。"②再者,他们任职的保定路军器人匠提举司下辖有河间甲局、祁州安平县甲局,即使他们没有亲自制造战甲,也会将家族技艺融入对制甲工匠的日常指导中。果不其然,元人对此也留下了宝贵的史料:"然而公未老,事业尚未既,而拱有才气,谦既以能世其业,而奏隶东宫,而谐亦颖悟,予他日又可以考其浅深厚薄于此也。"③刘因的这段评论确实有先见之明,当时孙谦、孙谐尚是少年,不过刘因已经看出他们今后必会继承孙威的遗愿,把家族事业发扬光大,事实也证明了这一点。

这一时期,大同地区还有吴德融善于制甲造弩,"(大同吴侯)侯名诚,字某,世为潢夏大姓,父德融善锻,有巧思,宪宗时用为诸路银匠提举。中统初,世祖召,制器尚方,复其家。先是,岁丁巳(1257年,为宪宗七年),侯被旨造征南弩于太原,起家为太原路远仓粮提举监支纳"④。锻,是指保护颈项的铠甲。

从以上对史料的相关分析,可以看出,元代山西地区甲、盾的制造代表着当时的最高水平,得到最高统治者的认可,同时他们的精湛技艺也得到时人的公认。

---

① 王恽:《秋涧集》卷58《大元故正议大夫浙西道宣慰使行工部尚书孙公神道碑铭》。
② 吴澄:《吴文正集》卷27《赠陶人郑氏序》。
③ 刘因:《静修集》卷8《中顺大夫彰德路总管浑源孙公先茔碑铭》。
④ 程钜夫:《雪楼集》卷21《故河东山西道宣慰副使吴君墓碑》。

二、蒙元诸汗、皇帝对天文、历法的高度重视及这一领域众多名家的出现

（一）岳飞后人岳铉（1249～1312 年）

岳铉为岳飞之后，有史料为证："及宋南渡，而太师岳王起相州汤阴县，事宋高宗，用功名显著于天下，若其忠义大节则尤冠绝古今。王薨而家南徙，子孙在北方者更兵燹祸乱，分徙于燕，遂为燕人者公之家是也。"①

《宋史》也提到，岳飞被害后，"籍家赀，徙家岭南"②。除养子岳云外，岳飞还有四个儿子，为岳雷、岳霖、岳震、岳霆，"雷，忠训郎、阁门祗候，赠武略郎。霖，朝散大夫、敷文阁待制，赠太中大夫。初，飞下狱，桧令亲党王会搜其家，得御札数箧，束之左藏南库，霖请于孝宗，还之。霖子珂，以淮西十五御札辩验汇次，凡出师应援之先后皆可考。嘉定间，为《吁天辩诬集》五卷、《天定录》二卷上之。震，朝奉大夫、提举江南东路茶盐公事。霆，修武郎、阁门祗候"③。

据网上的《岳飞家谱》介绍，岳铉为岳震之后人，由于笔者无法得见其家谱真面目，无法确证。但元人文集所说岳铉为岳飞之后，这应该是事实。

岳铉家学渊源深厚，在他之前，其家"观天之道"已历三世，可谓传统的天文世家，"曾祖讳天祐，金太医院副，行司天台事。祖讳

---

①　郑元祐：《侨吴集》卷 12《元故昭文馆大学士荣禄大夫知秘书监镇太史院司天台事赠推诚赞治功臣银青荣禄大夫大司徒上柱国追封申国公谥文懿汤阴岳铉字周臣第二行状》。

②　《宋史》卷 365《岳飞传》。

③　《宋史》卷 365《岳飞传》。

熙载,字寿之,金司玄大夫,赠资善大夫、集贤院学士、上护军,追封南阳郡公谥简惠。考讳寿,字椿卿,赠荣禄大夫、大司农、柱国,封申国公,谥僖成"①。

据史料记载,岳铉的曾祖父岳天祐精通天文、医学,"院副公精于推步占侯之学,盈虚消息之道,仰观于上,俯察于下,究于天之道而不忒,验于人之事而吻合,且攻轩岐《难》、《素》诸书。方是金所策士有精通玄象科,博赡医药科,其选甚精严,与儒术同。院副能以其学连中两科,累官至太医院副使、行司天台事"②。

岳铉之祖、父岳熙载、岳寿尤精于天文,"简惠公幼而警敏,稍长,读书五行俱下,日记几万言,正大间亦以玄象科登第,授司玄大夫。简惠既以占侯之学起其家,于是甚有所论载,有《天文精义赋》、《天文祥异赋》、《列舍史传》、《星总主管》等书"③。

《四库全书总目提要》也有岳熙载的相关线索,"有旧题管勾天文岳熙载撰,并集注。而不著其时代。案注中多引《宋史·天文志》,当为元末人。考元太史院有管勾二员,秩从九品。而历志载郭守敬《会南北日官考》论历法,有岳铉之名,或即其家子孙也。其书皆论推测占验之术,而以韵语俪之。首天体,次分野,次太阳、太阴,次概举七政,及於恒星,而以凌抵、斗食之说附於其末。大都摭拾史传,不能有所发明。钱曾《读书敏求记》,载熙载尚有《天文占

---

①　郑元祐:《侨吴集》卷12《元故昭文馆大学士荣禄大夫知秘书监镇太史院司天台事赠推诚赞治功臣银青荣禄大夫大司徒上柱国追封申国公谥文懿汤阴岳铉字周臣第二行状》。

②　郑元祐:《侨吴集》卷12《元故昭文馆大学士荣禄大夫知秘书监镇太史院司天台事赠推诚赞治功臣银青荣禄大夫大司徒上柱国追封申国公谥文懿汤阴岳铉字周臣第二行状》。

③　郑元祐:《侨吴集》卷12《元故昭文馆大学士荣禄大夫知秘书监镇太史院司天台事赠推诚赞治功臣银青荣禄大夫大司徒上柱国追封申国公谥文懿汤阴岳铉字周臣第二行状》。

书类要注》四卷,今不存"①。

金亡后,他们为蒙古汗太宗和阔端太子所重用,主管天文之事,"金南迁,从宣宗都汴,迄金之亡后还燕。用其所学进见太宗皇帝,既以推验无不应者,遂以天文属之公。逮僖成公用其家学事阔端太子,行司天台。太子征行屯戍十余年间,无一日不以公自随也"②。

至元十年(1273 年),据元人传记所述岳铉为"未冠之年",其实他已经 25 岁,深厚的家学功底已经显露出来,当时刘秉忠得到了岳铉祖父所著的《列舍》、《星总》等书,有疑难问题难以解决,向他叩问,得到满意解答,遂向元世祖推荐,得到重用,"是日降旨,许公出入禁近"③。

陈美东先生在《郭守敬传》中说郭守敬晚年培养与举荐天文人才,他举岳铉为例④,说岳铉于元成宗大德十一年(1307 年)"以昭文馆大学士、正奉大夫知秘书监事",元仁宗皇庆元年(1312 年),又"加荣禄大夫,领太史院司天台事",是由于郭守敬的举荐。⑤ 笔者认为是不恰当的,原因有四:

其一,岳铉是由刘秉忠所推荐的,时间早在统一南宋前。

其二,如上所述,岳铉得到重用的时间是在 1273 年,而不是陈美东先生所言在 34 年后的 1307 年,那时,岳铉已经年近六旬。

---

① 《四库全书总目提要》卷 107《子部十七》。

② 郑元祐:《侨吴集》卷 12《元故昭文馆大学士荣禄大夫知秘书监镇太史院司天台事赠推诚赞治功臣银青荣禄大夫大司徒上柱国追封申国公谥文懿汤阴岳铉字周臣第二行状》。

③ 郑元祐:《侨吴集》卷 12《元故昭文馆大学士荣禄大夫知秘书监镇太史院司天台事赠推诚赞治功臣银青荣禄大夫大司徒上柱国追封申国公谥文懿汤阴岳铉字周臣第二行状》。

④ 陈美东:《郭守敬传》,南京大学出版社 2003 年版,第 113 页。

⑤ 王士点、商企翁:《秘书监志》卷 9。

其三,岳铉在 1276 年就已经被元世祖晋升为司天台最高官员司天台提点,"司天监,秩正四品,掌凡历象之事。提点一员,正四品"①,太史院与司天监并立,此时郭守敬为同知太史院事,虽为正三品,实际上二人地位基本相等。

其四,元仁宗皇庆元年(1312 年),岳铉又"加荣禄大夫,领太史院司天台事",而这一年三月五日岳铉就与世长辞了,郭守敬四年后才去世,谈何推荐新人。

造成陈美东先生这样的推论,可能与他没有看到《元故昭文馆大学士荣禄大夫知秘书监镇太史院司天台事赠推诚赞治功臣银青荣禄大夫大司徒上柱国追封申国公谥文懿汤阴岳铉字周臣第二行状》这篇文章有关。

仅仅过了三年(1276 年),元世祖就晋升岳铉为司天台最高官员司天台提点,对他恩宠有加,"公往往入奏事,帝后虽并坐,上必问曰:'卿岂有欲言者乎?'无所言则已,将有意于敷奏,虽皇后亦起避。亲王大臣望见,未尝不叹羡其得君也"②。

《元史》没有岳铉之传,且在《元史》中他的名字只在卷 52《历一》以及卷 21《成宗纪四》进《元一统志》时出现过两次,对此事自然没有提及,《元史》提到这一年组织修历(岳铉此时已经为司天台提点,《元史》把他列入"南北日官"之列),"十三年,平宋,遂诏前中书左丞许衡、太子赞善王恂、都水少监郭守敬改治新历。衡等以为金虽改历,止以宋《纪元历》微加增益,实未尝测验于天,乃与南北日官陈鼎臣、邓元麟、毛鹏翼、刘巨渊、王素、岳铉、高敬等参考累代

---

① 《元史》卷 90《百官六》。

② 郑元祐:《侨吴集》卷 12《元故昭文馆大学士荣禄大夫知秘书监镇太史院司天台事赠推诚赞治功臣银青荣禄大夫大司徒上柱国追封申国公谥文懿汤阴岳铉字周臣第二行状》。

历法,复测候日月星辰消息运行之变,参别同异,酌取中数,以为历本"①。

不惟如此,《元史》同样也没有提及至元二十四年(1287 年)岳铉参加元世祖征乃颜之战。"廿四年,乃颜反北方,势张甚,上亲征,命公从军,凡屯行日时,营垒止作,乘机邀利,皆命禀于公。先是,上无意于必杀,故亲御象舆以督战,意其望见车驾必就降。锋既交,两阵矢激射几蔽天,乃颜悉力攻象舆,时公已劝上下舆马矣。平章李牢山固请,以其众陷阵而入,尽歼乃颜,非上意也。"②

这里提到的李牢山,元史为李劳山,"宗王乃颜叛,帝亲征,召士选至行在所,与李劳山同将汉人诸军以御之。乃颜军飞矢及乘舆前,士选等出步卒横击之,其众败走。缓急进退有礼,帝甚善之"③。

元世祖征其侄子乃颜,身边带有一批天文、历法专家,以预测战争胜负,此事在《马可波罗行纪》中有提及:"迨其征集此少数军队以后,命其星者卜战之吉凶,星者卜后告之曰,可以大胆出兵,将必克敌获胜,大汗闻之甚喜。"④除岳铉外,还有靳德进,《元史》有他从征的记载,"从征叛王乃颜,揆度日时,率中机会。诸将欲剿绝其党,德进独陈天道好生,请缓师以待其降。俄奏言:'叛始由惑于妖言,遂谋不轨,宜括天下术士,设阴阳教官,使训学者,仍岁贡有成者一人。'帝从之,遂著为令"⑤。

岳铉在元世祖时期由刘秉忠推荐,长期主管司天监,"先是,世

---

①　《元史》卷 52《历一》。

②　郑元祐:《侨吴集》卷 12《元故昭文馆大学士荣禄大夫知秘书监镇太史院司天台事赠推诚赞治功臣银青荣禄大夫大司徒上柱国追封申国公谥文懿汤阴岳铉字周臣第二行状》。

③　《元史》卷 156《董士选传》。

④　《马可波罗行纪》第 77 章《大汗进讨乃颜》。

⑤　《元史》卷 203《方技传》。

皇与刘太保语,问其寿犹有几,太保为尚有三年活。上复问三年后孰可倚任者,太保一一为上言,至于司天则以公为对"①。这里的公即岳铉。后岳铉掌管司天台事,历经成宗、武宗朝,直到皇庆元年(1312 年)去世。

岳铉晚年还参与《元大一统志》的编纂工作,总共 600 册,此书保存了宋、金、元旧志中的许多材料,在学术上有很高价值,"大德七年(1303 年)三月戊申,孛兰肹、岳铉等进《大一统志》,赐赉有差"②。

尤为一提的是,元世祖曾赠给他宋银宫漏,岳铉没有据为私有,而是置之于司天监,为学者所用,"上尝以宋银宫漏赐公,制作极工赡,公不敢藏于家,请置之司天监"。从此事还可以看出,元世祖对前代科技文明成果相当尊重,没有以"奇技淫巧"之名毁坏它,没有不分对象地滥赐,而是做到物尽其用,人尽其才。

这台制作极其精美的宋制银宫漏,后来放在司天监,发挥了很大的作用,对其他科学家研制各式宫漏提供了珍贵的参考素材。元代大科学家郭守敬能够制作出诸如柜香漏、屏风香漏、行漏此类的天文科技器物,恐与此不无关系。

史料记载,到岳铉为止,其家四世精于天文、历法之学,然而岳铉并没有让后人继承他在推侯方面的学问,"平居言议绝口不及推测事,每曰:'高允、崔浩一可为师,一可为戒,况吾家三世业此,逮予犹莫之测,何可以授非其人。'故公三子,每教以修身慎行而已,

①　郑元祐:《侨吴集》卷 12《元故昭文馆大学士荣禄大夫知秘书监镇太史院司天台事赠推诚赞治功臣银青荣禄大夫大司徒上柱国追封申国公谥文懿汤阴岳铉字周臣第二行状》。

②　《元史》卷 21《成宗纪四》。

若夫推侯之学则一不与言"①。可能岳铉考虑到元代中期政治环境日趋恶化,故坚决不让其子涉足这一与最高统治者打交道的领域。所以他的三个儿子,据史料记载,都没有继承岳铉在天文历法方面的家学,"子男三人,长祖义,初任太史院都事,娶马氏,今官温州路平阳州知州。次宗礼,由国子生任中书舍人,娶于氏。次嗣贞,未娶"②。

（二）郭守敬（1231～1316 年）

对于郭守敬的身世,元史有以下记载,"郭守敬,字若思,顺德邢台人。生有异操,不为嬉戏事。大父荣,通五经,精于算数、水利。时刘秉忠、张文谦、张易、王恂同学于州西紫金山,荣使守敬从秉忠学"③。

其祖父郭荣对郭守敬的早年影响甚大。因为郭荣精于算数、水利,所以倾其所学,教育、培养郭守敬。郭守敬后来能够在天文、历法、水利诸多方面造诣精深,与他祖父所传授的家学有很大的关系。

据郭守敬的学生兼得力助手齐履谦撰写的追忆郭守敬的《知太史院事郭公行状》回忆,"文贞公（即刘秉忠）复与鸳水翁（即郭之祖父）为同志友,以故俾公就学于文贞所"④。这是元史没有记载的,第一,说明郭守敬之祖父与刘秉忠有深厚的交情,故托学于他;第二,暗示郭荣也和刘秉忠一样,都属于百科全书式的人物,为了

---

①　郑元祐:《侨吴集》卷 12《元故昭文馆大学士荣禄大夫知秘书监镇太史院司天台事赠推诚赞治功臣银青荣禄大夫大司徒上柱国追封申国公谥文懿汤阴岳铉字周臣第二行状》。

②　郑元祐:《侨吴集》卷 12《元故昭文馆大学士荣禄大夫知秘书监镇太史院司天台事赠推诚赞治功臣银青荣禄大夫大司徒上柱国追封申国公谥文懿汤阴岳铉字周臣第二行状》。

③　《元史》卷 164《郭守敬传》。

④　《全元文》卷 679《知太史院事郭公行状》。

开阔郭守敬的眼界，使之以后有更大的发展，才托学于他。当时在文贞所的学人，以后在元代科技史上都是风云人物，郭荣为其孙可谓深谋远虑。

"文贞所"是刘秉忠出仕前在河北邢台紫金山隐居讲学之所在，"时太保刘文贞公、左丞张忠宣公、枢密张公易、赞善王公恂，同学于州西紫金山"①。文中提到的数人是推动元代科技尤其是天文历法方面发展的最大的动力和来源。他们当中的核心人物是刘秉忠（1216～1274 年），包括元史提到的张文谦（1217～1283 年）、张易、王恂（1235～1281 年）、郭守敬（1231～1316 年），后两位为刘秉忠的弟子，另外还有郝经（1226～1278 年）、姚枢（1203～1280 年）、许衡（1209～1281 年）、窦默（1196～1280 年），这些人与刘秉忠的关系是志同道合的朋友，但其中窦默与刘秉忠的关系有点特殊，据《元史》记载，至元元年（1264 年），刘秉忠时年 48 岁，由元世祖主持，将窦默之次女妻之，"秉忠虽居左右，而犹不改旧服，时人称之为聪书记。至元元年，翰林学士承旨王鹗奏言：'秉忠久侍藩邸，积有岁年，参帷幄之密谋，定社稷之大计，忠勤劳绩，宜被褒崇。圣明御极，万物惟新，而秉忠犹仍其野服散号，深所未安，宜正其衣冠，崇以显秩。'帝览奏，即日拜光禄大夫，位太保，参领中书省事。诏以翰林侍读学士窦默之女妻之，赐第奉先坊，且以少府宫籍监户给之"②。

郭守敬青年时代在家乡就已经崭露头角，"先是，顺德城北有石桥，以通达活泉水，兵后桥为泥料潦淤没，失其所在，公甫冠，为之审视地形，按指其处而得之。河东元公裕之，文其事于石，其曰里人郭生者，即公是也"③。

---

① 《全元文》卷 679《知太史院事郭公行状》。
② 《元史》卷 157《刘秉忠传》。
③ 《全元文》卷 679《知太史院事郭公行状》。

此处提及的元公裕之,是鼎鼎大名的大文学家元好问,他写的这篇文章名为《邢州新石桥记》,涉及郭守敬的内容是"乃命里人郭生立准、计工,镇抚李质董其事。分画沟渠,三水各有归宿,果得故石梁于埋没之下"①。可见,在郭守敬弱冠之年,凭元好问的这篇文章打开了知名度,不过最主要的是他拥有的才学和智慧。

郭守敬能够在元代初期的科技史上声名鹊起,与元世祖是分不开的。"中统三年,文谦荐守敬习水利,巧思绝人。世祖召见,面陈水利六事:其一,中都旧漕河,东至通州,引玉泉水以通舟,岁可省雇车钱六万缗。通州以南,于兰榆河口径直开引,由蒙村跳梁务至杨村还河,以避浮鸡淀盘浅风浪远转之患。其二,顺德达泉引入城中,分为三渠,灌城东地。其三,顺德沣河东至古任城,失其故道,没民田千三百余顷。此水开修成河,其田即可耕种,自小王村经滹沱,合入御河,通行舟筏。其四,磁州东北滏、漳二水合流处,引水由滏阳、邯郸、洺州、永年下经鸡泽,合入沣河,可灌田三千余顷。其五,怀、孟沁河,虽浇灌,犹有漏堰余水,东与丹河余水相合。引东流,至武陟县北,合入御河,可灌田二千余顷。其六,黄河自孟州西开引,少分一渠,经由新、旧孟州中间,顺河古岸下,至温县南复入大河,其间亦可灌田二千余顷。每奏一事,世祖叹曰:'任事者如此,人不为素餐矣。'授提举诸路河渠。四年,加授银符、副河渠使"②。可见,元世祖对郭守敬这样的实干家和复合型人才是求贤若渴的,且能够知人善任,委以重任。

从此以后,郭守敬在元世祖时期越来越受到重视,"至元二年,授都水少监。守敬言:'舟自中兴沿河四昼夜至东胜,可通漕运,及见查泊、兀郎海古渠甚多,宜加修理。'又言:'金时,自燕京之西麻峪村,分引卢沟一支东流,穿西山而出,是谓金口。其水自金口以

① 元好问:《遗山集》卷 33《邢州新石桥记》。
② 《元史》卷 164《郭守敬传》。

东,燕京以北,灌田若干顷,其利不可胜计。兵兴以来,典守者惧有所失,因以大石塞之。今若按视故迹,使水得通流,上可以致西山之利,下可以广京畿之漕。'又言:'当于金口西预开减水口,西南还大河,令其深广,以防涨水突入之患。'帝善之"①。从以上记载可见,元世祖对待科学家的态度是非常真诚的,尤其值得一提的是,元世祖对科技的兴趣非常浓厚,亲自了解郭守敬制作天文仪器的情况并听取汇报,观看仪器的演示,"十六年(1279 年),改局为太史院,以恂为太史令,守敬为同知太史院事,给印章,立官府。及奏进仪表式,守敬当帝前指陈理致,至于日晏,帝不为倦"②。

太史院的建立,《元史》只是一笔带过,据元人文集提供的详细史料,"十六年春,择美地,得都邑(笔者按:即元大都)东墉下,始治役。垣纵二百布武,横减四之一,中起灵台,余七丈,为层三。中下皆周以庑。其下面目,中室为官府,以总听院政"③。整个建筑共分为三层,下层为太史院办公地点,中层收藏图书以及室内仪器,上层为露天观测台并放置仪器之所,"凡器用出纳于阴室中层,离室以列景曜,巽室以措水运浑天壶漏,坤室以措浑天象盖天图,震兑二室,以图南北异方浑天盖天之隐见,坎室以为太岁,乾室以贮天文测验书,艮室以贮古今推算历法。台颠设简、仰二仪,正方案敷简仪,下灵台之左,别为小台,际甍周庑以华四外,上措玲珑浑仪。灵台之右立高表,表前为堂,表北夯石圭,圭面刻度景丈尺寸分,圭旁夹以运甍,可圭上露天日为度景计。灵台之前东西隅,置印历工作局,次南神厨,算学设为如上"④。

对于郭守敬所进仪表,史料有载:郭守敬对于创制"仪象表漏"

---

① 《元史》卷 164《郭守敬传》。

② 《元史》卷 164《郭守敬传》。

③ 《全元文》卷 289《太史院铭》,又见苏天爵:《元文类》卷 17。

④ 《全元文》卷 289《太史院铭》,又见苏天爵:《元文类》卷 17。

的思想,体现在他所说的"历之本在于测验,而测验之器莫先仪表"①这句话中,他制作了十三种天文仪器,"既又别图爽垲,以木为重栅,创作简仪、高表,用相比覆。又以为天枢附极而动,昔人尝展管望之,未得其的,作候极仪。极辰既位,天体斯正,作浑天象。象虽形似,莫适所用,作玲珑仪。以表之矩方测天之正圆,莫若以圆求圆,作仰仪。古有经纬,公则易之,作立运仪。日有中道,月有九行,公则一之,作证理仪。表高景虚,罔象非真,作景符。月虽有明,察景则难,作窥几。历法之验,在于交会,作日食月食仪。天有赤道,轮以当之,两极低昂,摽以指之,作星晷定时仪。以上凡十三等"②。

除此之外,他还制作了"正方案、丸表、座正仪,凡四等,为四方行测者所用。又作仰规覆矩图、日出入永短图,凡五等,与上诸仪互相参考"③。

郭守敬在《授时历》中的贡献还在于"考日时,步星躔者",这集中体现在他的"所考正者凡七事"中:"一曰冬至。自丙子年立冬后,依每日测到晷景,逐日取对,冬至前后日差同者为准。得丁丑年冬至在戊戌日夜半后八刻半,又定丁丑夏至在庚子日夜半后七十刻;又定戊寅冬至在癸卯日夜半后三十三刻;己卯冬至在戊申日夜半后五十七刻半;庚辰冬至在癸丑日夜半后八十一刻半。各减《大明历》十八刻,远近相符,前后应准。二曰岁余。自《大明历》以来,凡测景、验气,得冬至时刻真数者有六,用以相距,各得其时合

---

①　姚景安点校,苏天爵著:《元朝名臣事略》卷9《太史郭公》,中华书局1996年版。

②　姚景安点校,苏天爵著:《元朝名臣事略》卷9《太史郭公》,中华书局1996年版。

③　姚景安点校,苏天爵著:《元朝名臣事略》卷9《太史郭公》,中华书局1996年版。

用岁余。今考验四年，相符不差，仍自宋大明壬寅年距至今日八百一十年，每岁合得三百六十五日二十四刻二十五分，其二十五分为今历岁余合用之数。三曰日躔。用至元丁丑四月癸酉望月食既，推求日躔，得冬至日躔赤道箕宿十度，黄道箕九度有奇。仍凭每日测到太阳躔度，或凭星测月，或凭月测日，或径凭星度测日，立术推算。起自丁丑正月至己卯十二月，凡三年，共得一百三十四事，皆躔于箕，与月食相符。四曰月离。自丁丑以来至今，凭每日测到逐时太阴行度推算，变从黄道求入转极迟、疾并平行处，前后凡十三转，计五十一事。内除去不真的外，有三十事，得《大明历》入转后天。又因考验交食，加《大明历》三十刻，与天道合。五曰入交。自丁丑五月以来，凭每日测到太阴去极度数，比拟黄道去极度，得月道交于黄道，共得八事。仍依日食法度推求，皆有食分，得入交时刻，与《大明历》所差不多。六曰二十八宿距度。自汉《太初历》以来，距度不同，互有损益。《大明历》则于度下余分，附以太半少，皆私意牵就，未尝实测其数。今新仪皆细刻周天度分，每度分三十六分，以距线代管窥，宿度余分并依实测，不以私意牵就。七曰日出入昼夜刻。《大明历》日出入夜昼刻，皆据汴京为准，其刻数与大都不同。今更以本方北极出地高下，黄道出入内外度，立术推求每日日出入昼夜刻，得夏至极长，日出寅正二刻，日入戌初二刻，昼六十二刻，夜三十八刻。冬至极短，日出辰初二刻，日入申正二刻，昼三十八刻，夜六十二刻。永为定式。"[1]

　　由于《授时历》的制订是一项集体创作的成果，对于其分工以及郭守敬在其中的作用，史料有详细的记载："至元十三年，上以循用大明历，久而失当，欲创其制。以太子赞善臣王恂，业精算术，凡日月盈缩迟疾，五星进退见伏，昏晓中星以应四时者，悉付其推演，寻迁太史令。以都水监臣郭守敬颖悟天运，妙于制度，凡仪象表

---

[1]　《元史》卷164《郭守敬传》。

漏,考日时,步星躔者,悉付规矩之,寻授同知太史事,历成,迁太史令。以前中书左丞相臣许衡为命世之贤,凡研究天道,斟酌损益者,悉付教领之,辅以集贤学士臣杨恭懿。其提挈纲维,始终弼成者,实前中书左丞转大司农臣张文谦,寻以昭文馆大学士领太史院事。凡工役土木金石,悉付行工部尚书兼少府监臣段贞以经度之。凡仪象表漏文饰匠制之美者,悉付大司徒臣阿你哥(笔者按:即尼泊尔技术专家阿尼哥)。"①同时,还有一位人物,"至元十七年(1280 年)十月,以平章政事、枢密副使张易兼领秘书监、太史院、司天台事"②。可见,当时由于制订《授时历》,汇集了当时全国各方面的科技精英。这其中,张文谦虽然领太史院事,其实算是名誉顾问,起着行政方面的领导作用;许衡德高望重,为教育界权威,他和杨公懿相当于学术顾问;而王恂、郭守敬作为实际主持工作的正、副手,发挥着至为关键的作用;其他如段贞、阿尼哥并没有参与到《授时历》的编订工作。所以《授时历》的领导班子是由张文谦、许衡、张易、杨公懿、王恂、郭守敬六人组成的。

　　《授时历》的颁布与正式施行时间《元史》与元人文集记载并不一致,据《元史》记载:"至元十七年十一月甲子,诏颁《授时历》。"③另一史料也说是十七年冬颁行,"十七年,历成,赐名《授时历》,以其年冬颁行天下"④。但是据元人文集,这项诏令由李谦于至元十七年六月起草,于至元十八年正月一日颁行。其诏曰:

　　　　自古有国牧民之君,必以钦天授时为立治之本。皇帝尧舜,以至三代,莫不皆然。为日官者,皆世守其业,随时考验,

　　① 《全元文》卷 289《太史院铭》,又见苏天爵:《元文类》卷 17。
　　② 《元史》卷 11《世祖本纪八》。
　　③ 《元史》卷 11《世祖本纪八》。
　　④ 《元史》卷 11《世祖本纪八》。

以与天合,故历法无数更之弊。及秦灭先圣之术,每置闰于岁终,古法盖殚废矣。由两汉而下,立积年,日法以为推步之准,因仍沿袭以迄于今。夫天运流行不息,而欲以一定之法拘之,未有久而不差之理。差而必改,其势有不得不然者。今命太史院作灵台,制仪象。日测月验,以考其度数之真。积年,日法皆所不取,庶几胞合天运而永终无弊。乃者新历告成,赐名曰授时历。自至元十八年正月一日颁行。布告遐迩,咸使闻知。①

然而,就在此时,《授时历》的主持人王恂英年早逝,"十八年(1281年),居父丧,哀毁,日饮勺水。帝遣内侍慰谕之。未几,卒,年四十七"②。

同年,对制订《授时历》作出重大贡献的许衡老先生也与世长辞了,"十八年,衡病革,家人祠,衡曰:'吾一日未死,宁不有事于祖考。'扶而起,奠献如仪。既撤,家人馂,怡怡如也。已而卒,年七十三"③。

至元十八年(1281年),对制订《授时历》起到重要作用的枢密副使张易因为卷入突发的政治变故——益都千户王著刺杀"阿合马事件",被任命兼领秘书监、太史院、司天台事后不到半年,便被元世祖诛杀,"(至元十八年)三月,益都千户王著,以阿合马蠹国害民,与高和尚合谋杀之。壬午,诛王著、张易、高和尚于市,皆醢之,余党悉伏诛"④。

---

① 《全元文》卷286《颁授时历诏》,引自《古今图书集成·历象汇编历法典》卷81。

② 《元史》卷164《王恂传》。

③ 《元史》卷158《许衡传》。

④ 《元史》卷12《世祖本纪九》。

　　至元二十年(1283年)，另一位关键人物张文谦(1217~1283年)也撒手人寰，张文谦在制订《授时历》期间，"领太史院，以总其事。十九年(1282年)，拜枢密副使。岁余，以疾薨于位，年六十八"①。

　　至此，参与《授时历》制订的领导班子中六位只剩下郭守敬、杨公懿。此时，《授时历》仅完成初稿，新历的推步方法以及大量原始资料尚需整理、总结，郭守敬在此非常时刻毅然独担重任，完成了其中的大部分论著，"十九年，恂卒。时历虽颁，然其推步之式与夫立成之数，尚皆未有定稿。守敬于是比次篇类，整齐分杪，裁为《推步》七卷，《立成》二卷，《历议拟稿》三卷，《转神选择》二卷，《上中下三历注式》十二卷。二十三年(1286年)，继为太史令，遂上表奏进。又有《时候笺注》二卷，《修改源流》一卷。其测验书，有《仪象法式》二卷，《二至晷景考》二十卷，《五星细行考》五十卷，《古今交食考》一卷，《新测二十八舍杂坐诸星入宿去极》一卷，《新测无名诸星》一卷，《月离考》一卷，并藏之官"②。郭守敬一生著作甚丰，可惜今已不存，这应该算是中国科技史上的一大损失，这些著作当时都藏在太史院，由于元末战乱，有部分流落在民间亦未可知。还有一小部分最后由他的学生齐履谦完成。

　　元世祖对郭守敬的才能非常赏识，曾重奖他，"三十年(1293年)，帝还自上都，过积水潭，见舳舻蔽水，大悦，名曰通惠河，赐守敬钞万二千五百贯，仍以旧职兼提调通惠河漕运事"③。

　　这次重奖数目是很大的，以元世祖时期的情况，一般职位的官吏年俸中统钞不到100贯，"府吏月俸六贯，年来米麦价值不下一

　　①　《元史》卷157《张文谦传》。
　　②　《元史》卷164《郭守敬传》。
　　③　《元史》卷164《郭守敬传》。

十贯"①。这笔奖金是普通职员至少100年的年俸。如按现在城市公务员平均年薪5万元计算,大致相当于国家最高科技奖500万元的标准。

郭守敬在元代还开创了一个先例,那就是任职终身制,自成宗以后"翰林太史司天官不致仕"在元代形成定例,"大德七年(1303年),诏内外官年及七十,并听致仕,独守敬不许其请。自是翰林太史司天官不致仕,定著为令"②。

《元史》没有记载郭守敬晚年的科技创造与发明,使人误以为他是否江郎才尽抑或是在晚年位居高官贪图荣华富贵而碌碌无为,他的学生兼得力助手齐履谦为他写的《知太史院事郭公行状》揭示了谜底,晚年的郭太史依然保持旺盛的科技创新与发明能力,"公于世祖朝进七宝灯漏,今大明殿每朝会张设之,此中钟鼓皆应时自鸣。又尝进木牛流马,虽不尽得诸葛旧制,亦自机妙。成宗朝进柜香漏,又作屏风香漏行漏,以备郊庙从幸。大德二年(1298年),起灵台水浑运浑天漏,大小机轮凡二十有五,皆以刻木为冲牙,转相拨击,上为浑象,点画周天星度,日月二环,斜络其上,象则随天左旋,日月二环,各依行度,退而右转。公又尝欲仿张平子为地动仪,及侯气密室,事虽为就,莫不穷极指归"③。大德二年,郭守敬已近七旬,还能这样,实为难得。

《元史》对于郭守敬所制大明殿灯漏有详细的记述,显示了元代天文仪器制作的高超水平,"灯漏之制,高丈有七尺,架以金为之。其曲梁之上,中设云珠,左日右月。云珠之下,复悬一珠。梁之两端,饰以龙首,张吻转目,可以审平水之缓急。中梁之上,有戏珠龙二,随珠俯仰,又可察准水之均调。凡此皆非徒设也。灯球杂

---

①　胡祗遹:《紫山大全集》卷12《寄子方郎中书》。

②　《元史》卷164《郭守敬传》。

③　《全元文》卷679《知太史院事郭公行状》。

以金宝为之,内分四层,上环布四神,旋当日月参辰之所在,左转日
一周。次为龙虎鸟龟之象,各居其方,依刻跳跃,铙鸣以应于内。
又次周分百刻,上列十二神,各执时牌,至其时,四门通报。又一人
当门内,常以手指其刻数。下四隅,钟鼓钲铙各一人,一刻鸣钟,二
刻鼓,三钲,四铙,初正皆如是。其机发隐于柜中,以水激之"①。

对此,齐履谦赞叹道:"此仪象制度之学,其不可及者也。"齐履
谦在《知太史院事郭公行状》总结他的老师郭守敬"纯德实学,为世
师法,其不可及者有三:一曰水利之学,二曰历数之学,三曰仪象制
造之学"②。

郭守敬的后人为谁,也是后世学者非常感兴趣的问题。他的
学生在《知太史院事郭公行状》中没有交代,《元史》据以为史,自然
也无记载。

元《秘书监志》卷7"司天监"条下有台判郭德一名;又据明代
笔记《明朝小史》记载:"洪武元年改院为司天监,又置回回司天监。
是年十一月征元太史院使张佑、张沂,司农卿兼太史院使成隶,太
史同知郭让、朱茂,司天少监王可大、石泽、李义,太监赵恂,太史院
监候刘孝忠,灵台郎张容,回回司天监黑的儿阿都剌,司天监丞迭
里月实十四人。"③其中有名郭让者,其官职为太史同知,从官职与
姓氏来看,不知他们是否为郭守敬之后裔,尚待有关史料考证。

李约瑟在《中国科学技术史》数学卷中提到郭伯玉为郭守敬后
裔。④ 这倒是有诸多史料可以说明:

　　　　(洪武)十七年闰十月,漏刻博士元统言:"历以《大统》为

---

① 《元史》卷48《天文志一》。
② 《全元文》卷679《知太史院事郭公行状》。
③ 《明朝小史》卷1。
④ 李约瑟:《中国科学技术史》数学分册,第171页。

名,而积分犹踵《授时》之数,非所以重始敬正也。况《授时》以
元辛巳为历元,至洪武甲子积一百四年,年远数盈,渐差天度,
合修改。七政运行不齐,其理深奥。闻有郭伯玉者,精明九数
之理,宜徵令推算,以成一代之制。"报可。①

对于郭伯玉的详细情况,在明代地方志中有记录:"(授时历)
拟合修改,盖七政之源有迟疾、顺逆、伏见不齐,其理深奥,实难推
演。臣闻磨勘司令王道亨有师郭伯郁(笔者按:可能传抄有误,为
玉字),陕西郿县人,精明九数之理,深通历学之源。若得此人推大
统历法,庶几可成　代之制。"②由此可见,郭伯玉为明初编制《大
统历法》作出了重要贡献。

郭守敬为河北顺德路(今河北邢台)人,这里提到郭伯玉为陕
西郿县人,与郭守敬的祖籍不一致,不知为何?

清代大数学家梅文鼎说:"按钦天监历科所传通轨,凡乘除皆
有定子之法,惟珠算则可用,然则珠算即起其时。又尝见他书,元
统造大统历,访求得郭伯玉,善算以佐成之,即郭太史之裔也。"③

由以上记载,可以看出郭伯玉为郭守敬之后裔是有一定根据
的。梅文鼎还讲到"然则珠盘之法,盖即伯玉等所制亦未可定"④。
这个推测也有其根据,笔者在第二章关于元代珠算的介绍中提到
至元二十四年(1287年),算子教学已经在太史院实行,而且是全
国唯一教学珠算机构。笔者推测太史令王恂以及郭守敬的学生齐
履谦当精谙珠算,如果此推测成立,郭守敬自然也精通,因为前面
提到他的祖父郭荣就是精于算数之人。作为郭守敬的后裔,珠算

---

① 《明史》卷31《历一》。
② 雍正《陕西通志》卷64。
③ 梅文鼎:《历算全书》卷29《古算器考》。
④ 梅文鼎:《历算全书》卷29《古算器考》。

当是郭氏传家之学,郭伯玉制珠算之法也就不足为奇了。

郭守敬这样的人才在中国科技史上可能是千年才得一遇的,诚如齐履谦记述元代国子监的创始人兼教育界最高权威许衡老先生所言:"鲁斋先生言论为当代法,因语及公,以手加额曰:'天佑我元,似此人世岂易得?'呜呼! 其可谓度越千古矣。"①

（三）王恂(1235～1281 年)

王恂是郭守敬的同学,不过比起郭守敬,王恂可谓少年得意,13 岁学九数,辄造其极。癸丑(1253 年),秉忠荐之世祖,召见于六盘山,命辅导真金(1243～1285 年),为太子伴读,这一年他才 18 岁。中统二年(1261 年),为太子赞善,太子之师也,这时他才 26 岁。

据《元史》记载,王恂的父亲精通天文律历,也有着深厚的家学渊源,"王恂,字敬甫,中山唐县人。父良,金末为中山府掾,时民遭乱后,多以诖误系狱,良前后所活数百人。已而弃去吏业,潜心伊洛之学,及天文律历,无不精究,年九十二卒。恂性颖悟,生三岁,家人示以书帙,辄识风、丁二字。母刘氏,授以《千字文》,再过目,即成诵。六岁就学,十三学九数,辄造其极。岁己酉,太保刘秉忠北上,途经中山,见而奇之,及南还,从秉忠学于磁之紫金山"②。

王恂能够参与《授时历》的编订,与元世祖的慧眼识人有关,"帝以国朝承用金《大明历》,岁久浸疏,欲厘正之,知恂精于算术,遂以命之"③。

《授时历》是集体创作的成果,前文已经谈及,《元史》还有史料论及,"恂与衡及杨恭懿、郭守敬等,遍考历书四十余家,昼夜测验,创立新法,参以古制,推算极为精密,详在《守敬传》。十六年,授嘉

---

① 《全元文》卷 679《知太史院事郭公行状》。
② 《元史》卷 164《王恂传》。
③ 《元史》卷 164《王恂传》。

议大夫、太史令。十七年,历成,赐名《授时历》,以其年冬颁行天下"①。王恂当时作为太史令,主要负责计算和推演,承担了全部计算工作,所以说《授时历》中的数学成果是属于王恂的。他的数学成就集中体现在《授时历》中的"创法五事":

> 所创法凡五事:一曰太阳盈缩。用四正定气立为升降限,依立招差求得每日行分初末极差积度,比古为密。二曰月行迟疾。古历皆用二十八限,今以万分日之八百二十分为一限,凡析为三百三十六限,依垛叠招差求得转分进退,其迟疾度数逐时不同,盖前所未有。三曰黄赤道差。旧法以一百一度相减相乘,今依算术句股弧矢方圆斜直所容,求到度率积差,差率与天道实吻合。四曰黄赤道内外度。据累年实测,内外极度二十三度九十分,以圆容方直矢接句股为法,求每日去极,与所测相符。五曰白道交周。旧法黄道变推白道以斜求斜,今用立浑比量,得月与赤道正交,距春秋二正黄赤道正交一十四度六十六分,拟以为法。推逐月每交二十八宿度分,于理为尽。②

《元史》把这"创法五事"列入《郭守敬传》中,其实抹杀了王恂在《授时历》中的数学功绩。当然,这其中的成果也有一部分属于郭守敬,那是在王恂逝世之后,郭守敬整理并完成大量著作中,以及继续改进和完善《授时历》体现出来的。

在太子真金的老师中,王恂对他的影响最深,"公以正道经术辅翊裕宗,有古师傅之谊。裕宗尝问历代治乱,公以辽、金事近接

---

① 《元史》卷 164《王恂传》。
② 《元史》卷 164《郭守敬传》。

耳目，即为区别恶善，而论著得失，上之"①。

此外，王恂日以三纲五常言熏陶其性情，并能够深入浅出讲述儒家思想，"恂早以算术名，裕宗尝问焉。恂曰：'算数，六艺之一，定国家，安人民，乃大事也。'每侍左右，必发明三纲五常，为学之道，及历代治忽兴亡之所以然。又以辽、金之事近接耳目者，区别其善恶，论著其得失，上之。裕宗问以心之所守，恂曰：'许衡尝言：人心如印板，惟板本不差，则虽摹千万纸皆不差；本既差，则摹之于纸，无不差者。'裕宗深然之。诏择勋戚子弟，使学于恂，师道卓然。及恂从裕宗抚军称海，乃以诸生属之许衡，及衡告老而去，复命恂领国子祭酒。国学之制，实始于此"②。

王恂的个性很有特色，前已述及，他少年得意，但在为人方面，庄重、不苟言笑，元人评曰："公资简重，不妄言笑，不乐靡丽，不喜音乐。其与人少许可，虽权贵未尝假以辞色，刚稜疾恶，至负高气以忤之。"③郭守敬的学生齐履谦就曾说："王太史刚克自用者也。"④

到了后期，他由于与当时德高望重的许衡老先生处事，共同参与《授时历》的编订工作，对他影响很大，史料对此也有所涉及，"既与许公同太史院，谓人曰：'先贤吾不得而见之，今得许公可矣。'渐磨之久，德宇为之一变，亦以其子侹受业焉"⑤。这说明，这时候的王恂已经不再像以往那样恃才傲物、刚克自用了。

王恂不幸英年早逝，年仅 47 岁，《元史》只说王恂遭遇父亲突然逝去，伤心欲绝而逝，"十八年（1281 年），居父丧，哀毁，日饮勺

①　苏天爵：《元朝名臣事略》卷 9《太史王文肃公》。

②　《元史》卷 164《王恂传》。

③　苏天爵：《元朝名臣事略》卷 9《太史王文肃公》。

④　《全元文》卷 679《知太史院事郭公行状》。

⑤　苏天爵：《元朝名臣事略》卷 9《太史王文肃公》。

水。帝遣内侍慰谕之。未几,卒,年四十七"①。

其实,事实远非这么简单,据更详细的史料记载,王恂遭遇的家庭变故远不止此,可以说是祸不单行,触目惊心,"十八年,公奔尧封府君丧,昼夜悲号,食惟勺饮,卧不能寐,治丧一据礼经。前此母夫人刘氏、兄恽、弟恒、侄某,相继下世。哀毁中凡举五丧,用是属疾日侵,皇太子屡遣医诊治"②。可见,王恂家族并非出现父丧一事,而是出现了父、母、兄、弟、侄相继去世这样罕见的一门五丧的情况,王恂接二连三遭遇家族这样巨大的打击,心理上极难以承受;加之古代严格遵循礼葬,身体也难以承受,染上疾病,虽经元世祖遣官慰问、他的学生太子真金派遣御医调治也无济于事,这些原因最终使得这颗科技巨星过早陨落。

笔者翻阅元代文献,关于王恂的史料非常缺乏,如本史料由苏天爵撰写,他提供的线索如"济南杨公撰行状"、"杨公又撰墓志",说明还有人曾为王恂撰写详细的生平事迹,逝后也有《墓志铭》,笔者在元人文集中都没有见到,搜索《四库全书》,以及《四库续修》、《四库存目》等均不见这方面的记载。笔者推测为王恂撰行状和墓志的这位杨公可能是杨公懿(1225~1294 年),关于他,笔者在下面《元世祖时期的其他科技官员》一节将会涉及。杨公懿于至元十六年(1279 年)征入京师,与郭守敬、王恂、许衡同预改历事,十七年二月《授时历》成,奏上,授集贤学士,兼太史院事③。他接替郭守敬的职务,而郭守敬接替王恂的职务。

此时,"衡告老而去,复命恂领国子祭酒"④。至元十七年六月,"(许衡)以疾请还怀。皇太子为请于帝,以子师可为怀孟路总

①　《元史》卷 164《王恂传》。
②　苏天爵:《元朝名臣事略》卷 9《太史王文肃公》。
③　《元史》卷 164《杨公懿传》。
④　《元史》卷 164《王恂传》。

管以养之,且使东宫官来谕衡曰:'公毋以道不行为忧也,公安则道行有时矣,其善药自爱'"①。王恂则接替许衡,为国子祭酒,主管教育事务,"国学之制,实始于此"。

所以从以上史料可以看出,杨公懿是最有可能为史料中所提"杨公"之人,然而,他的著作《潜斋遗稿》若干卷已佚,使得线索中断,这样就无法对王恂家族所遭遇的"一门五丧"的具体原因及情况作出任何揣测。另外可能提供线索的渠道是地方志,目前笔者所掌握的地方志史料还没有见到对王恂此事的详细记载,清光绪二年的《赞皇县志》只载有王恂与至元元年(1264年)写的一篇文章《镇国上将军同知忻州事赵氏昆仲忠孝碑铭》,除此之外,再无其他的任何文献。

在王恂逝后,王士熙遵世祖之命,为他写有赠谥辞,深切缅怀了他的一生:"故嘉议大夫、太史令王恂,雅德端方,醇资渊懿。学邃天人之秘,运亲神圣之逢。嘉谋嘉猷,有则入告于后;先知先觉,又将下被于民。参储闱调护之勤,闻政府机密之奏。望重汉廷之园绮,职专尧典之羲和。改历授时,日月星辰之顺轨;崇术造士,诗书礼乐以移风。太平立邦家之基,正节折奸邪之气。朕承景命,尔不同朝。比观嗣子之陈,深切思贤之感。章披云汉,识裕皇旧学之初;誓指山河,启昭代新封于后。华躋公衮,谥易佳名。於戲!元气所凭,不存亡于生死;九原可作,尚哀荣于始终。罔昧其承,以昌厥续。"②

王恂的后人继承了他的家学,"子宽、宾,并从许衡游,得星历之传于家学。裕宗尝召见,语之曰:'汝父起于书生,贫无赀蓄,今赐汝钞五千贯,用尽可复以闻。'恩恤之厚如此。宽由保章正历兵

---

①　《元史》卷158《许衡传》。

②　《全元文》卷687《太史令王恂赠谥制》,引自四部丛刊本《元文类》卷12。

部郎中,知蠡州。宾由保章副累迁秘书监”①。

笔者循着这条线索,在《秘书监志》中找到了王恂次子王宾在秘书监的任职情况,他“于至大元年(1308 年)九月初七日以承直郎(笔者按:此为文官,正六品)上秘书少监”②。秘书少监为正五品官职,后来的升迁情况不明。

王恂的著作,据《千顷堂书目》,有《诚斋集》③,可惜今不存。

(四) 王宏钧

“王宏钧,字彦举。其先汴人,尝仕宋为修内待诏。高大夫辟乱,徙蔚州。大父行简,秘书监,荐入司天台。父鼎,终通许县尹。”④

在另一篇文章中,王宏钧的家世更为详细,“曾大父大有,金正大八年(1231 年)北度,至蔚州,定居焉。大父行简,童子时从亲转徙,不解于学,尤精《易》数。国朝至元十七年(1280 年),秘书监荐入司天台。父鼎,弃官养亲廿年,有善人长者之誉,仅止承事郎、汴梁路通许县尹”⑤。

据《元史》卷 90《百官六》,元代司天监的人员设置如下:“司天监,秩正四品,掌凡历象之事。提点一员,正四品;司天监三员,正四品;少监五员,正五品;丞四员,正六品;知事一员,令史二人,译史一人,通事兼知印一人。属官:提学二员,教授二员,并从九品;学正二员,天文科管勾二员,算历科管勾二员,三式科管勾二员,测验科管勾二员,漏刻科管勾二员,并从九品;阴阳管勾一员,押宿官二员,司辰官八员,天文生七十五人。”

----

① 《元史》卷 164《王恂传》。
② 《秘书监志》卷 9。
③ 《千顷堂书目》卷 19。
④ 《全元文》卷 1476《王宏钧传》。
⑤ 《全元文》卷 1479《大元钦象大夫提点司天监事王公寿藏碑》。

　　王宏钧从最低的天文生,依靠自己的努力,最终做到这一机构最高官员司天监提点,"宏钧蚤好学,由天文生转司辰官,升司辰郎、司天监漏刻科管勾,平秩郎、司天少监,进司元大夫、司天监,加颁朔大夫,今为钦象大夫、提点司天监事"。后来,他的三个儿子都在司天监为天文生,"其子天文生理介、豫章、吴俊来请为文树碑,以述公之家世行治"①。

　　由此史料还可得知,王宏钧是继岳铉之后成为英宗时代后直至元顺帝时期(1321～1367年)主管司天监的最高官员,然而对于这样一位地位与郭守敬、王恂、岳铉相等的元代中后期的重要天文官员,《元史》只字未提,在众多元人文集中如果不是危素一人有两篇文章为王宏钧家族而写,恐怕王宏钧及其家族对元代天文学的贡献就会被后人遗忘得一干二净,而且没有一丝线索可寻。

　　王宏钧在元代天文学史及元代历史上的贡献有:

　　1. 英宗时代(1321～1323年),敢于对时事直言上书,"为少监时,有星变,宏钧入见英宗,直言无所隐。上称叹久之"②。

　　2. 继续前代用黄金修饰皇祐浑天仪的传统并主持该项工作,"初,金人徙宋嘉祐中所制浑天仪象,沈括所议者是也。至是,宏钧奏请出内帑黄金四锭饰之。讫工,复加赏赉"③。其实,这台浑天仪是北宋皇祐浑仪,相关详情及证据见本章第一节。

　　3. 晋王(即后来的泰定帝也孙铁木儿,1323～1328年在位,英宗为其侄子)时期,以天象事得召对:"进言:'上天之垂象无常,圣人之守身有度,矧除旧布新,国有令典。陛下当上法先王,修德行仁,减膳撤乐,施恩惠,缓刑狱,慎起居,节饮食,严禁御,则变可销而灾可弭。不然,事且不可测。'敷奏恳切,晋王为之动容,若曰:

---

① 《全元文》卷1479《大元钦象大夫提点司天监事王公寿藏碑》。
② 《全元文》卷1479《大元钦象大夫提点司天监事王公寿藏碑》。
③ 《全元文》卷1479《大元钦象大夫提点司天监事王公寿藏碑》。

'谏官才也。'"①这次进言可能发生在英宗遇弑的"南坡之变"后，
晋王是幕后的主凶，事情非常惨烈，"（至治三年）八月癸亥，车驾南
还，驻跸南坡。是夕，御史大夫铁失、知枢密院事也先帖木儿、大司
农失秃儿、前平章政事赤斤铁木儿、前云南行省平章政事完者、铁
木迭儿子前治书侍御史锁南、铁失弟宣徽使锁南、典瑞院使脱火
赤、枢密院副使阿散、佥书枢密院事章台、卫士秃满及诸王按梯不
花、孛罗、月鲁铁木儿、曲吕不花、兀鲁思不花等谋逆，以铁失所领
阿速卫兵为外应，铁失、赤斤铁木儿杀丞相拜住，遂弑帝于行幄。
年二十一，从葬诸帝陵"②。

　　英宗被弑之后，王宏钧可能是较早知晓幕后主凶为晋王（泰定
帝）之人，故婉转对他进行规劝，心虚的晋王为之动容就是明证，泰
定帝因此成为元史中最为臭名昭著的皇帝，也是唯一没有庙号的
皇帝。王宏钧此次进言，由于明初修《元史》太过仓促，漏掉了这一
细节。

　　4. 元顺帝时期仍然为司天监最高官员，据危素回忆："至正十
二年（1352 年）二月，上（即为元末代皇帝元顺帝）出内帑钱二千五
百缗，以赐钦象大夫、提点司天监事王公弘钧（注：此处弘应为宏）
修治先茔。公于是因为寿藏，坎其中覆焉。"③

　　《元史》详于世祖以前攻战之事，而略于成宗以下治平之迹，顺
帝时事，亦多阙漏，上述几点，可以补《元史》英宗、泰定帝、元顺帝
时期史实之缺。

　　（五）元世祖时期的其他科技官员

　　在天文仪器制造方面，蒙古族也出现了这方面的专家，至元十

---

① 《全元文》卷 1479《大元钦象大夫提点司天监事王公寿藏碑》。
② 《元史》卷 28《英宗纪二》。
③ 《全元文》卷 1479《大元钦象大夫提点司天监事王公寿藏碑》。

九年二月，"命司徒阿尼哥、行工部尚书纳怀制饰铜轮仪表刻漏"①。这里提到的司徒阿尼哥来自尼泊尔，长善画塑，及铸金为像。在此之前，他"为七宝镔铁法轮，车驾行幸，用以前导"②。纳怀是蒙古族人，他和阿尼哥共同制造铜轮仪表刻漏并且进行装饰，按照元代的惯例，对此类仪器进行装饰，可能是用黄金，如曾经多次对北宋皇祐铜浑仪用黄金修饰。

另一位少数民族科技专家阿鲁浑萨理，是维吾尔人，"受业于国师八思巴，既通其学，且解诸国语。世祖闻其才，俾习中国之学，于是经、史、百家及阴阳、历数、图纬、方技之说皆通习之。后事裕宗，入宿卫，深见器重"③。

至元二十年，有西域僧自言能知天象，译者皆莫能通其说。帝问左右，谁可使者。侍臣脱烈对曰："阿鲁浑萨理可。"即召与论难，僧大屈服。④ 元世祖末年多次领太史院事。

杨恭懿，字元甫，奉元人。至元十六年(1279年)，诏于太史院改历。至元十七年二月，进奏曰："臣等遍考自汉以来历书四十余家，精思推算，旧仪难用，而新者未备，故日行盈缩，月行迟疾，五行周天，其详皆未精察。今权以新仪木表，与旧仪所测相较，得今岁冬至晷景及日躔所在，与列舍分度之差，大都北极之高下，昼夜刻长短，参以古制，创立新法，推算成《辛巳历》。虽或未精，然比之前改历者，附会历元，更立日法，全踵故习，顾亦无愧。然必每岁测验修改，积三十年，庶尽其法。可使如三代日官，世专其职，测验良久，无改岁之事矣。"⑤

---

① 《元史》卷12《世祖纪九》。
② 《元史》卷203《阿尼哥传》。
③ 《元史》卷130《阿鲁浑萨理传》。
④ 《元史》卷130《阿鲁浑萨理传》。
⑤ 《元史》卷164《杨恭懿传》。

由此可知,杨恭懿与郭守敬、许衡、王恂等同预改历事,在修《授时历》之前,推算成《辛巳历》,对《授时历》的制订起了一定的参考作用。

齐履谦,字伯恒,"父义,善算术。履谦生六岁,从父至京师;七岁读书,一过即能记忆;年十一,教以推步星历,尽晓其法"。正是因为对星历的特殊爱好,他成为太史局的星历生,"至元十六年,初立太史局,改治新历,履谦补星历生。同辈皆司天台官子,太史王恂问以算数,莫能对,履谦独随问随答,恂大奇之"①。

其实齐履谦的算学知识与他自学太史院中大量南宋书籍有关,"及为星历生,在太史局,会秘书监辇亡宋故书,留置本院,因昼夜讽诵,深究自得,故其学博洽精通,自六经、诸史、天文、地理、礼乐、律历,下至阴阳五行、医药、卜筮,无不淹贯,尤精经籍"②。

至元二十九年(1292年),授星历教授,成为星历学方面的专家。他还是大科学家郭守敬的学生兼得力助手,郭守敬制作天文仪器的水平非常之高,有元一代,无人能及,齐履谦得其真传,在这方面造诣颇深,"都城刻漏,旧以木为之,其形如碑,故名碑漏,内设曲筒,铸铜为丸,自碑首转行而下,鸣铙以为节,其漏经久废坏,晨昏失度。大德元年,中书俾履谦视之,因见刻漏旁有宋旧铜壶四,于是按图考定莲花、宝山等漏制,命工改作,又请重建鼓楼,增置更鼓并守漏卒,当时遵用之"③。这里提到的莲花漏、宝山漏都是他的老师郭守敬曾经做过的,故由他主持改做,自是合适人选。

他对音乐也有研究,据史料记载:"元立国百有余年,而郊庙之乐,沿袭宋、金,未有能正之者。履谦谓乐本于律,律本于气,而气候之法,具载前史,可择僻地为密室,取金门之竹及河内葭莩候之,

① 《元史》卷172《齐履谦传》。
② 《元史》卷172《齐履谦传》。
③ 《元史》卷172《齐履谦传》。

上可以正雅乐、荐郊庙、和神人，下可以同度量、平物货、厚风俗。列其事上之。又得黑石古律管一，长尺有八寸，外方，内为圆空，中有隔，隔中有小窍，盖以通气；隔上九寸，其空均直，约径三分，以应黄钟之数；隔下九寸，其空自小窍迤逦杀至管底，约径二寸余，盖以聚其气而上之。其制与律家所说不同，盖古所谓玉律者是也。"[①]可见，他的兴趣爱好广泛。

郭守敬一生事迹甚多，著述甚丰，然而其著作今已佚，如果不是齐履谦曾为他的恩师郭守敬写了一篇《知太史院事郭公行状》，对于郭守敬的事迹后人可能无从知晓。

齐履谦一生著述几可等身，文学方面著《大学四传小注》一卷、《中庸章句续解》一卷、《论语言仁通旨》二卷、《书传详说》一卷、《易系辞旨略》二卷、《易本说》四卷、《春秋诸国统纪》六卷、《经世书入式》一卷。天文星历方面的著作也有许多，据《千顷堂书目》记载，有"《二至晷景考》二卷、《授时历经串演撰八法》一卷、《授时历》二卷、《授时历议》二卷、《授时历法撮要》、《程时登闰法赘语》"[②]。只有《春秋诸国统纪》六卷保存下来，天文星历方面的科技书籍已佚。

靳德进，"其先潞州人，后徙大名。祖璇，业儒。父祥，师事陵川郝温，兼善星历"[③]。由此得知，他的父亲对星历之学颇有研究，对他影响很大，"益自厉于学，尤精天文、象数。会诏太傅刘文贞公选司天官，属试补三式科管勾，故相张忠宣公荐之世祖皇帝，数召对……至元间，擢司天少监，升司天监，转承直郎秘书少监，奉议大夫秘书监……御极之初，特旨拜昭文馆大学士、中奉大夫，知太史

---

① 《元史》卷 172《齐履谦传》。
② 《千顷堂书目》卷 13。
③ 《元史》卷 203《靳德进传》。

院事、领司天台事"①。

一人独任三式科管勾,可见靳德进的才艺是多方面的,这三科具体名称,元史有记载:"德进以选授天文、星历、卜筮三科管勾,凡交蚀躔次、六气侵沴,所言休咎辄应。时因天象以进规谏,多所裨益。累迁秘书监,掌司天事。"②

赵秉温,字行直,"事世祖潜邸,命受学于太保刘秉忠,从征吐蕃、云南大理。中统初,诏行右三部事。至元七年,创习朝仪,阅试称旨,授尚书礼部侍郎、知侍仪司事。明年,授秘书少监,购求天下秘书。十九年,迁昭文馆大学士、知太史院侍仪司事。《授时历》成,赐钞二百锭,进阶中奉大夫。二十九年,编《国朝集礼》成"③。

第三节　元世祖与大都建设以及 也黑迭儿工程世家的出现

元代关于这方面的史料较为丰富,尤其是关于大都城的史料更为集中,大都城的建设是元代城市建筑的杰出代表。

元时称为"汗八里城"的元大都(今北京),是全国的政治、经济、文化、科技以及中外交流的中心。最早向忽必烈提出在燕京(后改为大都)大兴土木,以之为都的并不是他的智囊团领军人物汉人刘秉忠,也非智囊团其他成员,而是蒙古人霸都鲁,他是成吉思汗麾下最信任的、史称太师国王木华黎的三世孙,后人多忽略了这样一位对元大都的建设作出贡献的特殊人物。

《元史》记载:"霸突鲁,从世祖征伐,为先锋元帅,累立战功。

---

① 赵孟頫:《松雪斋集》卷9《故昭文馆大学士资德大夫遥授中书右丞商议通正院事领太史院事靳公墓志铭》。

② 《元史》卷203《靳德进传》。

③ 《元史》卷150《赵秉温传》。

世祖在潜邸，从容语霸突鲁曰：'今天下稍定，我欲劝主上驻驿回鹘，以休兵息民，何如？'对曰：'幽燕之地，龙蟠虎踞，形势雄伟，南控江淮，北连朔漠。且天子必居中以受四方朝觐。大王果欲经营天下，驻驿之所，非燕不可。'世祖怃然曰：'非卿言，我几失之。'己未秋，命霸突鲁率诸军由蔡伐宋，且移檄谕宋沿边诸将，遂与世祖兵合而南，五战皆捷，遂渡大江，傅于鄂。会宪宗崩于蜀，阿里不哥构乱和林，世祖北还，留霸突鲁总军务，以待命。世祖至开平，即位，还定都于燕。尝曰：'朕居此以临天下，霸突鲁之力也。'"①

由此史料可知，霸突鲁向忽必烈建言在其兄宪宗驾崩于蜀之前，时间为1259年（己未）秋季前，其时忽必烈尚为金莲川漠南王。对此项建议，忽必烈深为赞许，即使在即位后，对霸突鲁建言之功也是念念不忘。可惜的是，霸都鲁于中统二年（1261年）也就是忽必烈即位的次年卒于军，忽必烈深为惋惜。对其后人优待有加，"安童，木华黎四世孙，霸突鲁长子也。中统初，世祖追录元勋，召入长宿卫，年方十三，位在百僚上"②。元世祖之孙成宗即位后，对其祖父常常念念不忘的这位特殊功臣给以加封，追谥，"大德八年，追赠推诚宣力翊卫功臣、太师、开府仪同三司、上柱国、东平王，谥武靖"③。如果霸突鲁没有早逝的话，相信他会参与到大都城的建设中来。

元世祖选定燕京为都城的另外一个重要原因，是为了显示国威，元人也有记载："时方用兵江南，金甲未息，土木嗣兴。属以大业甫定，国势方张，宫室城邑，非巨丽宏深无以雄视八表。"④

---

① 《元史》卷119《霸突鲁传》。
② 《元史》卷126《安童传》。
③ 《元史》卷119《霸突鲁传》。
④ 欧阳玄：《圭斋文集》卷9《元赠效忠宣力功臣太傅开府仪同三司上柱国追封赵国公谥忠靖马合马沙碑》。

参与大都建设工程选址、设计、指挥组织者人数众多,技术力量雄厚,有太保刘秉忠,"初,帝命秉忠相地于桓州东滦水北,建城郭于龙冈,三年而毕,名曰开平。继升为上都,而以燕为中都。四年,又命秉忠筑中都城,始建宗庙宫室。八年,奏建国号曰大元,而以中都为大都"①。

汉人官僚还有张柔、张弘略、段天祐、王庆端、刘思敬,少数民族官僚有野速不花(也速不花),以及大食人(今沙特阿拉伯)也黑迭儿父子。

刘思敬,"赐名哈八儿都,袭父职,为征行千户。世祖南征,从董文炳攻台山寨,先登,中流矢,伤甚,帝亲劳赐酒,易金符。中统二年,授武卫军千户。从讨李璮,赐银六十锭。至元四年(1267年),命筑京城"②。

元大都的建设,特别是宫殿的建设,离不开建筑大师也黑迭儿父子的功劳。也黑迭儿来自当时盛产科技良匠的大食,"西域有国,大食故壤,地产异珍,户饶良匠"。《元史》没有为他列传,《新元史》有传:

> 也里迭儿(也黑迭儿),西域人。事世祖于潜邸。宪宗九年,世祖伐宋,还幸其第。也里迭儿以金屩衣地藉马蹄,帝嘉叹之。及即位,使领茶迭儿局,茶迭儿,译言庐帐也。未几,赐虎符。至元三年,授嘉议大夫,领茶迭儿局诸色人匠总管府达鲁花赤,兼监领宫殿。又命与大兴府尹张柔、工部尚书段天佑同行工部事,监筑宫城。卒。③

---

① 《元史》卷157《刘秉忠传》。
② 《元史》卷152《刘思敬传》。
③ 《新元史》卷151《也里迭儿传》。

也黑迭儿对大都建设作出哪些贡献，《新元史》没有详述，今据元人文集补充。

大都城的整个工程非常浩大，"太史练日，圭臬斯陈，少府命匠，冬卿抡材，取赀地官，赋力车骑，教护属功，其丽不亿"①。当时也黑迭儿具体负责的是宫城的建设，任务非常繁重，包括宫城之整体布局、各式建筑、池塘园囿、景物游观都由他负责，他"夙夜不遑，心讲目算，指授肱膂，咸有成画"②。由此可见，也黑迭儿负责的是宫殿的建设。

马可波罗来华时，曾对也黑迭儿建造的宫殿惊叹不已，"君等应知此宫之大，向所未见。宫上无楼，建于平地。惟台基高出地面十掌。宫顶甚高，宫墙及房壁满涂金银，并绘龙、兽、鸟、骑士形象及其他数物于其上。屋顶之天花板，亦除金银及绘画外别无他物。大殿宽广，足容六千人聚食而有余，房屋之多，可谓奇观。此宫壮丽富赡，世人布置之良，诚无逾于此者。顶上之瓦，皆红黄绿蓝及其他诸色。上涂以釉，光泽灿烂，犹如水晶，致使远处亦见此宫光辉。应知其顶坚固，可以久存不坏"③。

在剌木学本的叙述中，较有条理，自外墙及于中央。"此周围四哩墙垣之内，即为大汗宫殿所在。其宫之大，素所未见。盖其与上述城墙相接，南北仅留臣民士卒往来之路。宫中无楼，然其顶甚高。宫基高出地面十掌，四围环以大理石墙，厚有两步。其宫蠢立于此墙中，墙在宫外，构成平台。其上行人外间可见，墙有外廊，石栏缘之。内殿及诸室墙壁刻画涂金，代表龙、鸟、战士、种种兽类、

---

① 欧阳玄：《圭斋文集》卷9《元赠效忠宣力功臣太傅开府仪同三司上柱国追封赵国公谥忠靖马合马沙碑》。

② 欧阳玄：《圭斋文集》卷9《元赠效忠宣力功臣太傅开府仪同三司上柱国追封赵国公谥忠靖马合马沙碑》。

③ 《马可波罗行纪》第83章《大汗之宫廷》。

有名战士之形象。天花板之刻画亦只见有金饰绘画，别无他物。宫之四方各有一大理石级，从平地达于环绕宫殿之大理石墙上。朝贺之殿极其宽广，足容多人聚食。宫中房室甚众，可谓奇观，布置之善，人工之巧，无逾此者。屋顶为红绿蓝紫等色，结构之坚，可以延存多年。窗上玻璃明亮有如水晶。宫后（宫北）有大宫殿，为君主库藏之所，置金银、宝石、珍珠及其金银器具于中，妃嫔即居于此，惟在此处始能为所欲为，盖此处不许他人出入也。宫墙（四哩之墙）之外（之西），与大汗宫殿并立，别有一宫，与前宫同，大汗长子成吉思居焉。臣下朝谒之礼，与见其父同，盖其父死后由彼承袭大位也。"①马可波罗所述大都宫殿也可在明人笔记中得到证实。

《故宫遗录》，明初人萧洵撰，据序文说："录元之故宫也。洪武元年（1368 年）灭元，命大臣毁元氏宫殿，庐陵工部郎萧洵实从事焉，因而纪录成帙。"《遗录》真实而完整地记录了元代皇城的全貌，他在序文中赞叹道："革命之初，任工部郎中，奉命随大臣至北平毁元旧都，因得徧阅经历，凡门阙楼台殿丰之美丽深邃，阑槛琐窗屏障金碧之流辉，园苑奇花异卉峯石之罗列，高下曲折，以至广寒秘密之所，莫不详具该载，一何盛哉：自近古以来未之有也。观此编者，如身入千门万户，犹登金马，历玉阶，高明华丽，虽天上之清都，海上之蓬瀛，尤不足以喻其境也。泅因宰湖之长兴，将镂诸榨而不果，遂传於是邦。"②从中可以了解也黑迭儿所建造的宫殿盛况。

在全城的南部偏西，跨太液池两岸，周围约 20 里，皇城的城墙称为萧墙，俗称红门阑马墙，"南丽正门内，曰千步廊，可七百步，建灵星门，门建萧墙，周回可二十里，俗呼红门阑马墙。门内数（一作二）十步许有河，河上建白石桥三座，名周桥，皆琢龙凤祥云，明莹

---

① 《马可波罗行纪》第 83 章《大汗之宫廷》，东方出版社 2007 年版，足本，第 225 页。

② 萧洵：《元故宫遗录》，中华书局 1985 年版，又见于《丛书集成初编》。

如玉。桥下有四白石龙,擎戴水中甚壮。绕桥尽高柳,郁郁万株,远与内城西宫海子相望。度桥可二百步,为崇天门,门分为五,总建阙楼其上。翼为回廊,低连两观。观(一无观字)傍出为十字角楼,高下三级,两傍各去午门百余步,有掖门,皆崇高阁"。

内城:

　　广可六七里,方布四隅,隅上皆建十字角楼。其左有门,为东华,右为西华。由午门内,可数十步,为大明门,仍旁建掖门,绕为长庑,中抱丹墀之半。左右有(一作为)文武楼,楼与庑相连,中为大明殿,殿基高可十(一作五)尺,前为殿陛,纳为三级,绕置龙凤白石阑。阑下(一作外)每楯(一作柱)压以鳌头,虚出阑外,四绕于殿。殿楹四向皆方柱,大可五六尺,饰以起花金龙云。楹下皆白石龙云,花顶高可四(一作三)尺。楹上分间,仰为鹿顶斗栱,攒顶中盘黄金双龙。四面皆缘金红琐窗,间贴金铺。中设山字(一作宇)玲珑金红屏台。台上置金龙床,两旁有二毛皮伏虎,机动如生(一无上十二字)。殿右连为主廊,十二楹。四周金红琐窗连建。

后宫:

　　广可三十步,深入半之不显(一作列)。楹架四壁立,至为高旷,通用绢素冒之,画以龙凤。中设金屏障,障后即寝宫,深止十尺,俗呼为弩头殿。龙床品列为三,亦颇浑朴。殿前宫东西仍相向,为寝宫,中仍金红小平床,上仰皆为实研龙骨,方楣缀以彩云金龙凤,通壁皆冒绢素,画以金碧山水。壁间每有小双扉,内贮裳衣。前皆金红推窗,间贴金花,夹以(一作中实)玉版明花油纸。外笼黄油绢幕,至冬则代以油皮,内寝屏障,重覆帏幄,而裹以银鼠,席地皆编细簟,上加红黄厚毡,重覆茸

单。至寝处床座,每用茵褥,必重数叠,然后上盖纳失失,再加
金花贴薰异香,始邀临幸。官后连抱长庑,以通前门,前绕金
红阑槛,画列花卉,以处妃嫔。而每院间,必建三东西向为床
(一作绣榻),壁间亦用绢素冒之,画以丹青。庑后横亘长道,
中为(一作以入)延春堂,丹墀皆植青松,即万年枝也。门庑殿
制,大略如前。甃地皆用浚州花版石甃之,磨以核桃,光彩若
镜。中置玉台床(一有"两旁有毛皮伏虎,机发如生"句),前设
金酒海四,列金红小连(一作连床),其上为延春阁。梯级由东
隅而升,长短凡三折而后登,虽至幽暗,阑楯皆涂黄金龙云,冒
以丹青绢素。上仰亦皆拱内攒(一作鹿)顶,中盘金龙,四周皆
绕金珠琐窗,窗外绕扣金红阑干,凭望至为雄杰。

　　官后仍为主廊、后宫、寝宫,大略如前。廊东有文思小殿,
西有紫檀小殿,后东有玉德殿,殿楹栱皆贴白玉龙云花片。中
设白玉金花山字屏台,上置玉床。又东为宣文殿,旁有秘密
堂。西有鹿顶小殿,前后散为便门,高下分引而入彩阑翠阁,
间植花卉松桧,与别殿飞甍凡数座。又后为清宁宫,宫制大略
亦如前。宫后引抱长庑,远连延春宫,其中皆以处嬖幸也。外
护金红阑槛,各植花卉异石。又后重绕长庑,前(一作别)虚御
道,再护雕阑,又以处嫔嫱也。

　　又后为厚载门,上建高阁,环以飞桥,舞台于前回阑引翼。
每幸阁上,天魔歌舞于台,繁吹导之,自飞桥而升,市人闻之,
如在霄汉。台东百步有观星台,台旁有雪柳万株,甚雅。台西
为内浴室,有小殿在前。由浴室西(一作而)出内城,临海子。
海广可五六里,驾飞桥于海中。西渡半起瀛洲圆殿,绕为石
城、圈门,散作洲岛拱门,以便龙舟往来。由瀛洲殿后,北引长
桥上万岁山,高可数十丈,皆崇奇石,因形势为岩岳。前拱石
门三座,面直瀛洲,东临太液池,西北皆俯瞰海子。由三门分
道东西而升,下有故殿基,金主围棋石台盘。山半有方壶殿,

四通左右之路，幽芳翠草，纷纷与松桧茂树荫映上下，隐然仙岛。少西为吕公洞，尤为幽邃。洞上数十步，为金露殿。由东而上为玉虹殿，殿前有石岩如屋。每设宴，必温酒其中，更衣玉虹金露，交驰而绕层阑。登广寒殿，殿皆线金朱琐窗，缀以金铺。内外有一十二楹，皆绕刻龙云，涂以黄金。左右后三面，则用香木，凿金为祥云数千万片，拥结于顶，仍盘金龙殿。有间玉金花玲珑屏台，床四，列金红连椅，前置螺钿酒卓，高架金酒海。窗外出为露台，绕以白石花阑。旁有铁竿数丈，上置金葫芦三，引铁练以系之，乃金章宗所立，以镇其下龙潭。凭阑四望空阔，前瞻瀛洲仙桥，与三宫台殿（一作楼观），金碧流晖。后顾西山云气，与城阙翠华高下（一作缥缈献翠），而海波迤回（一作尘回），天宇低沉，欲不谓之清虚之府不可也。山左数十步，万柳中有浴室，前有小殿，由殿后左右而入，为室凡九，皆极明透，交为窟穴，至迷所出路。中穴有盘龙，左底仰首而吐吞。一丸于上，注以温泉，九室交涌，香雾从龙口中出，奇巧莫辨。

自瀛洲西度飞桥，上回阑，巡红墙而西，则为明仁宫（一作殿）。沿海子，导金水河，步邃河，南行为西前苑。苑前有新殿，半临邃河。河流引自瀛洲西邃地，而绕延华阁，阁后达于兴圣宫，复邃地西折和嘶（一作禾厮，一作乐厮），后老宫而出抱前苑，复东下于海，约远三四里。龙舟大者长可十丈，绕设红彩阑，前起龙头，机发，五窍皆通。余船三五，亦自奇巧。引挽游幸，或隐或出，已觉忘身，况论其他哉！新殿后有水晶二圆殿，起于水中，通用玻璃饰，日光回彩宛若水宫。中建长桥，远引修衢，而入嘉禧殿。桥旁对立二石，高可二丈，阔止尺余，金彩光芒，利锋如断。度桥步万花，入懿德殿，主廊寝宫亦如前制，乃建都之初基也。由殿后出掖门，皆丛林，中起小山，高五十丈，分东西。延缘而升，皆崇怪石，间植异木，杂以幽芳。

自顶绕注飞泉，岩下穴为深洞，有飞龙喷雨其中。前有盘龙相向，举首而吐流泉，泉声夹道交走，泠然清爽。又一幽回，仿佛仙岛。山上复为层台，回阑邃阁，高出空中，隐隐遥接广寒殿。山后仍为寝宫，连长庑，庑后两绕邃河，东流金水，亘长街，走东北。又绕红墙，可二十步许，为光天门，仍辟左右掖门，而绕长庑。中为光天殿，殿后主廊如前，但廊后高起，为隆福宫。四壁冒以绢素，上下画飞龙舞凤，极为明旷，左右后三向，皆为寝宫，大略亦如前制。宫东有沉香殿，西有宝殿，长庑四抱，与别殿重阑曲折掩映，尚多莫名。

后为兴圣宫，为元代太子居所。

　　丹墀皆万年枝，殿制比大明差小。殿东西分(一作殿后外)道为阁门出，绕白石龙凤阑楯。阑楯上每柱皆饰翡翠，而置黄金鹏鸟狮座中，建小直殿，引金水绕其下，甃以白石。东西翼为仙桥，四起雕窗，中抱彩楼，皆为凤翅飞檐。鹿顶层出，极尽巧奇，楼下东西起日月宫，金碧点缀，欲像扶桑沧海之势。壁间来往多便门，出入有莫能穷。楼后有礼天台，高跨宫上，碧瓦飞甍，皆非常制，盼望上下无不流辉，不觉夺目，亦不知蓬瀛仙岛，又果何似也。又少东有流杯亭，中有白石床如玉，临流小座，散列数多。刻石为水兽潜跃，其旁涂以黄金。又皆亲制水鸟浮杯，机动流转，而行劝罚，必尽欢洽，宛然尚在目中。绕河沿流，金门翠屏，回阑小阁，多为鹿顶凤翅重檐，往往于此临幸，又不能悉数而穷其名，总引长庑以绕之。又少东出便门，步隧河上，入明仁殿，主廊、后宫亦如前制。宫后为延华阁，规制高爽，与延春阁相望，四向皆临花苑。苑东为端本堂；上通冒青纻丝。又东有棕毛殿，皆用棕毛以代陶瓦。少西出掖门，为慈仁殿。又后苑中有金殿，殿楹窗扉皆裹以黄金，四

外尽植牡丹百余本,高可五尺。又西有翠殿,又有花亭毡(一
作球)阁,环以绿墙兽闼,绿障鲵窗,左右分布异卉幽芳,参差
映带。而玉床宝座时时如浥流香,如见扇影,如闻歌声,出外
户而若度云霄,又何异人间天上也?

　　在修筑宫城的过程中,由"光禄大夫安肃张公柔、工部尚书段
天祐暨也黑迭儿同行工部……乃具畚锸,乃树桢幹,伐石运甓,缩
版覆篑,兆人子来,厥基阜崇高,厥址矩方,其直引绳,其坚凝金,又
大称旨"。也黑迭儿从勘测、设计到规划、施工全程参与,发挥了无
可替代的作用,是北京城最早的设计者和建设者。他和其子马合
马沙率领大量西域技术人员和各种工匠,参与这项浩大的工程,对
大都最终建成发挥了巨大作用。

　　后来,其子马合马沙接任其职,为茶迭儿局诸色人匠总管府达
鲁花赤,并掌管工部,为皇室制作庐帐等后勤保障设施作出很大贡
献,"大驾时巡上都,出狩近郊,入门甫植,幄帐预存,风雨攸除,燥
湿具宜,斋祭张次,燕享设帘,制作叠出,等威以张,物绝滥恶,工极
缜缋"[1]。

　　其孙木八刺沙,以正议大夫领茶迭儿局,仕至元贞,授工部尚
书;其曾孙蔑里沙继领茶迭儿总管府达鲁花赤。至此,也黑迭儿四
代为茶迭儿局达鲁花赤。

　　陈垣先生曾对也黑迭儿评论道:"今人游北京者,见城郭宫阙
之美,犹辄惊其巨丽,而孰知筚路蓝缕以启之者,乃出于大食国人
也。也黑迭儿四世领茶迭儿局,授工部尚书,倘非工程世家,曷可
有此?"[2]

---

　　[1]　欧阳玄:《圭斋文集》卷9《元赠效忠宣力功臣太傅开府仪同三司上
柱国追封赵国公谥忠靖马合马沙碑》。

　　[2]　陈垣:《元西域人华化考》卷5《美术篇》。

第四节　元顺帝时期的科学技术

元顺帝于 1333 年即位，时为元统元年，于 1368 年弃大都逃往漠北，在位时间为 35 年，在蒙元诸汗、皇帝之中在位时间是最长的。学界对于元顺帝本人在科学技术上的建树以及这一时期的科学技术发展情况，尚没有做过系统的梳理、总结。关于元顺帝本人争议颇多，但是在科学技术方面，他的建树还是颇多的。

首先，在造船技术方面，《元史》记载："帝于内苑造龙船，委内官供奉少监塔思不花监工。帝自制其样，船首尾长一百二十尺，广二十尺，前瓦帘棚、穿廊、两暖阁，后吾殿楼子，龙身并殿宇用五彩金妆，前有两爪。上用水手二十四人，身衣紫衫，金荔枝带，四带头巾，于船两旁下各执篙一。自后宫至前宫山下海子内，往来游戏，行时，其龙首眼口爪尾皆动。"①

据元人笔记记载，龙舟有巧妙的机械装置，可以自动推进龙舟前进，堪称一绝，"帝又造龙舟，巧其机括，能使龙尾、鬣皆动，而龙爪自拨水。帝每登龙舟，用彩女盛妆，两岸挽之，一时兴有属，辄呼而幸之"②。

宋元时期的造船业发达，造船往往依据"样本"即现在所说的施工图纸，或先造出船模而后施工，但在元代保留下来的文献，尚无其他资料可以说明造船依据船模而制，文中提到的"帝自制其样"，为目前所见唯一的记载，反映了元顺帝在此领域有其独特的贡献。

在建筑技术方面，元顺帝造诣颇深，有"鲁班天子"的雅号，曾轰动京城。他也是首先绘制建筑图纸，然后亲自作出建筑模型，

① 《元史》卷 43《顺帝六》。
② 权衡：《庚申外史》卷下。

"帝尝为近幸臣建宅,自画屋样。又自削木构宫,高尺余,栋梁楹槛,宛转皆具,付匠者,按此式为之。京师遂称鲁般天子,内侍利其金珠之饰。告帝曰:'此房屋比某人家殊陋劣。'帝辄命易之,内侍因刮金珠而去"①。

在天文仪器的制作方面,元顺帝堪称一流,史书记载了元顺帝制作的自动计时器,精巧绝伦,"又自制宫漏,约高六七尺,广半之,造木为匮,阴藏诸壶其中,运水上下。匮上设西方三圣殿,匮腰立玉女捧时刻筹,时至,辄浮水而上。左右列二金甲神,一悬钟,一悬钲,夜则神人自能按更而击,无分毫差。当钟钲之鸣,狮凤在侧者皆翔舞。匮之西东有日月宫,飞仙六人立宫前,遇子午时,飞仙自能耦进,度仙桥,达三圣殿,已而复退立如前"。元顺帝天文仪器的制作技术之高,连修《元史》的学者也大为惊叹,由衷赞叹道:"其精巧绝出,人谓前代所鲜有。"有元一代,被后人惊叹制作仪器技术高超的还有一人,即郭太史郭守敬,元顺帝能够以一国之君而有此造诣,实为难得。

他在位期间的科学技术,前期还是保持了缓慢发展的势头。元顺帝也很重视科技人才,"是时有张庸者,字存中,温州人。性豪爽,精太乙数,会世乱,以策干经略使李国凤,承制授庸福建行省员外郎,治兵杉关。顷之,计事赴京师,因进《太乙数图》,顺帝喜之,擢秘书少监"②。到了最后十几年,由于天灾导致农业歉收,各种灾害接踵而来,各地农民起义风起云涌,国事遂不可收拾。国民经济陷于崩溃,科学技术的发展才因此受到致命打击。

根据杨瑀《山居新语》的记载,元顺帝时期的科学技术还是有其亮点的。杨瑀,元人文集也有记载,"公讳瑀,字元诚,姓杨氏,系出汉震后,五祖某自婺迁杭,遂为杭人……天历间,自奋如京师,受知于中书平章政事沙剌班大司徒之父文贞王,偕见上于奎章阁,论治道及艺文事,因命公篆'洪禧明仁'玺文,称旨,使备宿卫署广成局副使,特赐牙符珮,出入禁中,宠遇日渥"①。

杨瑀此人并不简单,元史也对此人有所提及,"钱唐杨瑀尝事帝潜邸,为奎章阁广成局副使,得出入禁中,帝知其可用,每三人论事,使瑀参焉"②。

任广成局副使期间,他被派到徽州去监督造纸。1330年,他虽官为正八品的广成局副使,却是奉旨而来,大有来头,类似于钦差大臣。不过,在他本人笔记小说中并未提及此次事迹,倒是在其他元人文集中觅得其踪迹。因为当时徽州所产纸质优良,于是派杨瑀到徽州监督造纸,傅若金曾赋诗为其送行:"新安江水清见底,水边作纸明于水……明朝驿使江南去,诏许千番贡玉堂。"③

他留下了一部笔记小说《山居新话》,至正二十年自序中这样写道:"国家承平日久,制度、文物、礼乐之盛,无不著在大典,布之成书。其底治于我朝,实比隆于三代。予归老山中,习阅旧卷或友朋清谈,举凡事有古今相符者,上至天音之密勿,次及名臣之事迹,与夫师友之言行,阴阳之变异,凡有益于世道,资于谈柄者,不论目之所击,耳之所闻,悉皆引据而书之,积岁月而成帙。"

他在元代科技史上也有一席之地,曾经为太史院判官,对天文、地理有一定造诣,元顺帝时,"瑀尝以简易小日晷,进之于上。其大不过三寸许,可以马上手提测验,深便于出入。上命太史院官,重为校勘,比之江浙日晷,多半刻。再以上都校之,又长半刻。

---

①　杨维桢:《东维子集》卷24《元故中奉大夫浙东尉杨公神道碑》。

②　《元史》卷138《康里脱脱传》。

③　傅若金:《傅与砺诗文集》诗集卷3《送奎章阁广成局副杨元成奉旨之徽州染纸因道便过家钱塘二首》。

南北地势不同者如此"①。

李约瑟在《中国科学技术史》把这种日晷称为"乙型日晷",并且指出它完全是按照中国传统制作的。

《山居新话》还记载了一件事:"范舜臣天助,汴人,世为名医,博学多能,尤精于天文之书。至顺间,为永福营膳司令,尝与余言:'影堂长明灯,每灯一盏,岁用油二十七个,此至元间官定料。例油一个,该一十三斤,总计三百五十一斤。连年著意考之,乃有余五十二斤。则日晷之差短明矣。'"永福营膳司所掌,青塔寺影堂也。

这则史料记录了长明灯在油的成分和质地保持不变的情况下,可以把日晷时和灯钟时的差异区分开来,李约瑟认为这是有重要意义的,可以看出,这样的长明灯在当时是流行一时的。

这一时期的浑天仪和牛皮舟制造也有所成就,"平江漆匠王□□者,至正间,以牛皮制一舟,内外饰以漆,拆卸作数节,载至上都,游漾于滦河中,可容二十人。上都之人未尝识船,观者无不叹赏。又尝奉旨造浑天仪,可以拆叠,便于收藏,巧思出人意表,可谓智能之人。今为管匠提举"②。这种可折叠、便于收藏的浑天仪前代从未出现过,说明此时民间的发明、创造仍然保持着一定的发展。

1360年新安人詹希元创制的"五轮沙漏",是一种机械计时工具,宋濂在序中说:"新安詹君希元,乃抽其精思,以沙代之,漏成。人以为古未尝闻,较之郭守敬七宝灯漏,钟鼓应时而自鸣者,殆将无愧乎。浦阳郑君永,与希元游京师,因知其详,归而制之,请余铭。"

关于五轮沙漏的具体情况,宋濂在《五轮沙漏铭》赋中有非常详细的描写,全文如下:

---

① 杨瑀:《山居新话》。
② 杨瑀:《山居新话》。

沙漏之制,贮细沙于池,而注于斗,凡运五轮焉。其初轮,轴长二尺有三寸,围寸有五分,衡奠之。轴端有轮,轮围尺有二寸八分,上环十六斗。斗广八分,深如之。轴杪傅六齿,沙倾斗运,其齿钩二轮旋之。二轮之轴,长尺,围如初,从奠之。轮之围尺有五寸,轮齿三十六,轴杪亦傅六齿,钩三轮旋之。三轮之围、轴若此,与二轮同其如初,轴杪亦傅六齿,钩四轮旋之。四轮如三轮,唯奠与二轮同,轮杪亦傅六齿,钩中轮旋之。中轮如四轮,余轮侧旋,中轮独平旋。轴崇尺有六寸,其杪不设齿,挺然上出,贯于测景盘。盘列十二时,分刻盈百,斫木为日形,承以云,丽于轴中。五轮犬牙相入,次第运益迟。中轮日行盘一周,云脚至处,则知为何时何刻也。余轮各有楗附度,中轮则否。轮与沙池,皆藏几腹。盘露几面,旁刻黄衣童子二,一系鼓,一鸣钲,亦运衍沙使之。沙之进退,则日一视焉。此其大略也。①

流沙从漏斗形的沙池流到初轮边上的沙斗里,驱动初轮,从而带动各级机械齿轮旋转。最后一级齿轮带动在水平面上旋转的中轮,中轮的轴心上有一根指针,指针则在一个有刻线的仪器圆盘上转动,以此显示时刻,这种显示方法几乎与现代时钟的表面结构完全相同。此外,詹希元还巧妙地在中轮上添加了一个机械拨动装置,以提醒两个站在五轮沙漏上击鼓报时的木人。每到整点或一刻,两个木人便会自行出来,击鼓报告时刻。这种沙漏脱离了辅助的天文仪器,已经独立成为一种机械性的时钟结构。

在粮食加工机械和纺织机械方面,也有创新。"国朝尚食局,上供面磨,磨置楼上,机在楼下,驴之蹂践,人之往来,皆不相及,且

---

① 《宋濂集》卷94《补遗之十九》。

远尘土臭秽。叩之,乃巧人瞿氏所作也"①。

"纺纱碾(其制甚巧,有卧车立轮,大小侧轮,日可三五十斤)。(俱望东南,多不在人家房屋内。故老传云:金国替燕,人咸感江南之人。后都人询问昔时供给,贡赋粮米俱在江南,遂以碾望东南,上朝揖而拜。故名捣碾东南。示不忘昔日供给也。)"②

由此可见,元代不仅在工具制造方面有改进,在装置和设计方面也表现出了相当高的技巧。

---

① 杨瑀:《山居新话》。
② 《析津志辑佚》。

第二章　元代初期(1206～1271年)　北方科技文化中心①的建立

随着文学在北方的复兴,金、元时代交替时期,虽然北方战火频仍,但这一地区的科技文化中心地位也在悄然形成。元代科技文明的主线如同文学发展的主线,并没有被打断,反而迸发出更璀璨的光芒。元代北方科技文化中心的兴起,正是在这样的背景下产生的,正是北方科技文化中心的建立奠定了元代科学技术发展的大局。

第一节　对元代文化的总体评价

元代文化,在某种程度上,尚是一个被人忽视的课题,而且存在着明显的偏见,研究理学、诗文的著作,大都跳过元代不论,其他一些史学著作、经济学方面的著作略掉元代的也不鲜见。出现这种情况,有的是因为没有掌握足够的元代相关资料,这情有可原。有的是带有很大的偏见,认为无足轻重,或不屑而为之,这就不太公正,笔者曾经买过一套《经济思想通史》(蒋自强等著,浙江大学

---

① 由于这一时期,特别是1234年金灭亡后,南北有南宋与蒙古汗国两个政治实体,故以北方科技文化中心言之。

出版社 2003 年版,1～4 卷),其论秦汉至明代中叶的经济思想中,根本就没有元代的一字一句,甚至连南宋也基本没有涉及。《全元文》主编李修生先生认为,时至今日,"对于有元一代的文化总体评价方面存在歧异,或认为元代步南宋后尘,进一步推行理学,阻碍乃至窒息了中国文化的发展;或认为蒙古入主中原以前尚无文字,文化极其落后,入主中原以后,又实行民族压迫,压抑了汉文化的进一步发展;或认为元代历史短,皇室之争很激烈,各种矛盾此消彼长,经济发展始终未出现高峰,文化也不能有很高发展;但也有人认为元代的文学、史学、哲学、艺术、科技都很发达,文化成就居世界领先地位;还有人认为元代是中国封建文化发展史上的第三次高潮"①。

其实,元代文学到底兴盛与否,时人的评价最能说明问题,仅举三个例子:

元好问多次谈到这个问题,他于海迷失后称制元年(1249 年)说:"贞祐南渡后,诗学大行,初亦未知适从。溪南辛敬之、淄川杨叔能以唐人为指归。"②这是元好问的自谦之语,不过从侧面反映当时文学进展、变化之快,连他都可能跟不上时代的步伐。

他在海迷失后称制二年(1250 年)谈论此时北方的文学时说:"贞祐南渡后,诗学为盛。洛西辛敬之、淄川杨叔能、太原李长源、龙坊雷伯威、北平王子正等,不啻十数人,号称专门……(梅飞卿)客居东平将二十年,有诗近二千首,号《陶然集》。"③

后来,元人王恽曰:"金自南渡后,诗学为盛,其格律精严,辞语清壮,度越前宋,直以唐人为指归。逮壬辰北渡,斯文命脉不绝于

①　《全元文》第一册《序言》,第 5、6 页。
②　《全元文》卷 19《杨叔能小亨集引》。
③　《全元文》卷 20《陶然集诗序》。

线,赖元、李、杜、曹、麻、刘诸公为之主张,学者知所适从。"①这里
提到的是几大名家,为元好问(1190～1257年)、李治(1192～1279
年)、杜仁杰(1201～1283年)、曹居一、麻革、刘祁(1203～1250
年),他们堪称这一时期的文坛俊杰,这一时期著名的还有耶律楚
材(1190～1244年)、李俊民(1176～1260年)、王磐(1202～1294
年)等等。

　　这里说的是文学的命脉没有被切断,金朝末期,诗学渐兴。壬
辰北渡后,由于战争的影响,文人科举入仕之路被断绝,并没有使
文学事业一落千丈,反而使金末兴起的诗文创作更为繁荣,其成就
达到了金朝诗文发展以来的最高峰,元人对此都没有否认,而后世
却引起颇大争议。

　　早在1922年12月《北京大学国学季刊》上发表的陈垣先生
《元西域人华化考》前四卷,1927年《燕京学报》发表后四卷,在《结
论·总论元文化》中就曾客观地论及元文化的总体评价问题,他
说:"盖自辽宋金偏安后,南北隔绝者三百年,至元而门户洞开,西
北拓地数万里,色目人杂居汉地无禁,所有中国之声明文物,一旦
尽发无遗。"对于为何世人对元代有偏见? 他说:"故儒学、文学,均
盛极一时。而论者轻之,则以元享国不及百年,明人蔽于战胜余
威,辄视如无物,加以种族之见,横亘胸中,有时杂以嘲戏。"此评价
可谓中肯,今日读来,仍为经典之谈。

　　早在20世纪初叶,有学者就提出以宋元时期作为"近世"时
期,如日本学者三浦藤作在1926年出版的《中国伦理学史》就是如
此,这种划法也愈来愈受到学者关注。他在1926年出版的《中国
伦理学史》也谈到元代文化问题,他所持的观点是部分肯定、部分
否定,他说:"金、元二朝均起自北方,以武勇侵略中原,文物制度,
殆无可观,学术方面仅继宋之遗物……元代儒学无明显之特征。

---

　　①　王恽:《秋涧集》卷43《西岩赵君文集序》。

金、元最发达者,为诗文小说戏曲等纯文学。金代出有韩昉、吴激、马定国、宇文虚中、李纯甫、杨云翼、赵秉文、雷渊、元好问等名流。好问且称为苏东坡以后一人。元有赵孟頫、虞集、杨载、范梈、揭傒斯、马祖常、萨都剌、杨维桢等天才出现;《水浒传》、《三国演义》、《西厢记》、《琵琶记》等杰作,亦出于此时。"①

改革开放之后,金克木先生于 1994 年 11 月 28 日在《中华读书报》发表了一篇名为《元代的辉煌》的小文章,文章虽短,却发人深省,他说:"秦、隋、元作为王朝都只有几十年,所开创的制度却是汉、唐、明、清的渊源和范本。大帝国是短命王朝的继承人。秦、隋、元好比书的引言、概论。"

金先生还指出:"我说的是时代,不是朝代,指的是从 13 世纪到 14 世纪的中国,以元为名。从金国末期到元亡,南宋后期包括在内。这恰好是在欧洲的'文艺复兴'的 14 世纪到 16 世纪前夕。关汉卿去世时(1279 年宋亡后)但丁已生(1256 年)。元代作为中国近代文化的开创时代行不行?"

元代是历史文化链条中的重要一环,这一观点已为陈垣、金克木先生在内的许多学者认同。

《全元文》主编李修生先生说:"考察中国古代封建社会中近代化开始的过程,考察这种文化上的转变,考察文学方面优秀的通俗文学作品的涌现以及传统的诗词文反映的新时期面貌的变化,才能寻出形成新的文坛面貌的时间。我认为,可以把文学史上近古时期的起点定在南宋光宗绍熙元年,也即金章宗明昌元年。这一年是公元 1190 年。这时期经过长期的发展而臻于成熟的新的文

---

① 三浦藤作著,张宗元译:《中国伦理学史》,商务印书馆 1926 年版,第411、412 页。

学形式——说话、诸宫调、戏曲——成为文坛的新盟主。"①

由上面各家分析可以看出,越来越倾向于元代文化的发展起点于金代1190年是得到学界认可的,壬辰北渡(1232年)这个时间点是很关键的,它关乎元代文学兴衰成败,使得斯文命脉不绝于线,它的全盛期很长,保持了约一个世纪多的时间,直到1352年全国政局开始陷入混乱局面,元代文学才开始步入衰退期。

同样,笔者认为,元代科技文明的主线也没有被打断,反而进发出更璀璨的光芒。元代北方科技文化中心的兴起,正是在这样的背景下产生的,文明的主线并没有中断,为时人所认识,也将为现代更多学者所认同。

第二节　秩序的重建与科技文化中心的北移

从社会的因素来考察元代科技发展,是十分有必要的,金、元时代交替时期,虽然北方战火频仍,但这一地区的科技文化中心地位也在悄然形成。对于元代北方科技文化中心,或称之为"腹里科技文化圈",要厘清以下几个问题:

第一,是北方科技文化中心的地域范围,包括今天的山西、河北全部、山东、河南大部,在元代称为"腹里地区",该地域据元史记载:"中书省统山东西、河北之地,谓之腹里,为路二十九,州八,属府三,属州九十一,属县三百四十六。"②

第二,北方科技文化中心的形成是经历辽、金、元三个朝代的转换,历经约三个半世纪以上才开始形成的,自公元907年完颜阿骨打建立辽政权,中间经历西夏(1038～1227年)、金(1115～1234

---

① 李修生主编:《全元文》第一册《序言》,江苏古籍出版社1999年版,第7页。

② 《元史》卷51《地理一》。

年),公元 1206 年成吉思汗建立大蒙古国政权,标志着北方文化中心开始形成,1260 年元世祖忽必烈在开平即位,则标志着科技文化中心的转换已经完成。

第三,北方科技文化中心在元代的分期,以元世祖即位为时间中枢,1206～1260 年为北方文化中心形成期,1260～1307 年为全盛期,1307～1368 年为衰落期。

第四,北方文化中心的形成是与政治中心北移、多民族文化的同化和融合、交流与互相促进分不开的。

第五,北方科技文化中心的作用是非常巨大的,它为元代科学技术的飞跃发展提供了政治、经济、文化、教育与人才培养的载体与平台。

一、成吉思汗时期对中原科技文化的初步接触
(1206～1227 年)

成吉思汗最早接触中原文化,可能与白俭、李藻二人有关,但是有关史料缺乏,"向所传有白俭、李藻者为相,今止见一处有所题曰'白俭提兵至此',今亦未知存亡"①。

蒙古太祖十年(1215 年),蒙古军攻占中都,成吉思汗得到了耶律楚材(1190～1244 年),其九世祖是辽太祖耶律阿保机,父亲为金朝尚书右丞耶律履,"通术数,尤邃《太玄》",耶律楚材的母亲为杨氏,可能为汉人,接受过儒家教育。在杨氏的教诲下,耶律楚材从小就接受了严格的教育,到 17 岁能够"博极群书,旁通天文、地理、律历、术数及释老、医卜之说,下笔为文,若宿构者"②。

成吉思汗对耶律楚材非常重视,"处之左右,以备咨访",由于他精通天文、律历,"帝每征讨,必命楚材卜"。他以得到耶律楚材

---

① 徐霆:《蒙鞑备录》。
② 《元史》卷 146《耶律楚材传》。

这样的博学之士深以为幸:"指楚材谓太宗曰:'此人天赐我家。尔后军国庶政,当悉委之。'"①

耶律楚材在太祖、太宗时期,作出了卓越贡献,正如时人所评价,"公以命世之才,值兴王之运,本之以廊庙之器,辅之以天人之学,缠绵二纪,开济两朝,挈经纶于草昧之初,一制度于安宁之后,自任以天下之重,屹然如砥柱之在中流,用能道济生灵,视千古为无愧者也"②。

除耶律楚材之外,成吉思汗身边还有一位与他身世相仿的金朝贵族之后粘合重山,"金源贵族也。国初为质子,知金将亡,遂委质焉"③。

据《元史》记载,成吉思汗对他也很重视培养,先为侍从官,后此人在许多方面能够独当一面,成为成吉思汗麾下与耶律楚材并称的得力助手,"使为宿卫官必阇赤。从平诸国有功……已而为侍从官,数得侍宴内廷。因谏曰:'臣闻天子以天下为忧,忧之未有不治,忘忧未有能治者也。置酒为乐,此忘忧之术也。'帝深嘉纳之。立中书省,以重山有积勋,授左丞相。时耶律楚材为右丞相,凡建官立法,任贤使能,与夫分郡邑,定课赋,通漕运,足国用,多出楚材,而重山佐成之"④。

在军事方面,成吉思汗身边也有来自金朝的人才,如耶律阿海,"辽之故族也,金桓州尹撒八儿之孙,尚书奏事官脱迭儿之子也。阿海天资雄毅,勇略过人,尤善骑射,通诸国语。金季,选使王可汗,见太祖姿貌异常,因进言:'金国不治戎备,俗日侈肆,亡可立待。'帝喜曰:'汝肯臣我,以何为信?'阿海对曰:'愿以子弟为质。'

① 《元史》卷146《耶律楚材传》。
② 《全元文》卷8《中书令耶律公神道碑》。
③ 《元史》卷146《粘合重山传》。
④ 《元史》卷146《粘合重山传》。

明年,复出使,与弟秃花俱往,慰劳加厚,遂以秃花为质,直宿卫。阿海得参预机谋,出入战阵,常在左右"①。

在成吉思汗身边还有许多汉人。刘仲禄,魏初说他是成吉思汗近侍。② 他奉旨传召丘处机,"己卯(1219 年),太祖自乃蛮命近臣札八儿、刘仲禄持诏求之。处机一日忽语其徒,使促装,曰:'天使来召我,我当往。'翌日,二人者至,处机乃与弟子十有八人同往见焉"③。

《长春真人西游记》多次提到此人:"居无何,成吉思皇帝遣侍臣刘仲禄,县虎头金牌,其文曰:'如朕亲行,便宜行事。'及蒙古人二十辈,传旨敦请。师踌躇间,仲禄曰:'师名重四海,皇帝特诏仲禄逾越山海,不限岁月,期必致之。'师曰:'兵革以来,此疆彼界,公冒险至此,可谓劳矣。'仲禄曰:'钦奉君命,敢不竭力。'"④

可能因为他身上带有成吉思汗赐给的金符,上写"如朕亲行,便宜从事",故此有便宜之称。如王恽就曾言:"大元乙卯岁,太祖圣武皇帝遣便宜刘仲禄起长春于宁海之昆仑山。"⑤

王檝,字巨川,凤翔虢县人。史料说:"檝性倜傥,弱冠举进士不第,乃入终南山读书,涉猎孙、吴……特赐进士出身,授副统军,守涿鹿隘。"耶律楚材称赞他文武全才,阴阳、历数、道、释无所不通。后兵败降于成吉思汗,命为都统之职,配以金符,令于山西召集组织汉人军队。1219 年丘处机西行,他作为京官迎于卢沟桥,与长春真人诗歌应答,可惜诗今已不存:"宣抚王巨川楫上诗。师答云:'旌旗猎猎马萧萧,北望燕师渡石桥。万里欲行沙漠外,三春

---

①　《元史》卷 150《耶律阿海传》。
②　魏初:《青崖集》卷 3《重修磻溪长春成道宫记》。
③　《元史》卷 202《丘处机传》。
④　李志常:《长春真人西游记》卷上。
⑤　王恽:《秋涧集》卷 56《尹公道行碑铭》。

遽别海山遥。良朋出塞同归雁,破帽经霜更续貂。一自元元西去
后,到今无似北庭招。'"①

　　成吉思汗后委以重任,掌领工匠事:"命省臣总括归附工匠之
数,将俾大臣分掌之。太师阿海具列诸大臣名以闻,帝曰:'朕有其
人,偶忘姓名耳。'良久曰:'得之矣,旧人王檝宣抚可任是职。遂命檝
掌之。'"②此时,成吉思汗虽然已经英雄暮年,但还没有忘记这位
汉人老部下。

　　1228年,王檝奉监国公主命,领省中都。1230年参加灭金之
战。1233年(太宗五年)始先后五次出使南宋,这期间,他将中原
先进的中医文明以及用于针灸教学、科研所用的铜人引进蒙古汗
国。关于铜人及其相关诸问题,在第一章已有详述。

　　成吉思汗对中原的文明并不持排斥态度,而是心向往之,他的
身边有多人精通中医,如耶律楚材。由以上的介绍可知,王檝可能
也深谙医术。此外,据学者考证,成吉思汗时期还有一位汉人,姓
郑,名师真,字景贤,号龙岗,为腹里顺德人(今河北邢台)。③ 此人
在成吉思汗时期为其第三子窝阔台之侍医,后窝阔台继承汗位,仍
为侍医。耶律楚材曾与他有诗唱和,其中有诗云:"摩抚疮痍正似
医,微君孰肯拯时危。万金良策悟明主,厚德深仁四海施。"④

　　成吉思汗在征战途中,还曾经收留多位汉人弃、孤儿,并且精
心栽培,使之成才,如腹里地区宣德人(今河北宣化)刘敏(1201～
1259年),"岁壬申(1212年),太祖师次山西,敏时年十二,从父母
避地德兴禅房山。兵至,父母弃敏走,大将怜而收养之。一日,帝
宴诸将于行营,敏随之人,帝见其貌伟,异之,召问所自,俾留宿卫。

---

　　①　李志常:《长春真人西游记》卷上。
　　②　《元史》卷153《王檝传》。
　　③　参见刘晓:《郑景贤的名字与籍贯》,《中国史研究》2001年第3期。
　　④　耶律楚材:《湛然居士集》卷3《和景贤韵三首》。

习国语,阅二岁,能通诸部语,帝嘉之,赐名玉出干,出入禁闼,初为奉御。帝征西辽诸国,破之,又征回回国,破其军二十万,悉收其地,敏皆从行"①。

经过十年的磨炼,刘敏于1223年被委以重任,时年22岁,"癸未,授安抚使,便宜行事,兼燕京路征收税课、漕运、盐场、僧道、司天等事,给以西域工匠千馀户,及山东、山西兵士,立两军戍燕。置二总管府,以敏从子二人佩金符,为二府长,命敏总其役,赐玉印,佩金虎符"②。

隆兴人王德真(1202~1272年),"公生九岁而孤。太祖皇帝提兵南下,败金军于野狐岭,得公,喜其头颅不凡,命宫掖抚养之。三年通蒙古语言,译说辩利,太祖出入提携之"。成吉思汗对他也是宠爱有加,委以重任,"以公汉人,定名为奉御实,与伊苏巴尔塔布岱扎固喇台,同列三人者,贵官勋臣也。军国重事,悉委任焉"。1230年,授为德兴燕京人匠达鲁花赤,1237年(丁酉)后任德兴燕京太原人匠达鲁花赤。③

这一时期,成吉思汗麾下还汇集了大批来自中原的能工巧匠,如山西浑源人孙威,"善为甲,尝以意制蹄筋翎根铠以献,太祖亲射之,不能彻,大悦。赐名也可兀兰,佩以金符,授顺天安平怀州河南平阳诸路工匠都总管"④。自孙威开始,孙氏四代为蒙元诸汗、皇帝的军队制甲造盾,名扬四方,关于孙威制甲造盾世家的情况,在第一章也有详述。

在制炮方面,"薛塔剌海,燕人也,刚勇有志。岁甲戌(1214年),太祖引兵至北口,塔剌海帅所部三百余人来归,帝命佩金符,

① 《元史》卷153《刘敏传》。
② 《元史》卷153《刘敏传》。
③ 《紫山大全集》卷16《德兴燕京太原人匠达鲁花赤王公神道碑》。
④ 《元史》卷203《孙威传》。

为砲水手元帅,屡有功,进金紫光禄大夫,佩虎符,为砲水手军民诸
色人匠都元帅,便宜行事。从征回回、河西、钦察、畏吾儿、康里、乃
蛮、阿鲁虎、忽缠、帖里麻、赛兰诸国,俱以砲立功”①。

甲戌(1214年),太师国王木华黎南伐,帝谕之曰:“俺木海言,
攻城用砲之策甚善,汝能任之,何城不破。即授金符,使为随路砲
手达鲁花赤。俺木海选五百余人教习之,后定诸国,多赖其力。”②

除此之外,蒙古汗国时期来自中原的制炮专家或炮手首领还
有贾塔剌浑、张拔都、张荣等,《元史》及《新元史》都有记载,炮手户
中有大批从事制炮、弹药等造作的工匠,称为“炮手人匠”。“贾塔
剌浑,冀州人。太祖用兵中原,募能用砲者籍为兵,授塔剌浑四路
总押,佩金符以将之。”③“张拔都,昌平人,太祖南征,拔都率众来
降,愿为前驱……金亡,罕都虎为炮手诸色军民人匠都元帅,守
真定。”④

元太祖时期,蒙古军队还出现了造舟专家,水军因此得以建
立,“戊寅(1218年),(张荣)领军匠,从太祖征西域诸国。庚辰
(1220年)八月,至西域莫兰河,不能涉。太祖召问济河之策,荣请
造舟。太祖复问:‘舟卒难成,济师当在何时?’荣请以一月为期。
乃督工匠,造船百艘,遂济河。太祖嘉其能而赏其功,赐名兀速赤。
癸未(1223年)七月,升镇国上将军、砲水手元帅。甲申七月,从征
河西”⑤。

综上所述,成吉思汗时期,上述诸人以通晓译语、儒术、医术、
工艺,受到成吉思汗的重视,成吉思汗对北方中原科技文化有了初

---

① 《元史》卷151《薛塔剌海传》。
② 《元史》卷122《俺木海传》。
③ 《元史》卷151《贾塔剌浑传》。
④ 《新元史》卷147《张拔都传》。
⑤ 《元史》卷151《张荣传》。

步认识,特别是他晚年在精谙儒家思想的耶律楚材帮助下,大蒙古国的政治、经济、文化体制开始逐步走上正轨,为政权的平稳过渡创造了条件。

二、元太宗时期(1229～1241 年)的科技文化

后人对元太宗窝阔台的评价是:"帝有宽弘之量,忠恕之心,量时度力,举无过事,华夏富庶,羊马成群,旅不赍粮,时称治平。"①

在他在位的十三年里,北方科技文化事业有了长足发展。他有几个举措:

1. 太宗诏大臣忽都虎等试天下僧尼道士,选精通经文者千人,有能工艺者,则命小通事合住等领之,余皆为民。又诏天下置学廪,育人材,立科目,选之入仕,皆从德海之请也。②

2. 太宗五年(1233 年),设立燕京国子学,提高蒙古贵族子弟的文化教育水平。③

3. 太宗六年(1234 年)癸巳,以冯志常为国子学总教,命侍臣子弟十八人入学。④

4. 太宗七年,岁乙未(1235 年),南伐,诏枢从惟中即军中求儒、道、释、医、卜者。⑤

5. 太宗八年(1236 年)夏六月,"耶律楚材请立编修所于燕京,经籍所于平阳,编集经史,召儒士梁陟充长官,以王万庆、赵著

---

① 《元史》卷 2《太宗本纪》。
② 《元史》卷 149《郭德海传》。
③ 《析津志辑佚·学校》,第 198～199 页。
④ 《元史》卷 81《选举一》。
⑤ 《元史》卷 158《姚枢传》。

副之"①。

6. 太宗九年(1237年)秋八月,命术虎乃、刘中试诸路儒士,中选者除本贯议事官,得四千三十人。②

尤其在科技方面,"太宗五年(1233年),敕修孔子庙及浑天仪"③。据笔者考证,这台浑天仪为北宋皇祐浑仪,以后又多次用黄金进行修饰,对促进蒙古汗国天文事业的发展起到了重要作用。

他还重用岳飞之后、金朝天文官员岳熙载及其子岳寿,主管天文之事,"金南迁,从宣宗都汴,迄金之亡后还燕。用其所学进见太宗皇帝,既以推验无不应者,遂以天文属之公"④。

引进针灸铜人,关于此事,详见《蒙元诸汗、皇帝与科学技术》章节。

发展北方的印刷业。太宗窝阔台汗九年(1237年),"丁酉岁……特奉朝旨,以经营诸局,雕印三洞□□之□率游礼名山圣迹"⑤。

在道人李鼎的记载中,有相关记载,"遂于门人通真子秦志安等谋为锓木流布之计。胡相君闻而悦之,饮白金以两计一千五百。真人乃探道奥以定规模,稽天运以设方略,握真机以洞幽显,秉独断以齐众虑,审人材以叙任使,约□程以限岁月,量费用以谨经度,权轻重以立要旨。兹所素既定,即受之秦通真,令于平阳长春总其事……若夫三洞三十六部之零章,四辅一十二义之奥典,仁卿藏经碑文,□真人参校政和、明昌目录之始,至工墨装褫之毕手,其于规

---

① 《元史》卷2《太宗本纪》。

② 《元史》卷2《太宗本纪》。

③ 《元史》卷2《太宗本纪》。

④ 郑元祐:《侨吴集》卷12《元故昭文馆大学士荣禄大夫知秘书监镇太史院司天台事赠推诚赞治功臣银青荣禄大夫大司徒上柱国追封申国公谥文懿汤阴岳铉字周臣第二行状》。

⑤ 《全元文》卷46《重修天坛碑铭》。

度斡旋,靡不编录,读之一过,见其间补完亡缺,搜罗遗逸,直至七千余卷焉。况二十七局之经营,百二十藏之安置,或屡奉朝旨,或借力权贵,而海内数万里皆经亲历之地"①。这里说的真人是全真教披云子宋德方,他和下面史料提到的通真子秦志安受到蒙古汗国平阳行中书省丞相胡天禄的直接赞助和全力支持,利用当时平阳发达的印刷业,完成了这项浩大的文化工程。

关于这次诸路置局雕印的详细情况,也有记载:"甲午(1234年),历太原之西山……曾不三年,输奂一新,遂为西州伟观……乃购求遗经,首于中阳晋绛置四局以置刊镂……继于秦中为九局,太原七、泽潞二、怀洛五,总为二十七局。局置通□之士,典其雠校,俾高弟秦志安总督之。役功者无虑三千人,衣粮日用,皆取给于真人之身,首尾凡六载乃毕。又厘为六局,以为印造之所。真人首制三十藏,藏之名山洞府。既而诸方附印者有百余家。虽楮札自备,其工墨装题,真人仍给之。于是三洞三十六部之玄文,四辅一十二义之奥典,浩浩乎与天地流通,日月并耀矣。"②由此可见这次开局规模之大,人数之多,时间之长,印刷书籍之丰富。

这其中,杨惟中、胡天禄发挥了很大的作用。胡天禄,为云中人,当时是蒙古汗国平阳行中书省丞相,深得太宗信任。杨惟中(1205~1259年),是元初传播活字印刷的一位著名人物。关于宋元两代的泥活字印刷渊源关系,15世纪朝鲜著名学者金宗直有段评论最能代表:"活板之法始于沈括,而盛于杨惟中。天下古今之书籍,无不可印,其利博矣!然其字,率皆烧土而为之,易以残缺,而不能耐久。"③

---

① 《全元文》卷285《玄都至道披云真人宋天师祠堂碑铭》。
② 《全元文》卷73《玄都至道崇文明化真人道行之碑》。
③ 张秀民:《中国印刷术的发明及其影响》,人民出版社1958年版,第77页。

　　这里提到的杨惟中,见之于诸元人文集中:"(姚枢)自版小学
书《语孟或问》、《家礼》,俾杨中书版《四书》,田和卿版《尚书》、《声
诗折衷》、《易》程传、《书》蔡传、《春秋》胡传,皆脱于燕。又以小学
书流布未广,教弟子杨古为沈氏括版与《近思录》、《东莱经史说》诸
书散之四方。"①显然,文中提到的杨中书和杨古不是同一人。

　　元史也记载:"(姚枢)携家来辉州,作家庙,别为室奉孔子及宋
儒周惇颐等象,刊诸经,惠学者,读书鸣琴,若将终身。时许衡在
魏,至辉,就录程、朱所注书以归,谓其徒曰:'曩所授受皆非,今始
闻进学之序。'既而尽室依枢以居。"②这是到目前为止元代文献中
有关活字版印刷的最早记载,"沈氏活板"指的是沈括在其著作《梦
溪笔谈》中关于毕昇制作发明活字版的记载:"板印书籍,唐人尚未
盛为之。自冯瀛王始印五经,已后典籍,皆为板本。庆历中,有布
衣毕升,又为活板。其法用胶泥刻字,薄如钱唇,每字为一印,火烧
令坚。先设一铁板,其上以松脂、腊和纸灰之类冒之。欲印则以一
铁范置铁板上,乃密布字印,满铁范为一板,持就火炀之,药稍镕,
则以一平板按其面,则字平如砥。若止印三二本,未为简易;若印
数十百千本,则极为神速。常作二铁板,一板印刷,一板已自布字,
此印者才毕,则第二板已具,更互用之,瞬息可就。每一字皆有数
印,如'之'、'也'等字,每字有二十余印,以备一板内有重复者。不
用则以纸贴之,每韵为一贴,木格贮之。有奇字素无备者,旋刻之,
以草火烧,瞬息可成。不以木为之者,木理有疏密,沾水则高下不
平,兼与药相粘,不可取,不若燔土,用讫再火令药镕,以手拂之,其
印自落,殊不沾污。升死,其印为予群从所得,至今宝藏。"③

　　这里提到的杨惟中和杨古是否为同一人？张秀民先生认为可

———————————

①　姚燧:《牧庵集》卷15《中书左丞姚文献公神道碑》。

②　《元史》卷158《姚枢传》。

③　沈括:《梦溪笔谈》卷18《技艺》。

能是,他说:"杨惟中或作杨充,或作杨克,可能就是杨古之误。所以作者以为杨古的活板就是泥活字。"①张先生的证据是:"朝鲜本《陈简斋诗集》跋作'活字板之法始于沈括,而盛于杨充,然其字率皆烧土为之,易以残缺,而不能耐久'。Satow 引右文古事作杨克。"②

笔者认为张先生的论据不够充分,他引朝鲜本《陈简斋诗集》的跋作提到的杨充,元人文集中没有见到,可能是朝鲜人笔误或传抄之误;另张先生说 Satow 引作为杨克,也并无文献证据。笔者搜索四库全书中的元代文集,均未有杨充、杨克二人。笔者认为可以排除这种可能性。原因是:杨惟中在文中已经提到官职是中书,同时文中提到姚枢有弟子杨古,使人误以为是同一人;另外,除非有证据证明杨惟中字古,只有这样,才能断定二人其实是同一人;再次,没有其他证据表明杨惟中与姚枢是师生关系。所以,我认为杨惟中就是杨古的说法站不住脚。

最终,《元史》和元人文集还是提供了答案。关于杨惟中生平事迹,元史有其传:"杨惟中,字彦诚,弘州人。金末,以孤童子事太宗,知读书,有胆略,太宗器之。年二十,奉命使西域三十余国,宣畅国威,敷布政条,俾皆籍户口属吏,乃归,帝于是有大用意。皇子阔出伐宋,命惟中于军前行中书省事。克宋枣阳、光化等军,光、随、郧、复等州,及襄阳、德安府,凡得名士数十人,收伊、洛诸书送燕都,立宋大儒周惇颐祠,建太极书院,延儒士赵复、王粹等讲授其间,遂通圣贤学,慨然欲以道济天下。拜中书令,太宗崩,太后称

① 张秀民:《中国印刷术的发明及其影响》,人民出版社 1958 年版,第78页。

② 张秀民:《中国印刷术的发明及其影响》,人民出版社 1958 年版,第78页。

制,惟中以一相负任天下。"①

元人文集有多篇文章涉及杨惟中,笔者最早知其名是通过耶律楚材的《答杨行省书》,此时耶律公已经被罢免中书令,他对自己的继任者这样评论道:"族出名家,世传将种,无儿女子之态,有大丈夫所为。吏民服心,朝廷注意。遂授东台之任。"②可见,杨惟中为中书令是深孚众望的。

郝经在中统元年为他写的神道碑铭写道:"公讳惟中,字彦诚,洪州人。"太宗时,"得名士数十人,收集伊洛诸书,载送燕都。立周子庙,建太极书院,俾师儒赵复等讲授,公遂知性理学……耶律楚材罢,遂以公为中书令,领省事"③。

显然,杨惟中字彦诚,与杨古并非一人;其次,当时他位极人臣,贵为中书令,与姚枢的关系,并非师生关系。

尽管这样,并不能否认姚枢、杨惟中与杨古在元代活字印刷术传播史上的地位。三人之中,姚枢的贡献最大,他曾将毕昇的活字印刷技术付诸实践,这在元代科技史、印刷史上是具有划时代意义的事情。不过,从这些文献中,难以知晓他是用什么原料制作活字并教会杨古的。

元代《王祯农书》曾言:"后世有人别生巧技,以铁为印盔,界行内用稀沥青浇满,冷定,取平,火上再行煨化,以烧熟瓦字排于行内,作活字印板。为其不便,又有以泥为盔,界行内用薄泥,将烧熟瓦字排之,再入窑内烧为一段,亦可为活字板印之。"这段文字前半段指的是毕昇用的方法,将烧熟瓦字,排在铁框内印书。后来因为不便处理,将烧熟瓦字换为排在泥框内,然后入窑再烧一次,这便

---

① 《元史》卷 146《杨惟中传》。
② 耶律楚材:《湛然居士集》卷 8《答杨行省书》。
③ 郝经:《陵川集》卷 35《故中书令江淮京湖南北等路宣抚大使杨公神道碑铭》。

制成陶板来印了。这种改良之法是否是姚枢、杨惟中、杨古所用的改良之法，由于史料缺乏，无法妄下结论。不过尽管如此，由此可知，在 13 世纪中叶，北方尤其是燕京地区，已经出现了泥活字印刷技术，并印制出大批书籍。

第三节　北方科技文化中心的早期成就(1206～1271 年)

这一时期北方科技文化中心，在各个方面的成就已经显现，现选择其中的科技成就择要述之。

（一）天文、律历

成吉思汗任用的耶律楚材、王檝通晓天文、地理、律历、术数及释老、医卜之说；耶律楚材结合节气、周天、月转等天象规律，编订了一部新的历法《西征庚午元历》。1220 年，西域的一位历法学者曾向成吉思汗奏报，五月望日将发生月食，耶律楚材说不会，结果真的没有发生；耶律楚材根据自己的推算说 1221 年将要发生月食，这位西域学者反对，到时月食真的发生了，"西域历人奏五月望夜月当蚀，楚材曰：'否。'卒不蚀。明年十月，楚材言月当蚀，西域人曰不蚀，至期果蚀八分"[1]。这件事情说明耶律楚材已经能够比较准确地推算出日月食时间，同时他在西域的寻思干城提出了"里差"的概念，其实就是如今的"经度"，这个非常重要的概念在《进西征庚午元历表》一文中提到："辛未(1211 年)之春，天兵南渡，不五年而天下略定，此天授也，非人力所能及也。故上元庚午(1210年)岁，天正十一月壬戌朔，夜半冬至，时加子正，日月合璧，五星联珠，会属虚宿五度，以应我皇帝陛下受命之符也。臣又损节气之分，减周天之秒，去天终之率，治月转之余，课两耀之后先，调五行

---

[1]　《元史》卷 146《耶律楚材传》。

之出没,《大明历》所失于是一新,验之于天,若合符契。又以西域、中原地里殊远,创立里差以增损之,虽东西数万里不复差矣。故题其名曰《西征庚午元历》以纪我圣朝受命之符,及西域、中原之异也。"①

所以耶律楚材是我国历史上首次提出经度概念的天文学家,关于这一点,《元史》缺载,只字未提。特从耶律楚材的《湛然居士集》找出此文,以补《元史》之失也。

据黄虞稷《千顷堂书目》,耶律楚材关于天文、律历方面的著作还有《五星秘语》、《历说》、《乙未元历》、《回鹘历》等书②。可惜今已不存。耶律楚材在天文历法方面的成就对以后郭守敬、王恂等人进一步推动元代天文历法科学取得成就,重新编订元代科技史上也是中国科技史上著名的《授时历》提供了宝贵的借鉴。

耶律楚材的成就是多方面的,他在医学、数学方面也有一定的成就,这一点元史有记载:"丙戌(1226年)冬,从下灵武,诸将争取子女金帛,楚材独收遗书及大黄药材。既而士卒病疫,得大黄辄愈。"③

关于王檝(1184～1243年)对于引进中原先进的中医学文明及其针灸铜人一事,在前面已经有所论述,不再重提。

岳熙载是岳铉之祖父,为南宋抗金英雄岳飞之后,关于以岳铉为代表的岳氏家族在元代天文学的贡献,前已有详细论述,此处只论及岳熙载及其子在元太宗时期之事迹。"熙载,字寿之,金司玄

---

① 耶律楚材:《湛然居士集》卷8。
② 黄虞稷:《千顷堂书目》卷13。
③ 《元史》卷146《耶律楚材传》。

大夫,赠资善大夫、集贤院学士、上护军,追封南阳郡公谥简惠"①。后人多称岳熙载为简惠公,其子岳寿,字椿卿,赠荣禄大夫、大司农、柱国,封申国公,谥僖成。

金亡后,他们为蒙古汗太宗及其子阔端太子所重用,主管天文之事。"金南迁,从宣宗都汴,迄金之亡后还燕。用其所学进见太宗皇帝,既以推验无不应者,遂以天文属之公。逮僖成公用其家学事阔端太子,行司天台。太子征行屯戍十余年间,无一日不以公自随也"②。

由此,可以确立一个事实,即从成吉思汗时期至1259年元宪宗蒙哥在攻蜀过程中身亡这数十年里,蒙古汗国的司天台已经存在,这一点,《元史》卷90缺载。

在此,有必要对蒙古汗国时期的司天台一事予以厘清:

> 刘敏,字有功,宣德青鲁里人。岁壬申,太祖师次山西,敏时年十二……一日,帝宴诸将于行营,敏随之入,帝见其貌伟,异之,召问所自,俾留宿卫。习国语,阅二岁,能通诸部语,帝嘉之,赐名玉出干,出入禁闼,初为奉御。帝征西辽诸国,破之,又征回回国,破其军二十万,悉收其地,敏皆从行。癸未,授安抚使,便宜行事,兼燕京路征收税课、漕运、盐场、僧道、司天等事,给以西域工匠千馀户,及山东、山西兵士,立两军戍燕。置二总管府,以敏从子二人佩金符,为二府长……选民习

---

① 郑元祐:《侨吴集》卷12《元故昭文馆大学士荣禄大夫知秘书监镇太史院司天台事赠推诚赞治功臣银青荣禄大夫大司徒上柱国追封申国公谥文懿汤阴岳铉字周臣第二行状》。

② 郑元祐:《侨吴集》卷12《元故昭文馆大学士荣禄大夫知秘书监镇太史院司天台事赠推诚赞治功臣银青荣禄大夫大司徒上柱国追封申国公谥文懿汤阴岳铉字周臣第二行状》。

星历者,为司天太史氏;兴学校,进名士为之师。①

　　这里提到一个很重要的时间,癸未为 1223 年,时为元太祖十
八年,已经在燕京建立了司天台,名义上的主管是刘敏,但是具体
负责人为谁,由于史料缺乏,难以说明。这个司天台当与西域人有
关,原因有三:其一,在破回回国过程中(1219 年夏 6 月始),刘敏
从行,其间可能已经挑选了一批技术人员,正是因为有了一批储备
的专门技术人才,元太祖才授权刘敏兼领司天事;后来,到了太宗
时期,由岳熙载及其子岳寿负责。其二,刘敏虽为汉人,但精通西
域诸国及蒙古语言,很有语言天赋,与这些技术人员沟通起来也很
方便。其三,后来 1223 年又"选民习星历者",这里的民不限于汉
人,也包括西域人,笔者认为这其中可能大多数为西域人。综合这
三条理由,可以认为,元太祖成吉思汗时期,已经有了司天台,甚至
可能也有了回回司天台。

　　到了太宗八年(1236 年),"复修孔子庙及司天台"②。这里提
到的司天台也当为此。

　　金亡后,如前所述,岳熙载、岳寿父子为蒙古汗太宗及其子阔
端太子所重用,主管天文之事,行司天台。可见这一时期燕京司天
台确实已经建立,并有一大批专门技术人员,包括来自西域的回回
司天人员。

　　还有一条证据,第一章已经有所述及,北宋皇祐浑仪被蒙古军
队取得后,一直受到精心保护,太宗窝阔台汗五年(1233 年)十二
月,"敕修孔子庙及浑天仪"③。这台铜制浑仪一直放于燕京司天
台内,其间经过元世祖忽必烈以及元英宗硕德八剌等的高度重视

---

①　《元史》卷 153《刘敏传》。
②　《元史》卷 2《太宗本纪》。
③　《元史》卷 2《太宗本纪》。

和精心保护；且用数量不菲、代价昂贵的国库黄金来修饰浑天仪，直至末代皇帝顺帝时还保存完好。由此事可知此时不仅有司天台，仪器也很完备，这些仪器全部是从金朝的司天台接管而来，"金既取汴，皆辇致于燕，天轮赤道牙距拨轮悬象钟鼓司辰刻报天池水壶等器久皆弃毁，惟铜浑仪置之太史局候台"①。

此外，蒙古军队攻取汴梁时，可能还获得了莲花漏、星丸漏等仪器，"张行简为礼部尚书提点司天监时，尝制莲花、星丸二漏以进，章宗命置莲花漏二禁中，星丸漏遇车驾巡幸则用之。贞祐南渡，二漏皆迁于汴，汴亡废毁，无所稽其制矣"②。这些仪器可能被蒙古人送到燕京司天台。

此时北方天文、历法之学极盛，如郭守敬之祖父郭荣就擅长制作莲花漏等器物，并教会其爱孙郭守敬。

忽必烈尚在潜邸，他身边的智囊首脑人物刘秉忠就曾为他未雨绸缪，进行远期规划，对天文历法方面，他建言："见行辽历，日月交食颇差，闻司天台改成新历，未见施行。宜因新君即位，颁历改元。"③可见此时司天台不仅存在，而且正常运转。

元宪宗时代（1251～1259 年），《元史》没有直接提到司天台之事，但他身边有懂星历之学的人士，"庭瑞字天表，幼以功业自许，兵法、地志、星历、卜筮无不推究，以宿卫从宪宗伐蜀为先锋"④。

《秘书监志》有一条记录："世祖在潜邸时，有旨征回回为星学者，札马剌丁等以其艺进，未有官署。"⑤《元史》卷 90《百官六》"回回司天台"照搬此说法，不过此点甚疑，没有官署并不能说明没有

---

① 《金史》卷 22《历下》。
② 《金史》卷 22《历下》。
③ 《元史》卷 157《刘秉忠传》。
④ 《元史》卷 167《张庭瑞传》。
⑤ 王士点、商企翁：《秘书监志》卷 7。

司天台,甚至回回司天台也有。

这里仅就蒙古汗国时期司天台的起始设置时间、具体人员配备、开展工作细节作了初步探讨,其他诸多问题,由于史料缺乏,暂时无法进一步详述。

到此为止,可以指出元史的一条失误:"中统元年,因金人旧制,立司天台,设官属。"①

据以上分析,蒙古汗国司天台于1223年就已经建立,1236年太宗时又经过修治,并且一直在正常运转,编制了新历,仪器设备也较完备,《元史》说中统元年才开始设司天台是不对的。

忽必烈在未即位之前,他的身边汇集了一大批精通天文、律历之学的智囊,如刘秉忠、张文谦、张易、王恂,其中刘秉忠为这些智囊的核心人物。

据史书记载:"秉忠于书无所不读,尤邃于《易》及邵氏《经世书》,至于天文、地理、律历、三式六壬遁甲之属,无不精通。论天下事如指诸掌。世祖大爱之。"②据《千顷堂书目》,刘秉忠在天文律历方面的著作有《平沙玉尺》四卷、《玉尺新镜》二卷,文学方面有《藏春集》十卷、文集十卷、诗集二十卷。③

张文谦(1217～1283年),"字仲谦,邢州沙河人。幼聪敏,善记诵,与太保刘秉忠同学……文谦蚤从刘秉忠,洞究术数"④。

张易与刘秉忠、张文谦、王恂同学于州西紫金山。⑤《郭守敬传》这一事实足可证明他对天文、历法当有研究。

王恂(1235～1281年),堪称为早慧,"恂性颖悟,生三岁,家人

① 《元史》卷90《百官六》。
② 《元史》卷157《刘秉忠传》。
③ 《千顷堂书目》卷13、卷29。
④ 《元史》卷157《张文谦传》。
⑤ 《元史》卷164《郭守敬传》。

示以书帙,辄识风、丁二字。母刘氏,授以《千字文》,再过目,即成诵。六岁就学,十三学九数,辄造其极"①。岁己酉(1249 年),"太保刘秉忠北上,途经中山,见而奇之,及南还,从秉忠学于磁之紫金山"。可见,刘秉忠可能是看中他的才气,收他为关门弟子的,后为太史令、国子祭酒。

郭守敬的祖父郭荣,通五经,精于算数、水利。他和刘秉忠有深厚的交情,对于天文之学当有造诣,尤其在天文仪器制作方面。据王祎《拟元列传二首》记载:"守敬年十五六时,得石本《莲花漏图》,即能准其式为之。又得《尚书璇玑图》,规竹为之,尤极其精。"②郭守敬能够做到这一点,并不是因为他是天才,他的祖父郭荣对此一定深有研究,把制作天文仪器的技术教给了他这位唯一的爱孙。

后来,郭守敬的天文仪器制作之妙,可以说无人企及,他的学生齐履谦说:"初公年十五六,得石本莲花漏图,已能尽究其理,及随张忠宣公(即张文谦,对郭守敬有知遇之恩)奉使大名,因大为鼓铸,即今灵台所用铜壶。又得尚书璇玑图,规竹蔑为仪,积土为台,以望二十八宿,及诸大星,及夫见用,观其规画之简便,测望之精切,巧智不能私其议,群众无以参其功,王太史刚克自用者也,每至公所,睹其匠制,未尝不为之心服。"③

这一段话描写得很传神,也很有趣,文中提到的"王太史"就是幼年早慧、少年春风得意、18 岁为太子伴读、26 岁为太子老师的郭守敬的同学、太史令王恂,以王恂的"刚克自用",能够对郭守敬之制作技术佩服得心服口服,可谓难矣,也说明郭守敬制作仪器之功确实难与匹敌,可傲视太史院诸路英雄。

---

① 《元史》卷 164《王恂传》。
② 王祎:《王忠文集》卷 14《拟元列传二首》。
③ 《全元文》卷 679《知太史院事郭公行状》。

　　王祎是元末明初人,他在明初是修《元史》的副总裁官,他拟的许衡和郭守敬传,不知为何,在《元史》中删去了这一细节。

　　王恂的家学渊源也很深厚,其父王良,"金末为中山府掾,时民遭乱后,多以讹误系狱,良前后所活数百人。已而弃去吏业,潜心伊洛之学,及天文律历,无不精究"①。

　　其时在北方,还有一些人士精通天文、律历之学:

　　郝经的同乡牛天祥,"字国瑞,泽州陵川人。通天文、武经、占筮、风角等书"②。

　　焦余庆,"长安焦氏……有讳绍先者,金汰武时始著进士籍。生子继祖,为河南招讨使。招讨生余庆,第词赋科,侍至中顺大夫、云阳县令……乃读建除侯占等书"③。其子"曰永(1213～1280年),字某,益究术自秘……后家岐阳,遂以术显灵台,因官焉"。

　　许衡早年与枢及窦默相讲习,"凡经传、子史、礼乐、名物、星历、兵刑、食货、水利之类,无所不讲,而慨然以道为己任"④。

　　(二)数学

　　数学这时在河北、山西一带出现了天元术,"然天、地、人、物四元罔有云及一者。厥后,平阳蒋周撰《益古》,博陆李文一撰《照胆》,鹿泉石信道撰《钤经》,平水刘汝谐撰《如积释锁》,绛人元裕之《细草》,后人始知有天元也。平阳李德载因撰《两仪群英集臻》,兼有地元。霍山邢先生颂不高弟刘大鉴润夫撰《乾坤括囊》,末仅有人元二问。吾友燕山朱汉卿先生,演数有年,探三才之赜,索《九章》之隐,按天、地、人、物立成四元"⑤。

---

①　《元史》卷164《王恂传》。

②　王恽:《秋涧集》卷44《先友牛讲议国瑞》。

③　袁桷:《清容居士集》卷29《司天管勾焦君墓志铭》。

④　《元史》卷158《许衡传》。

⑤　《全元文》卷1148《松庭先生四元玉鉴后序》。

　　这篇序道出了一个不为人所知的事实,大文学家元好问(字裕之,1190～1257年)对数学也深有研究,通过他的《细草》,后人才得以知天元术。除此之外,元好问在医学上也有成就,他曾经编了一本医书《元氏集验方》,据他的自序说:"予家旧所藏多医书,往往出于先世手泽。丧乱以来,宝惜固护,与身存亡,故卷帙独存。壬寅冬,闲居州里,因录予所亲验者为一编,目之曰《集验方》,付博、拊辈,使传之,且告之曰:'吾元氏由靖康至今,父祖昆弟仕宦南北者又且百年。官无一廛之寄,而室乏百金之业。其所得者,此数十方而已,可不贵哉!'"①

　　由此序还可以得知,当时在太行山南麓的山西、河北地区形成了一个数学研究中心,人才济济。如平阳蒋周、博陆李文一、鹿泉石信道、平水刘汝谐、绛元好问(他为太原秀谷,即今之山西忻州人)和霍山邢先生,还有《四元玉鉴》的作者朱世杰为燕山(今北京一带)人。

　　朱世杰,字汉卿,自号松庭,籍贯在燕京一带。他是元代一位成就卓著的大数学家,然而这样一位在数学史上占有重要地位之人,生平经历后人知之甚少,《元史》无他的传,元人文集中也没有他更详细的背景资料,只有他的著作《算学启蒙》和《四元玉鉴》得以借助赵城、莫若、祖颐三人之序可以略知其生平梗概。

　　除此之外,此时,元代著名的天文学家郭守敬、王恂在刘秉忠主持的"文贞所"潜心学问,数学当为他们所学内容之一,"文贞所"就位于河北武安紫金山中。

　　这一地区在经受蒙古军队占领后,经济恢复较快,政局稳定;同时这个地区在金朝统治时期造纸业和印刷业均极为发达,其"平水"版印本可与南宋的印本书相媲美,这些因素为数学在这一地区的发展、传播均提供了极为便利的条件。

---

　　①　元好问:《遗山集》卷37《元氏集验方序》。

元代数学界的另一位重量级人物李冶(1192～1279年)于元宪宗蒙哥元年(1251年)在河北真定路元氏县进行研究工作,他在封龙山买下一处田产,"冶晚家元氏,买田封龙山下,学徒益众"①。在北方很有影响。

在此期间,李冶与学者文人多有交往,与张德辉及元裕等人关系密切,经常切磋学问,"德辉天资刚直,博学有经济器,毅然不可犯,望之知为端人,然性不喜嬉笑。与元裕、李冶游封龙山,时人号为龙山三老云"②。

李冶在《测圆海镜自序》曰:"数本难穷,吾欲以力强穷之,不惟不能得其凡,而吾之力且惫矣。然则数果不可穷耶!既已名之数矣,则又何为而不可究乎?故谓数为难穷,斯可;谓为不可穷,斯不可。何则?彼冥冥之中,固有昭昭者存。夫昭昭者,其自然之数也。非自然之数,其自然之理也。推自然之理,以明自然之数,则虽远而乾端坤倪幽,而神情鬼状未有不合者矣。予自幼喜算数,恒病考圆之术乖于自然,如古率、微率、密率之不同,截弧、截矢、截背之互见内外诸角,析剖支条,莫不各自名家。及反覆研究,而卒无以当吾心者。老大以来,得洞渊之术,日夕玩绎,而向之病我者始爆然落手而无遗。客有从余求其说者,于是又为衍之,遂累一百七十问。既成纺,客复目之为测圆海镜。昔半山老人集唐百家诗选,自谓废日力于此,良可惜,明道以谢上蔡。记诵为元物丧志,况九九之贱技乎。耆好酸碱,平生每自戒约,竟莫能已。吾亦不知其然而然也。故尝为之解曰:'由技兼乎事者言之,夷之、礼夔之、乐亦不免为一技。由技进乎道者言之,石之斤,扁之轮,非圣人之所与者乎。览吾之书,其悯我者,当以百数,笑我者,当以千数,乃吾之

---

① 《元史》卷160《李冶传》。
② 《元史》卷163《张德辉传》,此文中的元裕疑为元裕之(元好问)。

所得,则自得焉耳,宁秒计人悯笑哉?'"①李冶在元代数学上的地位与成就,第一章已经有所论及,这里不再赘述。

当时南方长江下游一带在改革筹算方面把筹算系统的运算方法改进到十分完美的地步,北方作为另一个数学研究中心,它的成就从设立未知数、立方程以及消元法(即天元术和四元术)也把筹算发展到登峰造极的程度。这样看,北方科技文化中心在综合实力上与南方相比可能更胜一筹。

(三)中国历史上《几何原本》的最早研究者蒙哥汗

《几何原本》的作者是古希腊的伟大数学家欧几里得,他活跃于公元前 300 年左右。这部著作是一部具有严密演绎体系的证明数学的集大成之作,在世界数学界产生重要影响,世界上许多民族都用自己的语言翻译出版了这部名著,并进行广泛而深入的研究。

以往认为《几何原本》最早是由意大利传教士利玛窦于 16 世纪末传入中国的,全书共 15 卷,并和徐光启合作将前 6 卷翻译成中文。其实,早在 13 世纪中叶,当时的蒙古大汗蒙哥就曾经研究过它。

蒙哥(1208～1259 年)是成吉思汗系诸孙中最有学识的一个皇帝。他是成吉思汗之孙,睿宗拖雷之子,元世祖忽必烈的哥哥。对于他,《元史》是这样评价的:"帝刚明雄毅,沉断而寡言,不乐燕饮,不好侈靡,虽后妃不许之过制。初,太宗朝,群臣擅权,政出多门。至是,凡有诏旨,帝必亲起草,更易数四,然后行之。"由此可以看出,蒙哥汗的学识确实较高。

对于蒙哥研究《几何原本》之事,《元史》只字未提。他在数学方面的才能,《多桑蒙古史》有记载:"成吉思汗系诸王以蒙哥皇帝较有学识,彼知解说 Euclide(欧几里得希腊文为 Eukleides)氏之

---

① 李冶:《测圆海镜自序》,录于《全元文》卷 47。

若干图式。"①

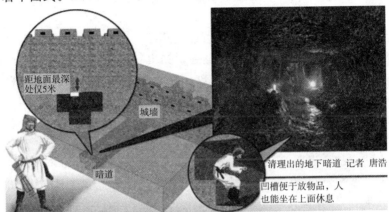

距地面最深
处仅5米

城墙

暗道

清理出的地下暗道　记者　唐浩

凹槽便于放物品, 人
也能坐在上面休息

重庆合川钓鱼城发现蒙古大军修建的攻城暗道②

　　另外, 在元上都曾有欧几里得《几何原本》的阿拉伯文译本。
《秘书监志》卷7"回回书籍"条下"至元十年(1273年)十月北司天
台申本台合用文书"所列书目中, 有《兀忽列的四擘算法段数十五
部》一种, 这可能就是欧几里得《几何原本》15卷本的阿拉伯译文
本。北司天台的所在地即元上都, 是蒙古诸汗、皇帝夏季避暑、消
夏之地, 也是当时蒙古的政治、文化、科技中心之一。蒙哥汗所研
究的"若干图式"来源于《几何原本》, 所借助的可能就是阿拉伯译
本。只是《兀忽列的四擘算法段数十五部》没有流传下来, 无法知
晓蒙哥汗研究的细节。但有一点可以肯定, 他是我国古代第一个
对《几何原本》进行研究的学者和一国之君。

　　公元1259年2月, 蒙古大汗蒙哥亲率军马进攻钓鱼城, 遭到
钓鱼城南宋官兵以及百姓的顽强抵抗, 于1259年7月殒命于此,
钓鱼城也由此被称为"东方麦加城"和"上帝折鞭处"。近来, 在重

---

①　冯承钧译:《多桑蒙古史》下册, 中华书局1962年版, 第91页。

②　图片来自:www.esgweb.net/Article/dongtai/kaogu/200708/22659.

庆合川钓鱼城发现了蒙哥率领蒙古大军修建的攻城暗道（见上页图）。

根据这张图片，蒙哥当时可能利用了《几何原本》中的几何学知识，命令士兵挖掘这条地下隧道。据史料记载，1259年2月起，蒙哥汗"督诸军战城下。辛巳，攻一字城。癸未，攻镇西门。三月，攻东新门、奇胜门、镇西门小堡。夏四月丙子，大雷雨凡二十日。乙未，攻护国门。丁酉，夜登外城，杀宋兵甚众。五月，屡攻不克。六月丁巳，汪田哥复选兵夜登外城马军寨，杀寨主及守城者。王坚率兵来战。迟明，遇雨，梯折，后军不克进而止。是月，帝不豫。秋七月辛亥，留精兵三千守之，余悉攻重庆。癸亥，帝崩于钓鱼山，寿五十有二，在位九年"。

蒙哥汗的猝然去世，使得《几何原本》的研究自然停止，从此对它的研究一直没有继续，直到1582年利玛窦来华，中国人才又开始研究《几何原本》。

（四）医学

这一时期，北方医学事业繁荣，很多儒士专习医学或兼习医学，在医学上取得了引人注目的成就，其杰出代表有李杲（1180～1251年）开创的"温补派"，窦默的针灸法及其对北宋王惟一所制铜人在元代的传承应用起了一定的作用。

李杲字明之，河北真定（今河北正定）人，因真定在汉高祖前名为东垣，故自号东垣。据史料记载："杲幼岁好医药，时易人张元素以医名燕赵间，杲捐千金从之学，不数年，尽传其业。家既富厚，无事于技，操有余以自重，人不敢以医名之。大夫士或病其资性高謇，少所降屈，非危急之疾，不敢谒也。其学于伤寒、痈疽、眼目病为尤长。"①

《元史》这段话出自与李杲有深交的大文学家元好问之手，当

---

①　《元史》卷203《方技传》。

时李杲有"国医"之美誉,元好问在元太宗十年(1238年)为李杲之
医书作序时回忆道:"往予在京师,闻镇人李杲明之有'国医'之目,
而未之识也。壬辰之兵,明之与予同出汴梁,于聊城、于东平,与之
游者六年,于今然后得其所以为国医者为详。"①

　　元人刘因(1249～1293年)有论:"近世医有易州张氏(即金代
名医张元素)学于其书,虽无所不考,然自汉而下,则惟以张机、王
叔和、孙思邈、钱乙为得其传。其用药,则本七方十剂而操纵之;其
为法,自非暴卒,必先以养胃气为本,而不治病也。识者以为近古,
而东垣李明之则得张氏之学者。"②

　　李杲还深谙针术,"陕帅郭巨济病偏枯,二指著足底不能伸,杲
以长针刺骱中,深至骨而不知痛,出血一二升,其色如墨,又且谬刺
之。如此者六七,服药三月,病良已"③。

　　对于脚气病,李杲有独到经验,此事在刘因的《静修文集》中有
记载:"镇人罗谦甫尝从之学。一日遇予,言先师尝教予曰:'夫古
虽有方,而方则有所自出也。均脚气也,而有南北之异。南多下
湿,而其病则经之所谓水清湿而湿从下受者也。孙氏知其然,故其
方施之南人则多愈。若夫北地高寒,而人亦病是,则以所谓饮发于
中,跗肿于下,与谷入多而气少,湿居下者也。我知其然,故我方之
施于北,犹孙方之施于南也。'"④李杲对脚气病的成因见解可谓
高明,他的辨证治疗方法时至今日仍然产生影响。

　　李杲晚年传授医学,门下弟子众多,著名的有赵州人王好古以
及上文提到的罗谦甫(罗天益)。王好古早年习儒,数试不第,转而
受业于张元素,问学于李杲,在药物学方面成就颇多,有《医垒元

---

①　元好问:《遗山集》卷37《伤寒会要引》。
②　刘因:《静修文集》卷2《内经类编》序。
③　《元史》卷203《方技传》。
④　刘因:《静修文集》卷2《内经类编》序。

戎》、《阴证略例》、《汤液本草》、《汤液大法》、《钱氏补遗》等书,其中《汤液本草》三卷,是易水学派诸家药理学说的集大成之作。

该书上卷载李杲《药类法象》、《用药心法》,附以五宜五伤七方十剂。中、下二卷以本草诸药配合三阳三阴十二经络,仍以主病者为首,臣佐使应次之。辑录了《证类本草》中偏于临床用药的一些言论和张元素、李杲之说,资料丰富,要言不烦,反映了元代药物本草学记载药物药性简要务实,多在理论层次上探求阐述的特点。此书使中医用药从经验处方上升到理论处方的阶段。

清代学者对之推崇备至,"其余各家虽有采辑,然好古受业於洁古,而讲肄於东垣,故於二家用药尤多徵引焉。考《本草》药味不过三品,三百六十五名。陶弘景《别录》以下,递有增加,往往有名未用。即《本经》所云主治,亦或古今性异,不尽可从。如黄连今惟用以清火解毒,而经云厚肠胃,医家有敢遵之者哉!好古此书所列,皆从名医试验而来,虽为数无多,而条例分明,简而有要,亦可云适乎实用之书矣"①。

罗天益字谦甫,杲晚年弟子,元真定路藁城(今河北藁城)人,名医李杲晚年弟子,尽得其传。元砚坚《东垣老人传》称,杲临终,取平日所著书,检勘卷帙,以次相从,列於几前,嘱谦甫曰此书付汝者,即其人也。他的著作有《卫生宝鉴》、《内经类编》、《洁古老人注难经》、《医论》等书。刘因曾在1260年对李杲的这位关门弟子评价颇高:"予闻李死,今之十年,罗嗣而事之如平生,薄俗中而能若是,是可序。"②

许国祯,"字进之,绛州曲沃人也。祖济,金绛州节度使。父曰严,荣州节度判官。皆业医。国祯博通经史,尤精医术。金乱,避

---

① 《四库全书总目提要》卷104《子部十四》。
② 刘因:《静修文集》卷2《内经类编》序。

地嵩州永宁县。河南平,归寓太原"①。可知,许国祯出身于世医家庭,从小就对医学感兴趣,兼通儒学。

据《元史》记载,许国祯之母韩氏亦能医,长期医侍蒙哥汗、元世祖之母庄圣太后,可见医术也非常高明。"国祯母韩氏,亦以能医侍庄圣太后,又善调和食味,称旨,凡四方所献珍膳旨酒,皆命掌之。太后闵其劳,赐以真定宅一区,岁给衣廪终身,国祯由是家焉"②。

后来,其母可能由于年迈或去世的原因离开,许国祯子承母业,继续为庄圣太后侍医,表现出高超的技术,"世祖在潜邸,国祯以医征至翰海,留守掌医药。庄圣太后有疾,国祯治之,刻期而愈,乃张晏赐坐。太后时年五十三,遂以白金铤如年数赐之"③。

《元史》记载伯撒王妃病目由于针者技术操作不当损伤,可能发生在 1243 年窦默被忽必烈召见之前,这件事情对忽必烈召见窦默起了一定作用,因为他需要的是和许国祯一样或比他名气还大的"国医"为皇室家族服务。"伯撒王妃病目,治者针误损其明。世祖怒,欲坐以死罪,国祯从容谏曰:'罪固当死,然原其情乃恐怖失次所致。即诛之,后谁敢复进?'世祖意解,且奖之曰:'国祯之直,可作谏官。'"④

在元世祖登上皇位后,许国祯成为太医院机构最高负责人,"世祖即位,录前劳,授荣禄大夫、提点太医院事,赐金符"。太医院为正二品,在中国古代,元代医官待遇、官品都是最高的,"太医院,秩正二品,掌医事,制奉御药物,领各属医职。中统元年,置宣差,提点太医院事,给银印"⑤。

---

① 《元史》卷 168《许国祯传》。

② 《元史》卷 168《许国祯传》。

③ 《元史》卷 168《许国祯传》。

④ 《元史》卷 168《许国祯传》。

⑤ 《元史》卷 88《百官四》。

　　许国祯不仅医术高明,为人也很正直,由上文他能为针者失误开脱罪责可见。此外,他还利用为元世祖看病之机,进谏忠言,非常巧妙,"世祖过饮马湩,得足疾,国祯进药味苦,却不服,国祯曰:'古人有言:良药苦口利于病,忠言逆耳利于行。'已而足疾再作,召国祯入视,世祖曰:'不听汝言,果困斯疾。'对曰:'良药苦口既知之矣,忠言逆耳愿留意焉。'世祖大悦,以七宝马鞍赐之。"①

　　在元代医学发展史上,许国祯贡献颇多,他还主持了元代医学史上唯一的一部官修《大元本草》:"世祖二十一年十二月,命翰林承旨撒里蛮、翰林集贤大学士许国祯,集诸路医学教授增修《本草》。"②

　　这一时期,在蒙古诸汗、元世祖身边,还出现了西域医药世家。爱薛,"西域拂林人……于西域诸国语、星历、医药无不研习,有列边阿达者以本俗教法受知定宗(1246~1248年在位),荐其贤,召侍左右。直言敢谏言,为世祖所重"③。

　　至元十年(1273年),改回回爱薛所立京师医药院名广惠司。④ 爱薛成为西域医药机构在京师的创始人,后其子名老哈,授昭信校尉、提举广惠司事。

　　据《元史》记载:"广惠司,秩正三品,掌修制御用回回药物及和剂,以疗诸宿卫士及在京孤寒者。至元七年,始置提举二员。"⑤爱薛很早就是这个机构的负责人,最早的时间,当在中统年间(1260~1263年),元人文集的记载证实了这样的猜测,"公起家为定宗近侍,中统间,掌西域星历、医药二司事"⑥。

---

①　《元史》卷168《许国祯传》。
②　《元史》卷13《世祖本纪十》。
③　程钜夫:《雪楼集》卷5《拂林忠献王神道碑》。
④　《元史》卷8《世祖本纪五》。
⑤　《元史》卷88《百官四》。
⑥　程钜夫:《雪楼集》卷5《拂林忠献王神道碑》。

第三章　元代的科学技术成就概况

第一节　元代的数学、天文历法高度发展,科技水平为中国传统科技发展之巅峰

元史研究专家陈高华先生有一段著名的话,很有代表性:"对于元代文化,历来评价不一。在相当长的时间内,除了元曲(这得力于王国维先生的研究)之外,元代社会黑暗、元代文化'衰敝'的看法,是颇为流行的。元朝君主多不习汉文化,元朝儒生地位极其低下,甚至有'九儒十丐'之说,是得出上述看法的重要论据。20世纪下半期以来,随着中外学术界有关研究的不断深入,现在完全可以说,元代是继唐、宋之后我国文化发展的又一个高潮时期。在元代,文化的多数领域都有很好的成就,有些甚至超越了前代。"①

元代是中国漫长封建社会中很有特色的一个王朝。由于是异族统治且是少数民族,蒙古人在总人口中的比重很小,20世纪上半期,学者对其诟病,反映在过多地渲染其腐朽、黑暗、残暴面,很多指责其实是以偏概全。如说元朝君主不习汉文化,是与史实不符的。元世祖忽必烈对汉文典籍、礼仪制度非常熟悉,并且能够用

---

① 《元代文化史·绪论》,第84～85页。

汉文创作诗歌,其子真金从小就接受严格的儒学教育,请著名科学家王恂为太子伴读,后为太子赞善,即太子之师,以后用法律的形式规定下来,太子必须学习汉文。元文宗、元顺帝的汉化程度也很高,可以纯熟地运用汉文进行创作,《元诗选》卷首就有他们流传下来的诗歌。

如果借用陈高华先生之语,把它运用到元代的科学技术方面,可以毫不夸张地说,元代君主高度重视科学技术,对前代科技文明的传承也高度重视,元代在科学技术方面的建树远超秦、汉、唐,即使是北宋,有些方面也是望其项背。

一、元代的数学

我国古代数学经过数千年的发展,到宋元时期(960～1368年)达到了高峰期,而元代更可称为高峰期的巅峰状态。

中国自然科学史研究室数学史组在其《宋元数学综述》一文中提出:"中国古代数学,继汉唐千余年不断发展之后,到了宋元时期又发展到一个新的更高的水平……宋元数学,从时间上说它包括了由北宋初到元末(960～1368年)大约四百年的时间。在这四百年的时间里,13世纪下半纪(主要指元代)特别值得我们注意。如果说宋元数学是以筹算为中心内容的中国古代数学发展的高潮,那么13世纪下半纪正是这个高潮的顶峰。"①

著名数学史专家钱宝琮先生评价道:"中国数学以元初为最盛,学人蔚起,著作如林,于数学史上放特殊光彩。"②

元代数学之所以能够达到古代数学的巅峰状态,判断的标准是涌现出了如朱世杰、李冶这样在数学史上大放异彩的著名学者;

---

① 钱宝琮等:《宋元数学史论文集》,科学出版社1966年版,第1页。
② 《钱宝琮科学论文选集》,科学出版社1983年版,第319页。

蒙哥汗在中国数学史上第一次研究《欧几里得几何》,取得了具有世界性影响的成就;李冶提出了立方程的方法(天元术);朱世杰提出了多元高次联立方程(四元术)、垛积术以及招差法在编制《授时历》中的应用。

最早提到元代科学技术发展水平问题的是清代学者罗士琳,他所比较的是在数学方面的成就,"汉卿(朱世杰)在宋元之间,与秦道古(九韶)、李仁卿(冶)可称鼎足而三,道古正负开方,仁卿天元如积,皆足上下千古,汉卿又兼包众有,充类尽量,神而明之,尤超越乎秦李之上"。因此,据研究朱玉杰的杜石然先生评论道:"在朱世杰的著作中,不仅有着以高次方程解法、天元术等为代表的北方数学的成就,也包括了杨辉著作中所体现出来的日用、商用算法以及各种歌诀等南方数学的成就;不仅继承了中国古代数学的光辉遗产,而且又作了创造性的发展。朱世杰的工作,在一定意义上讲,可以看做是宋元数学的代表,可以看做是古代筹算系统发展的顶峰。"①

这里提到的《四元玉鉴》著于1303年,作者朱世杰,字汉卿,自号松庭,籍贯在燕京(今北京)一带。生平经历今人知之甚略,只能借助于元人所作的序知其梗概。

他还著有《算学启蒙》(1299年),《四元玉鉴》继承并发展了元代北方地区发展起来的设立、求解一元高次方程的"天元术",以及设立、求解多元高次方程组的"四元术",最重要的内容和最突出的成就,一是"四元消元法",即高次方程组消去法问题;二是关于高阶等差级数的有限项求和问题。这两项在中国数学史上占有极重要的地位,比国外的同类成果也要早几百年。

元代另一位数学泰斗是李冶(1192~1279年),《元史》曾有5次提到,并有其传。所著甚丰,"有《敬斋文集》四十卷,《壁书丛削》

① 杜石然:《朱世杰研究》,载于《宋元数学史论文集》,第204页。

十二卷,《泛说》四十卷,《古今黈》四十卷,《测圆海镜》十二卷,《益古衍段》三十卷"①。前几种为文史著作,后两部为数学专著。《测圆海镜》著于 1248 年,《益古衍段》现称《益古演段》,著于 1259 年,两书都是关于"天元术"的代表著作。

《测圆海镜》是元代初期天元术的代表作,对后世产生较大影响,清代学者对它研究较多并给予高度评价。

《测圆海镜》于至元十九年(1282 年)刊行,全书共 120 问,每问给出的解法不等,比较全面系统地介绍和论述了列天元的方法、步骤,以圆与直角三角形为建立天元术的根据,涉及了一些几何学知识,"其书以勾股容圆为题,自圆心圆外纵横取之,得大小十五形,皆无奇零。次列识别杂记数百条,以穷其理。次设问一百七十则,以尽其用。探赜索隐,参伍错综,虽习其法者,不能骤解。而其草则多言立天元一。按立天元一法见于宋秦九韶《九章大衍数》中,厥后《授时草》及《四元玉鉴》等书皆屡见之,而此书言之独详,其关乎数学者甚大。然自元以来,畴人皆株守立成,习而不察。至明,遂无知其法者"②。

数学家李善兰在重刻《测圆海镜》序中说:"至今后译西国代数微积分诸书,信笔直书,了无疑义者,此书之力焉。"又说:"中华算书无有胜于此者。"

白尚恕先生总结了《测圆海镜》在数学方面的十大贡献,这里摘录如下,以更好地理解此书的科学意义。③

1. 用一个文字按其不同位置及系数以表示未知数的各次项,使得由文词代数能顺利地演变成符号代数。

① 《元史》卷 160《李冶传》。
② 《四库全书总目提要》卷 107《子部十七》。
③ (元)李冶著,白尚恕译:《测圆海镜今译》,山东教育出版社 1985 年版,第 3～4 页。

2. 对十进小数的表示法,与现今十进小数表示法,只差一个小数点。

3. 利用乘法消去分母,使分式化为整式。这方法与现今分式方程的解法相一致。

4. 利用乘方消去根号,使根式化为有理式。这方法与现今无理方程的解法相一致。

5. 创立升位法或降位法,对某些特殊方程在解法上提供了方便。

6. 在某种意义上,对正整指数幂与负整指数幂的理解,与现今的理解比较相近。

7. 在所列方程的次数上,比唐初、王孝通时代有显著的增高。

8. 所列方程突破了秦九韶(1202～1261 年)"实常为负"的限制。

9. 对于筹式的写法,给四元术提供了有利条件。

10. 在书末出现了文词代数式的初步尝试。

元代数学在筹算方面取得突出成就,带动了珠算在元代的使用,出现了一定程度的普及。

珠算出现的时间,根据现有史料,尚难定论,算盘的发明人,也无从考证,关于珠算的最早记载,却见于元代。

算盘一词在元代并不罕见,至元二十四年(1287 年),当时的太史院已经教授算盘,"至元二十四年十一月初六日,尚书省奏:'前者,春里柳林里有时分,立了国子监,官人每的怯薛歹每的兄弟、孩儿每根底,汉儿文字算子教学呵,怎生? 么道,奏来。如今官人每的孩儿每学有,怯薛歹每的孩儿每无。如今算子文字学呵,后头勾当里使唤呵,勾当里教行呵,学的怯薛歹每的孩儿每根底,交太史院里学算子、国子监里学文书呵,怎生?'奏呵,'是也。那般者。'么道,圣旨了也。钦此"①。

这里的"算子"可能就是算盘,根据这份文件,算子教学已经在太史院实行,因此,国子监不再教学。

至元十六年(1279 年),南宋灭亡,太史局初立,太史王恂与后来成为郭守敬学生兼得力助手的齐履谦通晓算数,也当知晓"算子"之学,否则至元二十四年(1287 年)的这份官方文件就很难说得通。另外,由于太史院是全国唯一教学"算子"的机构,在太史院中决不可能只此二人通晓,如果上述推测成立的话,南宋后期"算子"即算盘可能已经出现。

南宋灭亡前后,刘因(1249~1293 年)有一首五言诗,以"箕盘"为名:"不作甍商舞,休停饼氏歌,执筹仍蔽簏,辛苦欲如何?"② 这里的"箕盘"是否就是算盘,尚无其他史料佐证。

由上述史料可知,在南宋灭亡前后,珠算可能已经在天文机构中得到应用,可能是作为计算工具,13 世纪后期在民间也有了初步应用。另据《中国数学史论文集》介绍,建国后"对于珠算史的研究取得了新的进展。如发现了一颗北宋末年的算珠,还有北京故宫博物院所藏宋张择端的画卷《清明上河图》有珠算算盘图"③。照此说法,笔者的推测并不算空穴来风。

另据《千顷堂书目》记载,元代有不知撰人的《双珠算法》二卷、《算法启蒙》一卷。④ 这里的双珠算法,非常有可能是关于珠算的方法,也可能是元代太史院所用珠算教材。

到了 14 世纪中期,江浙一带算盘已经很普及,陶宗仪在其《南

---

① 《通制条格·习学书算》。

② 刘因:《静修集》卷 17《箕盘》。

③ 吴文俊主编:《中国数学史论文集》,山东教育出版社 1985 年版,第 7 页。

④ 《千顷堂书目》卷 3。

村辍耕录》(1366 年)有这样的比喻:"凡纳婢仆,初来时,曰擂盘珠,言不拨自动。稍久,曰算盘珠,言拨之则动。既久,曰佛顶珠,言终日凝然,虽拨亦不动。"①这是算盘一词第一次正式出现在文献中。

珠算在明代达到成熟期,大量推广开来,给明末来华的意大利人利玛窦(1552～1610 年)留下了深刻的印象,他说:"中国人在木框上计数,那上面有圆珠沿着棍条滑动并挪动位置以表示数目。"②这种普及程度和宋元时期的应用是分不开的。

二、元代的天文历法

元代天文历法的成就,集中体现在《授时历》的编制上,有元一代,精通天文历法的学者最多,阵容最为庞大,是元代科学史上最大的科学家群体。学界目前公认,《授时历》是中国传统历法中最杰出的一部。它的编制倡议由元世祖智囊团的领军人物刘秉忠(1216～1274 年)提出,"世祖在潜邸,海云禅师被召,过云中,闻其博学多材艺,邀与俱行。既入见,应对称旨,屡承顾问。秉忠于书无所不读,尤邃于《易》及邵氏《经世书》,至于天文、地理、律历、三式六壬遁甲之属,无不精通。论天下事如指诸掌。世祖大爱之"③。

《授时历》的编制工作由太史令王恂(1235～1281 年)、同知太史院事郭守敬(1231～1316 年)具体主持,由许谦(1209～1281 年)亲自挂帅,"恂以为历家知历数而不知历理,宜得衡领之,乃以集贤

---

①　《南村辍耕录》卷 29。

②　何高济等译:《利玛窦中国札记》,中华书局 1983 年版,第 246～247页。

③　《元史》卷 157《刘秉忠传》。

大学士兼国子祭酒,教领太史院事,召至京。衡以为冬至者历之本,而求历本者在验气。今所用宋旧仪,自汴还至京师,已自乖舛,加之岁久,规环不叶。乃与太史令郭守敬等新制仪象圭表,自丙子之冬日测晷景,得丁丑、戊寅、己卯三年冬至加时,减《大明历》十九刻二十分,又增损古岁余岁差法,上考春秋以来冬至,无不尽合"①。参加的还有这一集团的张文谦(1217～1283 年)、张易。此外,据《元史》记载,原金国、南宋的天文官员也参与其中,"乃与南北日官陈鼎臣、邓元麟、毛鹏翼、刘巨渊、王素、岳铉、高敬等参考累代历法,复测候日月星辰消息运行之变,参别同异,酌取中数,以为历本"②。

据现代学者研究,《授时历》"不用'积年',不用'日法',创始用招差法来推算太阳、月球的运动速度,用弧矢割圆术来推算黄道经度和赤道经度、赤道纬度的关系"。

在编历的过程中,研制并且改创了一大批观测仪器,"宋自靖康之乱,仪象之器尽归于金。元兴,定鼎于燕,其初袭用金旧,而规环不协,难复施用。于是太史郭守敬者,出其所创简仪、仰仪及诸仪表,皆臻于精妙,卓见绝识,盖有古人所未及者"③。元代的这些成就其实是建立在对前代科技文明的继承的基础上,并推陈出新,才达到"古人所未及"的程度。

其中最著名的当属简仪,"简仪之制,四方为趺,纵一丈八尺,三分去一以为广。趺面上广六寸,下广八寸,厚如上广。中布横轶三、纵轶三。南二,北抵南轶;北一,南抵中轶。趺面四周为水渠,深一寸,广加五分。四隅为础,出趺面内外各二寸。绕础为渠,深广皆一寸,与四周渠相灌通。又为础于卯酉位,广加四维,长加广

①　《元史》卷 158《许衡传》。
②　《元史》卷 52《历一》。
③　《元史》卷 48《天文一》。

三之二,水渠亦如之。北极云架柱二,径四寸,长一丈二尺八寸。下为鳌云,植于乾艮二隅础上,左右内向,其势斜准赤道,合贯上规。规环径二尺四寸,广一寸五分,厚倍之。中为距,相交为斜十字,广厚如规。中心为窍,上广五分,方一寸有半,下二寸五分,方一寸,以受北极枢轴。自云架柱斜上,去跌面七尺二寸,为横輄。自輄心上至窍心六尺八寸。又为龙柱二,植于卯酉础中分之北,皆饰以龙,下为山形,北向斜植,以柱北架。南极云架柱二,植于卯酉础中分之南,广厚形制,一如北架。斜向坤巽二隅,相交为十字,其上与百刻环边齐,在辰巳、未申之间,南倾之势准赤道,各长一丈一尺五寸。自跌面斜上三尺八寸为横輄,以承百刻环。下边又为龙柱二,植于坤巽二隅础上,北向斜柱,其端形制,一如北柱”①。

简仪是元世祖至元十三年(1276 年)由郭守敬、王恂等人参与设计,对前代浑仪,主要是北宋皇祐浑仪进行了重大改革后进行的创新(关于这一点在第一章第一节有论),“十三年,江左既平,帝思用其言,遂以守敬与王恂率南北日官,分掌测验推步于下,而命文谦与枢密张易为之主领裁奏于上,左丞许衡参预其事。守敬首言:‘历之本在于测验,而测验之器莫先仪表。今司天浑仪,宋皇祐中汴京所造,不与此处天度相符,比量南北二极,约差四度;表石年深,亦复欹侧。’守敬乃尽考其失而移置之。既又别图高爽地,以木为重棚,创作简仪、高表,用相比覆”②。

简仪取消了原来浑仪的白道环(月球视运动轨道)、黄道环(太阳视运动轨道),把地平坐标和赤道坐标分成了两个独立装置。简仪的赤道装置由四根斜立的支柱托着一根正南北方向的轴,赤经双环围绕此轴运转。赤经双环两面刻有周天度数,中间夹有窥管,它的两端架有十字线,这成为后来望远镜十字线的发端。尤其值

① 《元史》卷 48《天文一》。
② 《元史》卷 164《郭守敬传》。

得一提的是,为了便于赤道圈的旋转,简仪还应用了滚珠轴承装置,这项创新比达·芬奇发明滚动轴承要早 400 多年。

元世祖忽必烈把金、南宋两朝司天监的科技人员集中到大都,组织了一支强大的天文工作群体,在短短的五年时间里(1276～1280 年)取得了极大的成就,将中国古代天文学推向新的高峰。郭守敬核验选用的一回归年长度为 365.2425 日,与现代测算的365.24219 日相差仅 0.00031 日。现在世界通用的阳历,是 1582年罗马教皇格里高利颁行的,称为《格里高利历》,与《授时历》测算完全相同,而后者比前者早了 300 年左右。

第二节　元代的农学、医学、建筑学等学科群星灿烂

一、元代的农书与农学

宋元时期,有四大农书,元占其三,这四大农书分别是:陈旉于1149 年所著的《陈旉农书》;1273 年由元司农司组织编写的《农桑辑要》,1313 年刊行的《王祯农书》;维吾尔人鲁明善所编的《农桑衣食撮要》。

《农桑辑要》是中国古代政府编行、指导全国农业生产的最早一部农书,对元及其以前的作物栽培、牲畜饲养作了总结,并保存了大量古农书资料,对推广农牧业技术、指导农牧业生产起到了重要作用,对元代北方地区农业的恢复发展也起到了一定的作用。修《元史》者认为这是蒙元统治者与辽、金统治者有明显差异的地方:"农桑,王政之本也。太祖起朔方,其俗不待蚕而衣,不待耕而食,初无所事焉。世祖即位之初,首诏天下,国以民为本,民以衣食为本,衣食以农桑为本。于是颁《农桑辑要》之书于民,俾民崇本抑

末。其睿见英识,与古先帝王无异,岂辽、金所能比哉?"①。

大学士王磐为之作序,"诏立大司农司,不治他事,而专以劝课农桑为务。行之五六年,功效大著,民间垦辟种艺之业,增前数倍。农司诸公,又虑夫田里之人,虽能勤身从事,而播殖之宜,蚕缲之节,或未得其术,则力劳而功寡,获约而不丰矣。于是遍求古今所有农家之书,披阅参考,删其繁重,撮其切要,纂成一书目曰'农桑辑要',凡七卷"②。

此书在元代历朝多次刊行,元仁宗时曾诏江浙行省印《农桑辑要》万部,颁降有司遵守劝课。③ 有元一代,此书刊印的总数达二万多部。除中央政权多次刊行全国外,地方州县的蒙古官吏也主动捐资刊印,在民间流传甚广。蒲道源为之作序:"城固达鲁花赤黑闾公,时领农事,谓同署曰:'此圣天子惠养元元之善政。天日焕然,使民家有是书,则耕者尽地利,蚕者富茧丝,不待春秋巡督,而劝课之效已具于目前矣。岂非事简而功著者乎。'县尹康公、簿尉文窦,二宰共成其志,资以奉金,鸠工镂梓,不踰月而告毕。"④城固县元代属于兴元路,位于今陕西省。

《农桑辑要》还通过在元朝任官的高丽官员,传到了朝鲜半岛,高丽人李穑对本国农业的落后表达不满,感叹道:"高丽俗拙且仁,薄于理生,产农之家,一仰于天。故水旱辄为灾,自奉甚约,无问贵贱老幼,不过蔬菜鱐脯而已。重粳稻而轻黍稷,麻枲多而丝絮少。"⑤

---

① 《元史》卷93《食货一》。
② 《全元文》卷61《农桑辑要序》。
③ 《元史》卷25《仁宗本纪二》。
④ 蒲道源:《闲居丛稿》卷20《农桑辑要序》。
⑤ 《全元文》卷1714《农桑辑要序》,引自韩国成均馆大学校大东文化研究院影印本《牧隐文稿》。

据李穑所述,高丽人得到《农桑辑要》并非元朝廷所赐,而是通过手抄本的方式从河南行省的河南府路得到,然后秘密送回本国的。"奉善大夫、知陕州事姜蓍,走书于予曰:'《农桑辑要》,杏村李侍中之外甥判事禹确,蓍又从禹得之。凡衣食之所由足,赀财之所由丰,种莳孳息之所由周备者,莫不门分类聚,缕析烛照,实理生之良法也,吾将刻诸州理,以广其传。患其字大帙重,艰于致远,已用小楷誊书。而按廉金公凑,又以布若干相其费矣。请志卷末。'予于是书也,盖尝玩而味之矣。悯吾俗,虑之非不深,立于朝非一日,不一建白刊行是吾之过也。虽然,姜君之志,同于予者,于此可知也"①。

从字里行间,可以看出,当时高丽的农业生产水平,是不能与发达的元朝农业同日而语的。

《四库全书总目提要》给予其很高评价:"盖有元一代,以是书为经国要务也。书凡分典训、耕垦、播种、栽桑、养蚕、瓜菜、果实、竹木、药草、孳畜十门,大致以《齐民要术》为蓝本,芟除其浮文琐事,而杂采他书以附益之,详而不芜,简而有要,於农家之中,最为善本。当时著为功令,亦非漫然矣。"②

元代的著名农书还有《王祯农书》,13 世纪末,王祯任旌德县尹(今安徽旌德县),该书成于大德年间(1297～1307 年),但开始写作当在元贞年间(1295～1296 年),他为农书所作自序:"前任宣州旌德县县尹时,方撰农书。因字数甚多,难于刊印,故用己意命匠创活字,二年而工毕,试印本县志,书约计六万余字,不一月而百部齐成,一如刊板,始知其可用。后二年予迁任信州永丰县……是时,农书方成,欲以活字嵌印。今知江西见行命工刊板,故且收贮

---

①　《全元文》卷 1714《农桑辑要序》,引自韩国成均馆大学校大东文化研究院影印本《牧隐文稿》。

②　《四库全书总目提要》卷 102《子部十二》。

以待别用。"元代戴表元为《王祯农书》作序,丙申(时为元贞二年,1296 年),"闻旌德宰王君伯善,儒者也,而旌德治"。序中还记载了王祯在推广农业生产技术时,"岁时属耆老强壮问能从吾言,试其具,幸而能,则大喜,出厄酒相劝奖。即不能,或怠惰不帅教,辄睪蹵展转引愧,如不自容"①。可以说王祯为此倾尽全力,想方设法。

此书包括《农桑通诀》、《农器图谱》、《谷谱》三大内容,在《农桑通诀》中,他提到"由是观之,九州岛之内,田各有等,土各有产,山川阻隔,风气不同,凡物之种各有所宜,故宜于冀兖者不可以青徐论,宜于荆扬者不可以雍豫拟,此圣人所谓分地之利者也"②。

除要因地制宜之外,他还多次提到必须不违农时、适时播种、及时施肥、兴修水利等等措施综合利用,才是农业丰收的保证。

《四库全书总目提要》认为:"图谱中所载水器,尤於实用有裨。又每图之末必系以铭赞诗赋,亦风雅可诵。今外间所有王祯《农务集》,即从是书摘抄者也……元人农书存於今者三本。《农桑辑要》、《农桑衣食撮要》二书,一辨物产,一明时令,皆取其通俗易行。惟祯此书,引据赅洽,文章尔雅,绘画亦皆工缑,可谓华实兼资。"③

可见,清代学者认为《王祯农书》是元代农书之集大成者,是一部通贯南北差异的农业百科全书。

另外一部农书的作者是维吾尔人鲁明善所编的《农桑衣食撮要》,《元史》没有他的传记,《四库全书总目提要》记载:"明善《元史》无传,其始末未详。此本有其幕僚平江张序一篇,称明善威吾儿人,以父字鲁为氏,名铁柱,以字行。於延祐甲寅出监寿郡,始撰

---

① 戴表元:《剡溪文集》卷 7《王伯善农书序》。
② 《王祯农书》卷 1《地利篇第二》。
③ 《四库全书总目提要》卷 102《子部十二》。

是书,且锓诸梓。又有明善自序,则称叨宪纪之任,取所藏《农桑撮
要》,刊之学宫。末署至顺元年六月,盖自寿阳刊版之后,阅十有七
年而重付剞劂者也。"①他曾任安丰路(今安徽寿县)肃政廉访司监
察官,他的自序中有这样劝导之言:"乃者叨蒙宪纪之任,因思衣食
之本,取所藏《农桑撮要》,刊之学宫,所以钦承上意,而教民务本
也。凡天时、地利之宜,种植、敛藏之法,纤悉无遗,具在是书。苟
为民者,人习其业,则生财足食之道,仰事俯育之资,将随取而随
足,庶乎教可行,而民安于下矣,固久安长治之策也。其可以农圃
细事而忽之哉! 虽然,游末是趋,舍是书而不务,以自取贫困,固吾
民之罪。而夺其时以落其事,使是书为徒设,则有司之咎也。"由此
可以得知,此书可能是他在任此职期间所编。

虞集曾在他去世后,写有《靖州路达鲁花赤鲁公神道碑》,由此
可以更深一步了解这位少数民族农学家,"公讳铁柱,以明善为字,
而以诚名其斋,盖尝学于曾子、子思子之书者也。公之先人伽鲁纳
答思,以高昌令族,通竺乾之奥学。明于物理,达于事变。受知于
世祖皇帝,出纳君命,以通四方之使……故自禁卫领行人之使,积
官至于开府仪同三司、大司徒之贵……居汉地久,其子又为圣贤之
学,乃因父字,取鲁以为氏……明善以父任从其长"②。

此书直接继承崔寔的《四民月令》的体制,以农家的月计划为
主体,在此之前,司农司编纂颁布的《农桑辑要》对于岁月杂事仅列
为卷末一篇,《王祯农书》也只是绘制了一幅《授时指掌活法之图》,
与这两本农书相比,清代学者认为,"明善此书,分十二月令,件系
条别,简明易晓,使种艺敛藏之节,开卷了然。盖以阴补《农桑辑
要》所未备,亦可谓留心民事,讲求实用者矣"③。可见,《农桑衣食

---

① 《四库全书总目提要》卷 102《子部十二》。
② 《全元文》卷 882《靖州路达鲁花赤鲁公神道碑》。
③ 《全元文》卷 882《靖州路达鲁花赤鲁公神道碑》。

撮要》一书实用性较强。

现代学者对它的评价,当推农史专家王毓瑚先生,他在今本《农桑衣食撮要》引言中说此书"是完整地保存到今天的最古的一部月令体裁的农书"。

二、元代的医学

元代的医药学在继承前人成果的基础上,有了新的进展,取得了突出成就。金元时代,中国在少数民族统治者统治之下,他们的思想有别于汉族统治者的正统意识。特别是元代,疆域空前辽阔,与世界各国之间的交流空前频繁,有利于改变人们原有狭隘的封建守旧思想的束缚,接受新观念、新思想、新事物,有利于医学创新思想的发生。

传统中医学方面,金元四大家的出现,是中医学史上的一件划时代的大事,被称为黄金时代。《四库全书总目·子部·医家类》小序中说:"儒之门户分于宋,医之门户分于金元。观元好问《伤寒会要序》知河间之学与易水之学争;观戴良作《朱震亨传》,知丹溪之学与《宣和局方》之学争也。"①

这传统四大家是刘完素(1110～1200 年,河间人)为代表的"寒凉派";张从正(1156～1228 年,金代睢州考城人)为代表的"攻下派";以李杲(1180～1251 年,河北真定人)为代表的"温补派",以朱震亨(1281～1358 年,浙江义乌人)为代表的"养阴派"。

四人之中,独以朱震亨出身于统一后的元朝南方人口最多、经济科技最发达的江浙行省,他针对当时医家囿于《局方》,用药偏于温燥之弊,提出"温热相火为病甚多",治疗宜滋阴降火。对气血痰火及郁证的辨证治疗,经验独到,深为后世所取法,被称为金元四

---

① 《四库全书总目提要》卷 103《子部十三》。

大家中集大成者。

朱震亨,字彦修,号丹溪,婺州义乌(今浙江义乌)人。年三十六从许谦学,应举不利,后学医术,受教于名医罗知悌,遂以医术名一时。他所著甚多,有《格致余论》一卷、《局方发挥》一卷、《金匮钩元》三卷、《医学发明》一卷、《丹溪朱氏脉因证治》二卷、《平治荟萃》三卷、《丹溪先生心法》五卷、《丹溪治痘要法》一卷、《新刻校定脉诀指掌病式图说》一卷、《怪疴单》一卷、《活法机要》、《风水问答》,此外,据《千顷堂书目》记载,他的医学著作还有《活幼便览》二卷、《丹溪医案》一卷、《丹溪制法语录》三卷、《外科精要发挥》(缺卷数)、《本草衍义补遗》(缺卷数)、《伤寒论辨》(缺卷数)。①

此外,还有危亦林的麻醉和骨折复位手术、滑寿的针灸学、忽思慧的营养学专著《饮膳正要》。

在医药学组织和医学教育方面,元代非常重视。元世祖即位伊始,就设立了中央医疗机构"太医院",掌管全国医药事务,领诸路医户、惠民药局。

世祖中统二年(1261年)遣副使王安仁授以金牌,往诸路设立医学。医学学生享有优待,免除劳役,俟其学有所成,每月试以疑难,视其所对优劣,量加劝惩。后又定医学之制,设诸路医学提举司,凡各地医生的考核、选拔、医书的编审、药材辨验,都属其职责范围,"凡宫壶所需,省台所用,转入常调,可任亲民,其从太医院自迁转者,不得视此例,又以示仕途不可以杂进也。然太医院官既受宣命,皆同文武正官五品以上迁叙,余以旧品职递升,子孙荫用同正班叙。其掌药,充都监直长,充御药院副使,升至大使,考满依旧例于流官铨注。诸教授皆从太医院定拟,而各路主善亦拟同教授皆从九品。凡随朝太医,及医官子弟,及路府州县学官,并须试验。其各处名医所述医经文字,悉从考校。其诸药所产性味真伪,悉从

---

① 《千顷堂书目》卷14。

辨验。其随路学校,每岁出降十三科疑难题目,具呈太医院,发下诸路医学,令生员依式习课医义,年终置簿解纳送本司,以定其优劣焉"①。

至元六年(1269年),设立御药院,管理药物的制造与储藏,"掌受各路乡贡、诸蕃进献珍贵药品,修造汤煎"②。至元十年(1273年),又设立御药局,管理大都和上都的药物,"掌两都行箧药饵"③。至元十九年(1282年),成立典医署,领东宫太医,"修合供进药饵",后改为典医监。④下设机构还有广济提举司、典药局、行典药局等。

随着成吉思汗西征西域诸国,西域药物大量输入,据史料记载,蒙元帝国"开辟以来,幅员之广,莫若我朝。东极三韩,南尽交趾,药贡不虚岁。西逾于阗,北逾阴山,不知各几万重,驿传往来,不异内地。非与前代虚名羁縻,而异方物产邈不可知者,此西北之药,治疾皆良。而西域医术号精,药产实繁。朝廷设官司之,广惠司是也"⑤。广惠司是至元七年设立的,它是元朝的独创之举。

这个医疗机构的主要职责有三:第一是管理御用回回药物。广惠司所用回回药物,由西域所贡或从西域以及国外购进,如至元十年(1273年)诏遣紥术呵押失寒、崔杓持金十万两,命诸王阿不合市药狮子国。⑥"延祐七年(1320年)回回太医进药曰打里牙,给钞十五万贯"⑦。

入贡虽然有,但从元史所记,一般规模不大,另外时间没有连

---

① 《元史》卷81《选举一》。
② 《元史》卷88《百官四》。
③ 《元史》卷88《百官四》。
④ 《元史》卷89《百官五》。
⑤ 许有壬:《至正集》卷31《大元本草序》。
⑥ 《元史》卷8《世祖本纪五》。
⑦ 《元史》卷27《英宗本纪一》。

续性,难以保证不时之需,至元十九年(1282年),寓俱蓝国也里可温主兀咱儿撒里马亦遣使奉表,进七宝项牌一、药物二瓶。①

至元二十七年(1290年),"咀喃藩邦遣马不剌罕丁进金书、宝塔及黑狮子、番布、药物"②。大德二年(1298年),"回纥不剌罕献狮、豹、药物,赐钞千三百余锭"③。至顺二年(1331年)十月,"诸王卜赛因使者还西域,诏酬其所贡药物价直"④。

次年,宁宗时,"诸王不赛因遣使贡塔里牙八十八斤、佩刀八十,赐钞三千三百锭"⑤。这里提到的塔里牙可能就是延祐七年回回太医进的药物"打里牙"。

广惠司的职责之二是为京师的皇家侍卫进行医疗诊治。

最后是收治京师孤苦无依、无家可归、寒而无助之人,提供福利性的治疗。除广惠司兼及为贫民治病外,还专设广济提举司为普通百姓治病。

可见,广惠司聘用回回医生,配制回回药物,服务对象是皇室、诸王、大臣、皇家卫士以及部分大都百姓。

至元二十九年(1292年)又在大都和上都各设一回回药物院,至此,在中国境内,设立了三个阿拉伯式的医疗机构,并由这些域外之士专门执掌,这在中国历史上可以称得上是空前的。

元代是否有官修《大元本草》⑥,这个问题其实《元史》已经交代明白,另有数则史料涉及:

1. 至元八年(1271年),"(安藏)与许衡共进'知人、用人,德

① 《元史》卷12《世祖本纪九》。

② 《元史》卷16《世祖本纪十三》。

③ 《元史》卷19《成宗本纪二》。

④ 《元史》卷35《文宗本纪四》。

⑤ 《元史》卷37《宁宗本纪》。

⑥ 薄树人先生认为元朝没有官修《大元本草》,参见《中国科技史料》1995年第1期,"关于《大元本草》的史料"。

业盛,天下归'之说,帝嘉纳之。特授翰林学士、知制诰同修国史,寻商议中书省事。奉旨译《尚书》、《资治通鉴》、《难经》、《本草》"①。这应该是元政府修纂《大元本草》前的准备工作。

2.《新元史》记载的这则史料其实出自元人文集,史料中提到的安藏(?～1293年)为元代初期维吾尔族著名翻译家,"字国宝,畏兀人,世家别石八里(按:又译别失八里,在今新疆境内)"②。他"奉诏译《尚书》、《资治通鉴》、《难经》、《本草》成,进承旨,加正奉大夫、领集贤院会同馆道教事"③。

3. 至元二十一年(1284年)十二月癸酉,命翰林承旨撒里蛮、翰林集贤大学士许国祯,集诸路医学教授增修《本草》。④

4. 至元二十五年(1288年)九月庚戌,太医院新编《本草》成。⑤

此外,还有一则重要史料,1285年6月元世祖命来自西域的著名科学家扎马鲁丁主持编修《大元一统志》,扎马鲁丁曾提出了三条请求与意见,其中就包括要参照《大元本草》的体例:"太史院历法做有,大元本草做里体例里有底。每一朝里自家地面里图子都收拾来,把那的作文字来圣旨里可怜见,教秘书监家也做者,但是路分里收拾那图子。但是画的路、分野、地山林里道立堠每一件里希罕底,但是地生出来的,把那的做文字呵,怎生?"⑥可见,此时元政府官修的《大元本草》已经进行。

另据元人苏天爵《滋溪文稿》所载:"初,世祖以本草为未完书,

---

① 《新元史》卷192《安藏传》。
② 程钜夫:《雪楼集》卷9《秦国文靖公神道碑》。
③ 程钜夫:《雪楼集》卷9《秦国文靖公神道碑》。
④ 《元史》卷13《世祖本纪十》。
⑤ 《元史》卷15《世祖本纪十二》。
⑥ 《秘书监志》卷4《纂修》。

命征天下良医为书补之。公(按:此处指韩公麟,后任太医院使,为许国祯所荐举)承命往以罗天益等二十人应诏。"①可见,元世祖时期编修《大元本草》的阵容可谓强大。

元世祖作为一国之君,高度重视本草学,据史料记载:"昔世祖皇帝,食饮必稽于本草,动静必准于法度,是以身跻上寿。"②正是由于元世祖重视本草以及养生保健,在蒙元时期十四位诸汗、皇帝之中,他是寿命最长的一位。元世祖对编修《大元本草》是非常重视的,对所选之人亲自测试,"至元乙丑(1265 年),故礼部尚书许公国祯举名医若干人以闻,公与焉。帝召见便殿,各询其人所能,出示西域异药,使辨其为何药也。公食其味,独前对曰:'此与中国某药侔。'帝加赏赍,命为尚医"③。

元世祖时期先后两次征天下良医进京,1265 年为第一次,另外一次是在至元二十一年(1284 年),据姚燧记载,南京路医学教授李纲"至元二十一年改襄阳教授,寻诏尚医,今本草中土物且遗阙多,又略,无四方之药,宜遍征天下医师夙学多闻者,议板增入,君在征"④。

这一时期征召入京的还有浙江金华人俞器之,"以布衣对禁中,被旨入翰林,与纂次本草事,遂为太医令史"⑤。

综合上述前后呼应的十条史料,可以得出如下结论:元代是编过《大元本草》的,并且早自 1265 年即着手准备,元世祖时期曾先后两次征天下名医进京,编纂阵容可谓强大,同时,这部医学著作参考了唐、宋两朝修本草的经验。薄树人先生说元世祖没有找到

---

① 苏天爵:《滋溪文稿》卷 22《资善大夫太医院使韩公行状》。
② 虞集:《道园学古录》卷 22《饮膳正要序》。
③ 苏天爵:《滋溪文稿》卷 22《资善大夫太医院使韩公行状》。
④ 姚燧:《牧庵集》卷 29《南京路医学教授李君墓志铭》。
⑤ 黄溍:《文献集》卷 3《俞器之传》。

主持编修《大元本草》的合适人选,而且此人要"名高位重",其实此人《元史》多次提到他,就是许国祯,他后来为编订《大元本草》的主要负责人,前后历时近四年。说他位重,当时他是太医院的最高领导,为正二品;说他名高,也是不过分的,他一直是元世祖忽必烈的保健医生,忽必烈视他为"国医"。

另外,从史料记载来看,元代的本草学很是兴盛,除了有官修的《大元本草》外,个人修的本草著作也非常多。刘岳申为元代江西行省吉水人,他说:"吾乡王东野,以世业见知东朝,翰林学士广平程公、吴兴赵公皆为书'明理堂'三大字,又为诗以宠其归。归而益著书,集《本草单方》,以群分而类聚之。分有专攻,有速效;聚以利仓卒,便怀挟,盖明物理以求证治也。"①

据《千顷堂书目》记载,元代医书下有《本草元命苞》七卷流传至今,为医官尚从善编撰,是一部综合性本草著作,朱震亨著有《本草衍义补遗》(缺卷数)②,陈衍作《本草折衷》③。

此外,江西行省瑞州路医学教授胡仕可也撰有一部药物学著作《本草歌括》八卷;海宁医士吴瑞,子瑞卿,为元文宗时人,他撰有《日用本草》八卷。王好古著有《汤液本草》三卷④,更是易水学派诸家药理学说的集大成之作。

由上观之,元代编纂《大元本草》是确有其事的,无论从史料记载还是从客观条件上,都可以说明这个问题。

---

① 刘岳申:《申斋集》卷 1《本草单方序》。
② 《千顷堂书目》卷 14。
③ 戴良:《九灵山房集》卷 27《沧洲翁传》。
④ 《千顷堂书目》卷 14。

三、元代的建筑学

元朝幅员辽阔,民族交往空前活跃,城市经济繁荣,而城市的繁荣程度又往往是那个时代国家综合经济力量与科技水平的缩影与真实写照,元代在中国封建社会城市建设的历史上,无疑是一个划时代的阶段。

元代建筑学的成就体现在以下三个方面:

其一,在城市建筑方面,元大都(今北京)是自唐长安城建设以来又一座规模巨大、规划完整、布局合理的国际化大都市,并为明清直接继承下来,奠定了至今为止600多年以来以北京为政治、文化中心的统一国家的局面。

元代实行两都巡幸制,上都也是都城,主要是作为皇家夏季避暑之用。元上都不仅规模较为恢宏,且富有民族特色。二都之外,元朝又在长城以北广大地区建筑了许多军事用途的城堡,兼具生产功能,如居庸关云台、集宁路城、应昌路城等。

这一时期,还出现了一大批重要的繁华都市群,规模惊人,发展显著,如北方和中原地区的涿州、真定、奉元(京兆符,今西安)、太原、开封、济南,西南成都,两湖地区的江陵、潭州(今长沙),江西的南昌、九江,南方的杭州、扬州、集庆(今南京)、镇江、平江(今苏州)、庆元(今宁波)、泉州、广州,这些城市在元代不论在规模上还是在经济上都得到了超越前代的发展。

其二,由于元代民族众多,实行宗教信仰自由政策,多种宗教共同发展,这种宗教的融合交流给传统的建筑技术与艺术增加了许多外来因素的影响,出现了大批具有异域特色的宗教建筑。元代宗教建筑风格多种多样,建筑业相当发达。如佛教中的喇嘛寺庙最盛,元世祖时期引入的尼泊尔名匠阿尼哥设计的大圣寿万安寺塔,现在称为妙应寺白塔,堪称其中典范。道教在元代初期盛极一时,当时在全国兴建了大批道观建筑。伊斯兰教建筑随着大批色目人移民中原而遍布各地。基督教在元代称为也里可温,其建筑在元代主要以十字寺为主。

其三,在此基础上,元代出现了建筑学著作,且有不少著作涉及建筑学内容,进一步推动了元代建筑学的发展。如元代官方编纂的《经世大典》,其工典分为 22 项,前 10 项均与建筑有关,"六官之分,工居其一。一曰宫苑,朝廷崇高,正名定分,苑囿之作,以宴以怡。次二曰官府,百官有司,大小相承,各有次舍,以奉其职。次三曰仓库,贡赋之入,出纳有恒,慎其尽藏,有司之事。次四曰城郭,建邦设都,有御有禁,都鄙之章,君子是正。次五曰桥梁,川陆之通,以利行者,君子为政,力不虚捐。次六曰河渠,四方万国,达于京师,凿渠通舟,输载克敏。次七曰郊庙,辨方正位,以建皇都,郊庙祠祀,爰奠其所。次八曰僧寺,竺乾之祠,为患为慈,曰可福民,宁不崇之。次九曰道宫,老上清净,流为祷祈,有观有宫,有坛有祠。次十曰庐帐,庐帐之作,比于宫室,于野于处,禁卫斯饬"①。可见建筑在元代之盛。

四、元代的水利学和航海成就

有元一代,对水利建设非常重视,"元有天下,内立都水监,外设各处河渠司,以兴举水利、修理河堤为务"②。在水利建设方面取得了显著成绩,其突出表现在如下诸多方面:

1. 在元代大科学家郭守敬的领导下,修通大运河,成为南北直接沟通的经济命脉。

尤其在通惠河工程中,"凡役军一万九千一百二十九,工匠五

---

① 苏天爵:《元文类》卷 42《工典总序》。
② 《元史》卷 64《河渠一》。

百四十二,水手三百一十九,没官囚隶百七十二,计二百八十五万工,用楮币百五十二万锭,粮三万八千七百石,木石等物称是。役兴之日,命丞相以下皆亲操畚锸为之倡。置闸之处,往往于地中得旧时砖木,时人为之感服。船既通行,公私两便"①。这项工程浩大,可以说是倾全国之力而为之,共用楮币一百五十二万锭,占当年财政收入一半以上,据《元史》记载,至元二十九年十月,即修河前夕,完泽等言:"一岁天下所入,凡二百九十七万八千三百五锭,今岁已办者才一百八十九万三千九百九十三锭,其中有未至京师而在道者,有就给军旅及织造物料馆传俸禄者,自春至今,凡出三百六十三万八千五百四十三锭,出数已逾入数六十六万二百三十八锭矣。"②由此可见,在时人心中,此河地位何等重要,故《河渠志》也把通惠河列为首。这项工程的勘察、选线、闸坝、水门等的布局无不体现了科学性和实用性的完美结合。

2. 开辟海运。

由于大运河受泥沙淤积的影响,虽然元代对此倾注很大力量,但在漕运粮食到大都方面成效一直不佳。元代每年从南方运往大都的漕粮最高年份达到 350 万石,绝大部分是由海运到直沽(今天津),再从直沽循北运河和通惠河进入大都。至元三十年(1293年)开辟的航线顺风时 10 天左右即可到达,大大缩短了航程,漕运规模远超前代,对我国沿海航路发展也起到重大贡献。

远洋航行在宋代的基础上,范围更为扩大,汪大渊曾两次搭附商船游历东西洋,最远到达非洲东岸的拔罗(今桑给巴尔);大德年间(1297~1307 年),广东南海人陈大震所修的《南海志》所记载与中国有海上贸易关系的国家与地区多达 145 个,包括今波斯湾、阿拉伯半岛、埃及、东非等地区,以及欧洲地中海沿岸。

---

① 《元史》卷 64《河渠一》。
② 《元史》卷 17《世祖纪十四》。

　　元代近海航行已经在沿线设置了航标船、标旗、航标灯等用来指挥航行,航标的设置是中国海运史上的重大成就。远洋航行通过"牵星术",即通过观测星的高度来定地理纬度,当时中国的远洋船舶广泛使用了这种技术,

　　3.元代水利学的发展和进步,表现在涌现出一批水利学家及其著作。

　　除郭守敬之外,回回人赡思(1277～1351年)有《重订河防通议》一书,《元史》为其立传:"赡思,字得之,其先大食国人。国既内附,大父鲁坤,乃东迁丰州。太宗时,以材授真定、济南等路监榷课税使,因家真定。父斡直,始从儒先生问学,轻财重义,不干仕进。赡思生九岁,日记古经传至千言。比弱冠,以所业就正于翰林学士承旨王思廉之门,由是博极群籍,汪洋茂衍,见诸践履,皆笃实之学,故其年虽少,已为乡邦所推重。延祐初,诏以科第取士,有劝其就试者,赡思笑而不应。既而侍御史郭思贞、翰林学士承旨刘赓、参知政事王士熙交章论荐之。泰定三年,诏以遗逸征至上都,见帝于龙虎台,眷遇优渥。时倒剌沙柄国,西域人多附焉,赡思独不往见。倒剌沙屡使人招致之,即以养亲辞归。"①

　　顺帝至元二年(1336年),赡思被任命为陕西行台监察御史,"即上封事十条,曰:法祖宗,揽权纲,敦宗室,礼勋旧,惜名器,开言路,复科举,罢数军,一刑章,宽禁网。时奸臣变乱成宪,帝方虚己以听,赡思所言,皆一时群臣所不敢言者"②。

　　顺帝至元三年(1337年),赡思改金浙西肃政廉访司事,即按问都转运盐使、海道都万户、行宣政院等官赃罪,浙右郡县,无敢为贪墨者。至正四年(1344年),除江东肃政廉访副使。至正十年(1350年),召为秘书少监,议治河事,皆辞疾不赴。至正十一年

---

　　①　《元史》卷190《赡思传》。
　　②　《元史》卷190《赡思传》。

（1351 年），卒于家，年七十有四。①

　　贍思一生不仅对经学、文史深有研究，而且精通水利、天文、地理、算术、钟律，并旁及外国之书，所著述有《四书阙疑》、《五经思问》、《奇偶阴阳消息图》、《老庄精诣》、《镇阳风土记》、《续东阳志》、《重订河防通议》、《西国图经》、《西域异人传》、《金哀宗记》、《正大诸臣列传》、《审听要诀》，及文集三十卷，藏于家。这些著作除了《重订河防通议》借《永乐大典》收录而得以保存外，皆佚，甚为可惜。《四库全书总目提要》评价"是书具论治河之法，以宋沈立汴本，及金都水监本汇合成编。本传所称《重订河防通议》是也。贍思系出西域，邃于经学，天文、地理、锺律、算数无不通晓。至元中，尝召议河事，盖於水利亦素所究心。故其为是书，分门者六，门各有目，凡物料功程、丁夫输运，以及安椿下络，叠埽修堤之法，条例品式，粲然咸备，足补列代史志之阙"②。该书虽系编校前朝旧书，但也加入了不少自己的意见，不仅反映了他的编辑考订之功力，也反映出他的治河经验，是元代治河的一部重要文献。

　　潘昂霄撰《河源记》，昂霄字景樑，号苍崖，山东济南人。《元史》中提到他曾做过御史，官至翰林侍读学士③，谥文僖。此书记世祖至元十七年遣笃什西溯河源至星宿海事，末有元统中柯九思跋。《元史》全录其文，《四库全书总目提要》评价说："河源远隔穷荒，前志传闻，率皆瞽说。惟笃什尝亲历其地，故昂霄以闻於其弟阔阔出者，记为是编，自诧为古所未睹。"④

　　任仁发（1254～1327 年），字子明，号月山，是松江人（今上海市松江县），"幼颖悟，异群儿。年十八，袖刺谒平章游显，一见奇

① 《元史》卷 190《贍思传》。
② 《四库全书总目提要》卷 69《史部二十五》。
③ 《元史》卷 63《地理六》、卷 176《曹伯启传》。
④ 《四库全书总目提要》卷 75《史部三十一》。

之,辟宣慰司掾。至元二十五年(1288 年),以荫袭为海道副千户,转正千户。从征安南,改海船上千户"①。另据史料记载:"大德七年(1303 年),海运千户任仁发条其利病、疏浚之法,中书省以闻,诏发卒万人,命彻里董其役。凡四月而工毕,置闸以时启闭,民便之。"②"大德中,仁发陈利弊、疏浚之法于中书省。江浙平章政事彻里委仁发浚之,凡四月,工竣。入觐成宗,赐赉有差,进都水监丞。"③

任仁发在水利方面颇多建树,"迁中尚院判官。大都通惠河闸底坏,水汹涌,讹言中有水怪,省臣束手,檄仁发按视。仁发缮补坏闸,卒无他患。时会通河亦淤,仁发疏泉脉,镤僵沙,役不浃旬而毕。升都水少监。至大二年(1309 年),河决归德及汴梁之封兵县,诏仁发董其役。仁发缚蓬渠凤扫滨河口,筑堤五百余里以御横流,河防始固"④。

"延祐初,出知崇明州。调筑盐官州海岸,又疏镇江练湖淤积。泰定元年(1324 年),诏赐银币,与江浙行省左丞朵班疏吴淞二道,大盈、乌泥二河。以年七十乞致仕,帝不听,特授都水庸田使司副使。凡创石闸六,筑塍围八千,浚沟汉千有奇。仁发治河为天下最,大工大役,省臣皆委之。"⑤

他撰有《水利文集》,明梁惟枢《内阁书目》云:"大德间,都水少监任仁发,以吴松江故道陧塞,震泽汎滥,为浙西害,乃上疏条利病疏导之法,凡十卷。前有仁发自序,又有许约、赵某二跋。末附宋郑寰及其子侨《水利议》。约跋称'岁甲辰,中书以其议上闻,命中

①　《新元史》卷 194《任仁发传》。
②　《新元史》卷 197《彻里传》。
③　《新元史》卷 194《任仁发传》。
④　《新元史》卷 194《任仁发传》。
⑤　《新元史》卷 194《任仁发传》。

书省平章政事董是役。由是震泽无壅,与三江之势接,复朝於海'。赵某跋称,'是录所载,其要有三:一曰浚江河以泄水,二曰筑堤岸以障水,三曰置插窦以限水'。"①该书是任仁发多年从事水利工作和浙西水利建设的理论指导。

五、元代的地理学

元代在中国科技史上是很重要又很有特点的一个朝代。它的科技发展既继承了前代成就,又对后世产生了重要影响。在地理学方面,元朝版图、疆域远超前代,统一的多民族国家的形成,水陆交通的发达便捷,中外交往的空前盛况,这些因素为元代地理学的发展提供了空前有利的条件,元代地理学在继承前代的基础上,取得了诸多方面的成就。

《大元一统志》,简称《元一统志》,是由元政府主持编纂的一部空前完备而又内容丰富的全国性地理志书。全书共 600 册,1300多卷,按照诸路州县的顺序编写,下分建置沿革、坊郭乡镇、里至、山川、土产、风俗、古迹、人物、仙释等部分,从至元二十三年(1286年)至成宗大德七年(1303 年)最后编成,历时 17 年。

《大元一统志》的编纂起因,据《秘书监志》介绍:"至元二十二年(1285 年)六月二十五日,中书省先为兵部原掌郡邑图志俱名不完,近年以来随路京府州县多有更改,及各行省所辖地面未曾取会已经开座沿革等事,移咨各省,并札付兵部,遍行取勘……至元乙酉(1285 年)欲实著作之职,乃命大集万方图志而一之,以表皇元疆地无外之大。"②

由此可知,元世祖统一全国不久,为了解决国家统一与地方基

---

① 《四库全书总目提要》卷 75《史部三十一》。
② 《秘书监志》卷 4《纂修》。

层地理沿革混乱的情况,并宣扬皇元威名,才下令编纂这样一部地理书。随后,元世祖命秘书监负责修此书,由扎马鲁丁主持,由域外人士主持官修全国统一的地理志书,这在中国历史上恐怕也是空前的。

扎马鲁丁提出了三条请求与意见:"太史院历法做有,大元本草做里体例里有底。每一朝里自家地面里图子都收拾来,把那的作文字来圣旨里可怜见,教秘书监家也做者,但是路分里收拾那图子。但是画的路、分野、地山林里道立堠每一件里希罕底,但是地生出来的,把那的做文字呵,怎生?"①

这一段话读起来很拗口,它是蒙古语硬译过来的。首先,扎马鲁丁在这里提出编写地理志的体例可以参照当时太史院编的历法,以及元政府主持修纂的《大元本草》;其次,把历代所画的各路的分野、山林、道里、立堠等变成文字资料以备参考;最后,由于人手不足,需要补充有关人员。

《大元一统志》保存了大量前代旧志中的材料,在学术上有很高价值,内容也极为丰富(如今所编纂的《全元文》,虽称浩大,也不过 60 册,1880 卷)。它所引的事迹,如大都寺观等为他书所未见,对于延安路鄜州石脂、石油等的开采情况,可补沈括《梦溪笔谈》之缺,对于研究历史、地质、科技、考古多有裨益。后世学者对此书评价颇高:"考舆志之书,出自官撰者,自唐《元和郡县志》、宋《元丰九域志》外,惟元岳璘等所修《大元一统志》最称繁博,国史《经籍志》载其目,共为一千卷,今已散佚无传,虽《永乐大典》各韵中颇见其文,而割裂丛碎,又多漏脱,不复能排比成帙。"②

此书在明代尚存大部分,后来在康熙年间及乾隆修四库全书期间,由于时人极端的不负责任,玩忽职守,最终导致此书失传,实

---

① 《秘书监志》卷 4《纂修》。
② 《四库提要辨证》卷 5《史部五》。

为一大遗憾,关于此事的来龙去脉,清人修《四库全书》时说得很详细:

　　阎若璩《潜邱劄记》卷四《补刻唐百家诗选序》云:"日纂志于洞庭,徐司寇出典籍库中《大元大一统志》十数本,皆蜀中地,计尚有九百八十余本。曾见叶文有书目,此书与《经世大典》并列,安知世不更有足本乎?"王士禛《居易录》卷一云:"黄虞邰言,徐司寇健菴归吴修《一统志》,借内府书,有元岳璘所修《一统志》残本,尚二十余大册,计全书不下行卷。"阎、黄所言,即是一事。典籍库者,明文渊阁书,以典籍掌之。阎氏言有九百八十余本,盖得自传闻,不足深信,然尚有一二十册,则固阎、黄所亲见,不应至乾隆时便一册不存。盖修《四库》书时,初不知内阁尚有存书,观《文渊阁书目》条下提要可见也。今大库书已散出,不闻有《元一统志》,内阁大库档册载地志甚多,亦无此书,则真散佚无传矣。张穆《阎潜邱年谱》于五十五岁条下自注云:"穆案:元修《一统志》,秘书志载之最详,《永乐大典》收天下府州县志不下千部,凡引用《元一统志》处,乾隆中开四库全书馆校书者一一签出,穆曾亲见其标题,计当有辑本行世,而亦未之见,是可惋也。"今人赵万里《永乐大典内辑佚书目》云:"《大元一统志》馆臣虽已签出,殆以供编纂《大清一统志》之用,初未闻以辑本著录。"嘉锡藏有顾湘钞本《永乐大典》书目残本,皆四库馆签出备辑之书,其中无辑本行世者至多,亦有《元一统志》至其所以未辑出之故,则《提要》此条言之已详,张氏偶未及考。《大清一统志》,乾隆时两次纂修,一在八年,一在二十九年,皆在未开四库馆之前,赵氏之言亦非也。使开四库馆时,求之内阁,得其残本,合之浙江汪氏所献之二卷,再以《永乐大典》之所引用,补其阙佚,尚可成衰然巨帙。乃于内阁之书,既意揣为散失地余,不肯一加检视,《大典》所引，虽已签出，又因其割裂丛碎，畏难而止，坐令亡佚，徒供后人之惋惜。当时古书因此失传者，不可胜数，又不独《元一统志》为然也，可胜叹哉！①

惟浙江汪氏所献书内，尚存原刊本二卷，颇可以考见其体制，知明代修是书时，其义例一仍《元志》之旧，故书名亦沿用之。按：《元一统志》，除内阁本不知存佚外，其见于著录者，尚不止此二卷。钱大昕《潜研堂文集》卷二十九跋《跋元大一统志残本》云："戊子春，从南濠朱氏假《元大一统志》残本，厪四百四十三翻，大字疏行，殊可爱。每册钤以官印，难其文，则处州路儒学教授官书也。元时幅员最广，兹所存者，惟中书省之孟州，河南行省之郑州，襄阳路均州、房州、南阳、嵩州、裕州，江陵路，陕州路，陕西行省之延安路洋州、金州、鄜州、葭州、成州、兰州、会州、西和州，浙江行省之平江路，江西行省之瑞州路，抚州路，又皆散佚不完，以全书计之，特千百之什一耳。考元时《大一统志》，凡有两本。至元二十三年，集贤大学士行秘书监事札马剌丁言，方今尺地一民，尽入版籍，宜为书以明一统。世祖嘉纳，即命札马剌丁与秘书少监虞应龙等蒐辑为志，二十八年书成，凡七百五十五卷，名《大一统志》，藏之秘书，此初修之本也。成宗大德初，复因集贤待制赵忭之请，作《大一统志》。传闻康熙间刑部尚书昆山徐公乾学奉敕修《大清一统志》，开局于吴之洞庭山，借内府书，有《元大一统志》残本二十余册，徐公志稿，今在史局，所借之书，度已归中秘，而未闻有见之者。"吴寿旸《拜经楼藏书题跋记》卷三云："元椠《大一统志》残本六巨册，自六百十五至七百五十一，中少九十七卷，仅存三十九卷，全卷二十八，不全卷十一，共四百三番，每番二十行，行二十字，其方域则四川彭州、威州、茂州、简州，嘉定府路

---

① 《四库提要辨证》卷5《史部五》。

眉州、沔州、蓬州,重庆路夔路、达州、绍庆路等。"瞿镛《铁琴铜剑楼藏书目》卷十一云:"《元一统志》七卷,旧钞残本,存蜀省均州一卷、房州一卷、通安州一卷、郿州二卷、葭州三卷,其书分县编次,纪载分明,不同《明一统志》之府县合并也。"钱氏所见南濠朱氏本,不言若干卷,但云四百四十三翻,盖中多残篇断简,不能成卷者,故以翻数计之也。然吴氏藏本仅四百三翻,校朱本少四十翻,已得三十九卷,则朱本当有四十余卷矣。两本所存,州县互异,盖即一书散出者,瞿本所存更少,除通安州一卷外,皆朱本所有,疑即从此本传钞后,又各有散亡,故存佚不同也。合三本计之,犹可得八十余卷,较之汪氏所献仅存二卷者,不啻数十倍之多,惜乎修四库书时,未之见也。《提要》不言汪本所存者是何州县,其详不可得闻矣。①

六、对元代地理学家朱思本的个案研究

朱思本是继魏晋间裴秀、唐代贾耽之后在地理学方面起衰振微的关键人物,他使元代地图的测绘技术取得了很大进步,是有元一代地理学的集大成者。

1. "思构为图以正"的地图绘制科学思想。

朱思本(1273～1336年),字本初,号贞一,江西临川人。自幼好学,酷爱地理,知天下九州山川,慕司马迁周游天下的壮举,他在《舆地图自序》中谈道:"及观史,司马氏周游天下,慨然慕焉。"②到了武宗、仁宗时期,他常奉命代天子祭祀,利用这样难得的机会访历名山大川,进行科学活动。同时中朝大夫"每嘱以质诸藩府,博采群言,随地为图"。这两项官方任务使朱思本早期的设想,即绘

---

①　《四库提要辨证》卷5《史部五》。
②　《全元文》卷1006《舆地图自序》。

制一幅全国性地图,并纠正前人地图中出现的谬误有了实现的可能。由于他的活动得到元朝中央有关部门和地方的物质支持,使得朱思本进行了长达 20 多年的实地考察。他自己归纳为"讯遗黎,寻故迹;考郡邑之因革,核山河之名实,验诸滏阳、安陆石刻《禹迹图》,樵川《混一六合郡邑图》"①。由此可见,他的考察用今天的标准来说,也堪称是比较严格的科学实践活动。一是"讯",通过向当地人询问古迹、口碑之类得到信息;二是"寻",即寻找遗迹、遗址,实地考察;三是"考",多方考证郡邑之沿革,追本溯源;四是"核",核实山川河流之名是否有误;五是"验",即根据自己所掌握的大量科学资料、数据来检验。朱思本做了大量广泛深入的实地考察和调查研究,"跋涉数千里间,山川风俗,民生休戚,时政得失,雨潮风雹,昆虫鳞介之变,草木之异"②。他曾先后"登会稽,泛洞庭,纵游荆襄,流览淮泗,历韩魏齐鲁之郊,结辙燕赵"③,足迹遍及浙江、湖南、湖北、河北、山东、山西、河南、江苏、安徽、江西等全国大部分地区,获得了大量第一手资料。与朱思本交往甚密的元代儒林四杰之一的虞集也高度评价他:"山川险要,道径远近,城邑沿革,人物、土产、风俗,必参伍讯诘,会同其实。虽縻金帛,费时日,不厌也,不慊其心不止。其治事也……立志之坚确精敏类如此。"④

不仅如此,他还参考了大量图书资料。如他在自序中提道:"阅魏郦道元注《水经》,唐《通典》、《元和郡县志》,宋《元丰九域志》、《皇天一统志》,参考古今,量校远近。"在此基础上,他对制图采取实事求是、精益求精的科学态度,对于那些"言之者既不能详,

---

① 《全元文》卷 1006《舆地图自序》。

② 《全元文》卷 1006《舆地图自序》。

③ 《全元文》卷 1006《舆地图自序》。

④ 虞集:《道园学古录》卷 46《贞一稿序》。

详之者又未必可信"的边远偏僻地方,"如涨海之东南,沙漠之西北,诸藩异域"等,宁付阙如,以使"后之览者,殆知其非苟云"。这种态度是难能可贵的。在制图方法上,他虽然沿用了计里画方的传统方法,但有所发展,采取"随地为图,乃合而为一"的办法。即根据从各地所搜集到的原始资料,就地绘成不同区域的分图,然后再根据这些分图合成全国范围的总图,这样就大大提高了该图的精确度。他制作《舆地图》"自至大辛亥(公元 1311 年),迄延祐庚申(公元 1320 年),而始成功",用了将近 10 年时间制成,足见其用工之深,内容之精,可谓十年磨一剑。他在《舆地图·自序》中评价自己的工作可谓中肯:"其间山河绣错,城连径属,旁通正出,布置曲折,靡不精到。"

2. 对雷电的科学认识。

朱思本对雷电现象作了细致的观察,他说:"雷之舆,隆隆焉。其甚也轰轰焉,虢虢焉。其震于物也,奄焉以减,靡焉以碎。"[1]对自然界的摧毁力量特别大。雷电的特点是:"不疾而速,不见而彰。"他从科学的角度驳斥了当时流行的两种论调。其一是"因恶致雷说",该说认为"震于人者,是为恶者,恶稔帝怒,故使震之"。朱思本驳斥道:"今夫牛马畜兽,蠢然无知",可是有时候也会遭受雷击,可见"是不必为恶而后震也"。另一种论调是佛教的"因果报应说",认为遭受雷击"此释氏所谓轮回果报者。昔尝为人,恶未罚,今其形兽也,心故人也,故震之"。朱思本对此谬论深不以为然,认为此说"是大不然"。他说:"今夫木石,偎然无情",可是有时候也会遭受雷击,"又岂为恶轮回者耶"[2]?难道草木也会有善恶之分,轮回报应吗?

他进一步论证道:"人之生,百行莫先于忠孝。世之不忠其君,

---

① 《全元文》卷 1007《雷说》。

② 《全元文》卷 1007《雷说》。

不孝其亲,滔滔者若是,曾不斯震,顾乃及无知之畜兽,无情之木石耶?"①普天之下,不忠君的奸臣、不孝之子,比比皆是,为何未遭雷击呢? 朱思本在驳斥了上述两种谬论后,得出雷电是形成于天地间阴阳二气的相互作用:"雷者,阴阳之气,磅礴奋激。"在科学史上,这个观点直到 1708 年 W·沃尔认为雷与摩擦起电具有同样的性质时才有了真正的突破,因为朱思本之后三百多年,英国的大数学家 J·沃利斯(1616~1703 年)还说雷是天的火药,比朱思本对雷电的认识进步不了多少。

3. 对星命说的揭露和批判。

占星术东西方都有,不过名称不同,内容也不太一致,但"都有一个根本性的基础,那就是对自然的观察和理性的思想,虽然这种思想大半是错误的"②。很可惜,在中国古代,特别是元代占星术的发达以及对自然的观察却没有像西方那样对天文学的发展起到真正的和高尚的作用。元代社会占星术流行,遍及城乡"挟斯术以游于通都大郡,下至闾阎田里,比比皆是也"。元初来华的意大利人马可波罗就在《马可波罗游记》中描述过杭州的这种现象:"大批这样的算命卜卦者,或者宁可说是术士,充斥市场的每一个角落。"③马可波罗在游记中详细地描述了占星术:"杭州的居民有一种风俗,父母生下子女时,立刻记下他们出生的年、月、日、时。然后,请一位星占家,来推算这个孩子的星宿;星占学家的答复,也同时详细地记在纸上,由父母保存起来。等到孩子长大以后,如果希望从事商业冒险、航海、订婚等重大事业,就拿这个生辰八字去找

---

① 《全元文》卷 1007《雷说》。

② W.C.丹皮尔:《科学史及其与哲学和宗教的关系》,商务印书馆 1975 年版,第 98 页。

③ 陈开俊译:《马可波罗游记》,福建科学技术出版社 1981 年版,第 181~182 页。

星占学家,经过他们仔细推算之后,斟酌了各种情况,宣布一些预言似的话。有时人们发现,这些预言被事实所应验了,于是这部分人对星占学家的话便信若神明。"①

朱思本身为道家,对占星者的占星理论曾做过深入研究,指出"其法列十二宫,定太阳躔次,以人之生时,从太阳宫推知命纬之所在,又推而知限之所至"②。这指的是占星者用日月星辰的度次结合人的生辰来预测人的生死、吉凶、祸福。"其主则日月五星,益以罗(日候)、计都、紫炁、月孛,曰十一曜。推其躔次,喜怒命限,值之而知穷通寿夭焉,谓之五星。以人之生年月日时,配以十干、十二枝,由始生之节序先后,推而知运之所值,五行生剋,旺相死绝,而知吉凶祸福焉,谓之三命"③。即占星者根据人的生辰八字,配以天干地支来推测人的生死、吉凶、祸福。朱思本对此"固疑之","嗤其不自量也",并指出"举平昔所记,贫富贵贱存没年命凡数十以质之,十不一验焉"④。他用科学数据来证明占星行为是不足信的。朱思本不仅反对这种披着科学外衣的封建迷信,给以揭露,并能以科学的解释和有力的证据从根本上使占星者的妄说不攻自破。此外,他还指出,"公卿岁有诛者、死者、谪者、左迁者,咸未闻其前有言焉",进一步从反面揭露占星者的谬误之说。在《答族孙好谦书》中,朱思本还举了一个真实的例子来批驳占星者:"昔柳浑童卯时,有神巫告之曰:'若之命夭且贱,幸而为释,可以逭死,位禄非若事也。'浑之父兄亟夺其业俾从巫言。"⑤但是柳浑没有屈从于巫师之

————————

　　①　陈开俊译:《马可波罗游记》,福建科学技术出版社 1981 年版,第181～182 页。

　　②　《全元文》卷 1007《星命者说》。

　　③　《全元文》卷 1007《星命者说》。

　　④　《全元文》卷 1007《星命者说》。

　　⑤　《全元文》卷 1007《星命者说》。

言,认为:"性命之理,圣人罕言。巫何为能尽之!"后来柳浑发愤学习,终成唐朝一代名相,并且一生长寿,家族世代都有人做官。可见,占星者之言纯属无稽之谈。

朱思本尖锐地指出占星者最终目的是为了牟取钱财而不惜手段,"今之所谓星命者,断可知己,往往揣度人意,牵合附会以媚悦于人,以图利其身。人所趋则誉之,人所背则阻之"①。可见"除了在原始人民中间外,巫术却从来都不是高尚的,它只不过在心理上影响人们采取轻信态度和迫切追求眼前的不负责任的力量罢了"②。

4. 科学的疾病观。

朱思本深通药理,对一些中药材的药性了如指掌,在《与欧阳南阳书》一文中,当得知欧阳服雄附五十余只,鹿茸一斤时,大为震惊。因为"两者性极燥烈",不宜作为药服,"未闻药石可以补益元气",并指出"人之初生,禀受元气,有强者弱者。强者血气盛壮,弱者血气衰微。盛壮者少疾,衰微者多疾"③。人体的强壮与否,与血气的强弱有关。他反对把疾病归咎于鬼神,主张"不幸而构疾,则必假药石以疗之","人有疾病,必求医药以疗之"④。有病要通过求医、药物来治疗,不能通过迷信手段来解决。他说:"设有星命者谓寿命不可延,遂信之而屏药饵,以坐待其毙耶?将听命于医以全其生耶?此理昭然,无足疑者。"⑤可见,他是坚决主张科学就医的。

---

① 《全元文》卷 1006《答族孙好谦书》。
② W. C. 丹皮尔:《科学史及其与哲学和宗教的关系》,商务印书馆1975 年版,第 98 页。
③ 《全元文》卷 1006《与欧阳南阳书》。
④ 《全元文》卷 1006《与欧阳南阳书》。
⑤ 《全元文》卷 1006《与欧阳南阳书》。

由以上几点可以看出,朱思本不仅在制图方面是元代大家,他在对雷电的认识、对占星术、对疾病的认识以及治疗方面也有深刻的认识。现在学术界对朱思本的卒年还没有一致的看法,只是从元人文集中推知朱思本 1336 年尚在世,以后关于他的活动就不得而知了。相信随着对元代史料的不断深入研究,这个谜最终会被揭开。

第四章 马可波罗视野中的中国科技

马可波罗(Marco polo,1254~1324 年),意大利威尼斯人,是举世闻名的旅行家。他的父亲、叔父曾经商来到中国,奉元世祖忽必烈之命出使罗马教廷。元世祖至元八年(1271 年)他随父亲、叔父到元廷复命,由古老的丝绸之路东行,经叙利亚、伊朗,越过中亚沙漠地带、帕米尔高原,经我国的喀什、于阗、罗布泊、敦煌、玉门,至元十二年(1275 年)到达元上都,受到元世祖忽必烈的赏识。从此,马可波罗侨居中国 17 年,并代表元政府多次奉使大元帝国各地,到过陕西行省、云南行省、河南江北行省、江浙行省,游历数十座城市,又自称曾治理扬州三年。后获准回国,于至元二十八年(1291 年)随伊利汗阿鲁浑请婚使者护送伯岳吾氏女阔阔真去波斯,从泉州由海道西行,1295 年回到威尼斯。1296 年,在参加威尼斯对热那亚的海战中被俘,居热那亚监狱,讲述其游历东方诸国见闻,同狱庇隆人思梯切诺(Rusticiano)笔录成书,为《马可波罗行纪》(又称《东方见闻录》、《马可波罗游记》等,本文以冯承钧汉译本为主,故用冯译名)。

马可波罗来华时,正处于元代科技巅峰的形成时期,元代科技发展的历史呈现出一个极为重要的特点,那就是在此期间,中华民族的科技成果以前所未有的规模、速度向全球异域广泛传播,深刻地影响了整个人类科技文明发展的进程。与此同时,开放的元代各族人民也在这个时代比过去更广泛地了解世界其他国家和地区科技文明的精华。元代时期，人们熟知的郭守敬、王恂、岳铉、阿尼哥等为代表的科技人物相继辉映于历史舞台，在元人笔记及行纪中有间接反映。此外，《马可波罗行纪》中有大量涉及元代科技的内容，本文作了七个方面的总结。

对于马可波罗视野中的元代科技，未见有专文涉及，本文拟就上述问题，作一初步探讨。

第一节　马可波罗视野中的中国天文学、医学

马可波罗来华时，正是元代天文学的极盛时期，至元十三年（1276 年）元世祖忽必烈"以守敬与王恂，率南北日官，分掌测验推步于下，而命文谦与枢密张易为之主领"①。

元大都天文台的历史最早可以追溯到元太祖成吉思汗时期，"癸未（1223 年），授安抚使，便宜行事，兼燕京路征收税课、漕运、盐场、僧道、司天等事，给以西域工匠千馀户，及山东、山西兵士，立两军戍燕。置二总管府，以敏从子二人佩金符，为二府长……选民习星历者，为司天太史氏；兴学校，进名士为之师"②。

大都天文台是当时世界上规模最大、设备最完善、管理最科学的天文台之一。它又名"灵台"，建于 1276 年，由太史院主管，整个建筑南北 100 丈，东西 25 丈，高 7 丈，共 3 层。下层为太史院办公地点，中层收藏图书及室内仪器，上层为露天观测台并放置仪器。这些仪器据《元史》记载有浑天仪、简仪、仰仪、星晷定时仪、高表、侯极仪、正仪等。

马可波罗参观过元大都天文台，他说："汗八里城诸基督教徒、

① 《元史》卷 164《郭守敬传》。
② 《元史》卷 153《刘敏传》。

回教徒及契丹人中，有星者、巫师约五千人，大汗亦赐全年衣食，与上述之贫户同。其人惟在城中执术，不为他业。"①

　　他所说的大体是事实，不过数字有所夸大。汗八里城就是大都，马可波罗说的是大都天文台，可能包括回回司天台。《元史》卷80《百官四》记载星历生不过 44 名，这是太史院下辖的。另外两个机构是司天监和回回司天监，它们的人员组成概况如下：

> 　　回回司天监，秩正四品，掌观象衍历。提点一员，司天监三员，少监二员，监丞二员，品秩同上；知事一员，令史二员，通事兼知印一人，奏差一人。属官：教授一员，天文科管勾一员，算历科管勾一员，三式科管勾一员，测验科管勾一员，漏刻科管勾一员，阴阳人一十八人。

> 　　司天监，秩正四品，掌凡历象之事。提点一员，正四品；司天监三员，正四品；少监五员，正五品；丞四员，正六品；知事一员，令史二人，译史一人，通事兼知印一人。属官：提学二员，教授二员，并从九品；学正二员，天文科管勾二员，算历科管勾二员，三式科管勾二员，测验科管勾二员，漏刻科管勾二员，并从九品；阴阳管勾一员，押宿官二员，司辰官八员，天文生七十五人。②

　　这些机构的人员全加在一起，不超过 200 名。

　　马可波罗还记述了他看见的仪器，"彼等有一种观象器，上注行星器推测天体之运行，并定其各月之方位，由是决定气象之状况。更据行星之运行状态，预言各月之特有现象。例如某月雷始发声，并有风暴，某月地震，某月疾雷暴雨，某月疾病、死亡、战争、

---

① 　《马可波罗行纪》第 103 章《汗八里城之星者》。
② 　《元史》卷90《百官六》。

叛乱。彼等据其观象器之指示,预言事物如此进行,然亦常言上帝得任意增减之"①。

他所看到的仪器其实是简仪,16世纪末它被明朝保存于南京的钦天监观象台,并且一直在使用(据李约瑟说,这具元代浑仪曾被德军抢去,运往德国波茨坦,并被拍成精美的照片,载于米勒(R·Muller)的著作中。后德国政府被迫把它归还中国,李约瑟曾亲自审视过,故李约瑟在《中国科学技术史》第四卷《天学》中详细讨论过)。

马可波罗在华期间,与中医可能没有接触过,故他的议论只是泛泛而谈,如提到杭州从医者众多,"其他街道居有医士、星者,亦有工于写读之人,与夫其他营业之人,不可胜计"②。但是马可波罗对中药了解颇深,在他的游记中提到多种中药,比300年后来华的利玛窦知道的似乎要多些。

他对大黄这种药物很熟悉,多次提到,在苏州时,他说:"此城附近山中饶有大黄,并有姜,其数之多,物搦齐亚钱(gros)一枚可购六十磅。"③在肃州(今张掖),他见到"诸山中并产大黄甚富,商人来此购买,贩售世界"④。对于生姜,当时欧洲人尚不识为何物,马可波罗却多次提到,在利州(今四川广元),他看到"此地出产生姜甚多,输往契丹全境,此州之人恃此而获大利"⑤。

他还在游记中详细描述了凉州人取麝香之法,"此地有世界最良之麝香,请言其出产之法如下:此地有一种野兽,形如羚羊,蹄尾类羚羊,毛类鹿而较粗,头无角,口有四牙,上下各二,长三指,薄而

---

① 《马可波罗行纪》第103章《汗八里城之星者》。
② 《马可波罗行纪》第151章《补述行在》(出剌木学本),第404页。
③ 《马可波罗行纪》第150章《苏州城》。
④ 《马可波罗行纪》第60章《肃州》。
⑤ 《马可波罗行纪》第112章《蛮子境内之阿黑八里大州》。

不厚,上牙下垂,下牙上峙。兽形甚美。取麝香之法如下:捕得此兽以后,割其脐下之血袋。袋处皮肉之间,连皮割下,其中之血即是麝香。其味甚浓,此地所产此兽无算"①。

马可波罗对蛇胆的了解比较深刻,谈得也最多,在大理,他见到当地的毒蛇大蟒被猎人捕获之后,"取其腹胆售之,其价甚贵,盖此为一种极宝贵之药品,设有为疯狗所啮者,用此胆些许,量如一小钱(denier)重,饮之立愈。设有妇女难产者,以相当之量治之,胎儿立下。此外凡有疾如癣疥或其他恶疾者,若以此胆些许治之,在一最短期间内,必可痊愈,所以其售价甚贵"②。

第二节　关于元代的工艺技术

一、纳石失织造

纳石失,又称纳失失、纳赤思,是波斯语 Nasish 的音译,它是由元代西域工匠织成的绣金锦缎,其生产方法有两种:其一是在织造过程中加入切成长条的金箔在丝线中,称为片金法;其二是用金箔捻成的金线与丝线织造而成,称为圆金法。

马可波罗在天德州东向西行七日后看到当地居民"以商工为业,制造金锦,其名曰纳石失(nasich)、毛里新(molisins)、纳克(naques)。并织其他种种绸绢,盖如我国之有种种毛织等物,此辈亦有金锦同种种绸绢也"③。

马可波罗提到织造纳石失的地方可能在荨麻林附近,据《元

①　《马可波罗行纪》第 71 章《额里湫国》。
②　《马可波罗行纪》第 118 章《重言哈剌章州》。
③　《马可波罗行纪》第 73 章《天德州及长老约翰之后裔》。

史》记载："己丑,太宗即位,扈从至西京,攻河中、河南、钧州。癸巳,攻蔡州。以功赐恩州一千户。先是,收天下童男童女及工匠,置局弘州。既而得西域织金绮纹工三百余户,及汴京织毛褐工三百户,皆分隶弘州,命镇海世掌焉。"①

另外,《元史》还记载："哈散纳,怯烈亦氏。太祖时,从征王罕有功,命同饮班朱尼河之水,且曰:'与我共饮此水者,世为我用。'后管领阿儿浑军,从太祖征西域,下薛迷则干、不花剌等城。至太宗时,仍命领阿儿浑军,并回回人匠三千户驻于荨麻林。"

马可波罗所见到的这些居民可能就是元史所记载的这些匠户。西域工匠所织的纳石失,特别珍贵,深得蒙元诸汗、皇帝喜爱,经常成为诸汗、皇帝赏赐臣下的贵重物品。

另外,元代内廷大宴,诸汗、皇帝与官员出席要穿特制的质孙服,也是纳石失制品,"天子质孙,冬之服凡十有一等,服纳石失(金锦也)。夏之服凡十有五等,服答纳都纳石失(缀大珠于金锦),则冠宝顶金凤钹笠。服速不都纳石失(缀小珠于金锦),则冠珠子卷云冠。服纳石失,则帽亦如之。百官质孙,冬之服凡九等,大红纳石失一,大红怯绵里一,大红冠素一,桃红、蓝、绿官素各一,紫、黄、鸦青各一。夏之服凡十有四等,素纳石失一,聚线宝里纳石失一"②。

《马可波罗行纪》中有许多这样的记载:

"大汗于其庆寿之日,衣其最美之金锦衣。同日至少有男爵骑尉一万二千人,衣同色之衣,与大汗同。所同者盖为颜色,非言其所衣之金锦与大汗衣价相等也。各人并系一金带,此种衣服皆出汗赐,上缀珍珠宝石甚多,价值金别桑(besant)

---

① 《元史》卷120《镇海传》。
② 《元史》卷78《舆服一》。

确有万数。此衣不止一袭,盖大汗以上述之衣颁给其一万二千男爵骑尉,每年有十三次也。每次大汗与彼等服同色之衣,每次各易其色,足见其事之盛,世界之君主殆无有能及之者也。①

马可波罗所说的纳石失,在元代是赐给臣属的重要物品。参见下表。

元史所载纳石失赏赐表

时　　间	赐予对象	赐予情况及史料出处
太祖九年(1214 年)	耿福	金织衣一袭《新元史》卷 143
太宗四年(1232 年)	史天祥	锦衣一袭《元史》卷 147
太宗六年(1234 年)	昔里钤部	西马、西锦《元史》卷 122
太宗十一年(1239 年)	洪福源	金织文段《元史》卷 154
太宗年间	孙威	衣一袭《元史》卷 203
太宗年间	苫彻拔都儿	币四匹《元史》卷 123
宪宗六年(1256 年)	兀良合台	金缕织文衣一袭《元史》卷 3
宪宗年间	布智儿	七宝金带燕衣十袭《元史》卷 123
中统元年	按竺迩	弓矢锦衣《元史》卷 121
中统元年	国宝(按竺迩之子)	金绮《元史》卷 121
中统三年	博罗欢	衣一袭《元史》卷 121
世祖至元三年(1266 年)	信苴日	赐金银、衣服(疑为金织衣)《元史》卷 166

---

① 《马可波罗行纪》第 88 章《每年大汗之诞节》。

时　　间	赐予对象	赐予情况及史料出处
至元五年(1268 年)	脱察剌	纳失失段《元史》卷 123
至元十一年(1274 年)	贾文备	金织、文段《元史》卷 165
至元十一年(1274 年)	张荣子君佐	金段《元史》卷 151
至元十二年(1275 年)	田忠良	金织文十匹《元史》卷 203
至元十三年(1276 年)	张宗演	组金无缝服《元史》卷 202
至元十四年 (1277 年)	博罗欢	文绮《元史》卷 121
至元十五年 (1278 年)	乌古孙泽	金织衣《元史》卷 163
至元十五年 (1278 年)	土土哈	岁时预宴只孙冠服全《元史》卷 128
至元十六年(1279 年)	张玉	金织文衣《元史》卷 166
至元十六年(1279 年)	纳速剌丁	衣二袭《元史》卷 125
至元十四年至十八年(1277～1281 年)	吕揿	金织衣《元史》卷 167
至元二十一年(1284 年)	张玉	金织文衣《元史》卷 166
至元二十三年前 (1286 年)	拔都儿	纳失思段九《新元史》卷 154
至元二十七年(1290 年)	刘哈剌八都鲁	金织文衣《元史》卷 169
至元三十一年(1294 年)	阔阔术	金织文段二《元史》卷 122
成宗大德四年(1300 年)	只必	金段十匹《元史》卷 119
武宗至大二年(1309 年)	郭贯	金织文币《元史》卷 174
至大年间(1308～1310 年)	玉哇失	浑金段一(《元史》称为金段)《新元史》卷 178
仁宗延祐元年(1314 年)	李衎	文绮(当为金织)

时　间	赐予对象	赐予情况及史料出处
仁宗延祐三年前（1314～1316 年）	正一天师张与材	组织文金之服《元史》卷 202
延祐四年（1317 年）	李衎	衣一袭（疑为金织衣）
仁宗延祐年间（1311～1319 年）	李谦	金织币及帛各三匹《元史》卷 160
英宗至治元年（1321 年）	回回	织金段表里《新元史》卷 214
至治年间（1321～1323 年）	赵孟頫	衣两袭（疑为金织衣）
至治年间（1321～1323 年）	张养浩	尚服金织币一、帛一《元史》卷 175
泰定年间（1324～1327 年）	吴澄	金织文绮二《元史》卷 171
文宗天历元年（1328 年）	禅师守忠	金绮袈裟、纳失失幡
文宗天历元年（1328 年）	者燕不花	白金、彩段《元史》卷 123
致和元年（1328 年）	翰都蛮	衣一袭《元史》卷 123
文宗年间（1328～1329 年）	曹元用	金织文锦《元史》卷 172
文宗至顺二年（1331 年）	禅师守忠	金襕袈裟
顺帝元统元年（1333 年）	张升	金织文袍《元史》卷 177
顺帝元统元年（1333 年）	禅师守忠	织文二十匹
顺帝元统元年（1333 年）	燕铁木儿	金素织段色缯二千匹《元史》卷 138
元统二年（1334 年）	虞集	金织文锦二《元史》卷 181
元统年间一至正三年（1333～1343 年）	揭傒斯	数出金织文段以赐《元史》卷 181
至正二年（1342 年）	许有壬	金织文币《元史》卷 40

续表

时　间	赐予对象	赐予情况及史料出处
至正三年(1343 年)	杜本	金织文币《元史》卷 199
至正年间	黄溍	数出金织纹段赐之《元史》卷 181

　　元代的蚕桑丝织业发达,这些在《马可波罗行纪》中有大量描写。参见下图。马可波罗来华时,大都地区的蚕桑生产自元世祖中统建元后,虽然遭受了桑灾,由于政府采取了减灾措施,得到了恢复和发展,马可波罗来华时已达到兴盛。他说:"仅丝一项,每日入城者计有千车。用此丝制作不少金锦绸绢,及其他数种物品。"①

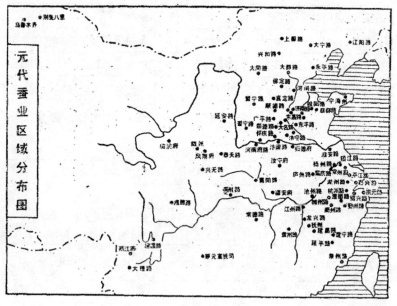

元代蚕业区域分布图

———————
　　①　《马可波罗行纪》第 94 章《汗八里城之贸易发达户口繁盛》。

涿州房山县尹史郁,"尝躬诣闾里,劝民农事,每丁岁课植桑枣二十株,怠惰不如命者,集众责之。期年田无荒芜,桑□□茂"①。这一史料说明在大都地区,由于靠近中央政权,政府鼓励发展农桑的政策得到了忠实的贯彻执行。马可波罗在游记中这样描述涿州:"居民以工商为业,织造金锦丝绢及最美之罗。"②这两则史料可互相印证大都路涿州的蚕桑业兴盛情况。

在哈寒府(今河北正定,元代为真定路),居民"恃工商为生,饶有丝,以织金锦丝罗,其额甚巨"③。

马可波罗所述事实,可以根据《元史》得到证实。根据目前掌握的文献资料,真定路是元代河北五户丝户最多的路,达到106,871户,本路蚕桑业的分布极为广泛,几乎各个州县都有。参见下表。

元代真定路五户丝户统计表(据《元史》卷95《食货三·岁赐》)

序号	分拨对象	时间	户数	1319年户数	1319年斤数
1	太祖长子术赤大王位	1238	10000		
2	太祖次子茶合鹏大王位	1238	10000	17210(加太原路)	6838
3	太祖第四子睿宗子阿里不哥大王位	1236	80000	15028	5013
4	字鲁古妻佟氏	1236	100	39	15
5	字哥帖木兒	1236	58		23
6	添都虎兒	1236	100		
7	太祖第三斡耳朵	1252	318	121	48

① 《全元文》卷461《县尹史公去思碑记》。
② 《马可波罗行纪》第105章《涿州大城》。
③ 《马可波罗行纪》第130章《哈寒府城》。

序号	分拨对象	时间	户数	1319年户数	1319年斤数
8	太祖第四斡耳朵	1252	283	116	46
9	塔出驸马	1252	270	232	95
10	也速鲁千户	1252	169	40	16
11	哈剌口温	1252	32		
12	阿剌博兒赤	1252	55		
13	忽辛火者	1252	27		
14	大忒木兒	1252	22		
15	睿宗子拨绰大王位	1257	3347	1472	612
16	宿敦官人	1257	1100	64	28
17	鱼兒泊八剌千户	1297	1000	600	240
18	带鲁罕公主位			630	254
	合计		106871		

马可波罗游历陕西各地,"沿途所见城村,皆有墙垣。工商发达,树木园林既美且众,田野桑树遍布,此即蚕食其叶而吐丝之树也"①。陕西行省有如此雄厚的工商业基础,以及发达的蚕桑业,在《马可波罗行纪》中得到体现。

马可波罗到了元世祖之子安西王京兆府(今西安市),"城其壮丽,为京兆府国之都会。昔为一国,甚富强……惟在今日,则由大汗子忙哥剌(Mangalay)镇守此地。大汗以此地封之,命为国王。此城工商繁盛,产丝多,居民以制种种金锦丝绢,城中且制一切武装"②。

---

① 《马可波罗行纪》第110章《京兆府城》。
② 《马可波罗行纪》第110章《京兆府城》。

马可波罗到过的陕西另一地方是关中，"离上述忙哥剌之宫室后，西行三日，沿途皆见有不少环墙之乡村及美丽平原。居民以工商为业，有丝甚饶"①。

在山西太原，"亦种桑养蚕，产丝甚多"②。平阳"城大而甚重要，其中恃工商业为活之商人不少，亦产丝甚饶"③。

成都是天府之国，马可波罗对此印象深刻，他说："此州都会是成都府，昔是强大城市，历载富强国王多人为主者垂二千年矣……其中纺织数种丝绢。"④

在叙州，"其地产丝及其他商品甚众，赖有此河，远赴上下游各地"⑤。

山东在元代也是蚕桑丝织业发达的重要地区，五户丝户据笔者统计达到 422,704 户，每年产丝超过 10 万斤。马可波罗在强格里城（今山东临清）看到"此城有丝及香料不少，并有其他物产及贵重货品甚多"⑥。

济南的蚕桑丝织业在马可波罗眼中竟然达到"产丝之饶竟至不可思议"⑦的程度。据马可波罗的说法，元代济南"所辖巨富城市十有一所，商业茂盛，产丝过度而获利甚巨"。这一事实在《元史》中也得到体现，笔者据之成下表，可与马可波罗所述相互参照。

---

① 《马可波罗行纪》第 111 章《难于跋涉之关中州》。
② 《马可波罗行纪》第 106《太原府国》。
③ 《马可波罗行纪》第 106《太原府国》。
④ 《马可波罗行纪》第 113 章《成都府》。
⑤ 《马可波罗行纪》第 129 章《叙州》。
⑥ 《马可波罗行纪》第 132 章《强格里城》。
⑦ 《马可波罗行纪》第 133 章《中定府城》。

元代山东五户丝户统计表（据《元史》卷 95《食货三·岁赐》）

路、州	分拨对象	时间	户数	1319 年户数	1319 年斤数
济宁路	鲁国公主位	1236 年	30000	6530	2209
	阿里侃断事官	1252 年	35		
冠州	昌国公主位	1236 年	12652	3531	2766
曹州	和斜温两投下一千二百户	1236 年	10000	1928	748
	欠帖木	1252 年	34	34	
濮州	郓国公主位	1236 年	30000	5968	1836
高唐州	赵国公主位	1236 年	20000	6729	2399
泰安州	愠里答儿薛禅	1236 年	20000	5971	2425
德州	孛罗海拔都	1252 年	153		61
	术赤台郡王	1236 年	20000	7146	2948
恩州	太祖弟孛罗古大王子广宁王位	1236 年	11603	2420	1359
益都路	太祖弟斡真那颜位	1236 年	62156	28301	11425
	阔阔不花		29		
	阔阔不花先锋	1252 年	275	127	15
	阿可儿	1253 年	1000	196	78
济南路	太祖弟哈赤温大王子济南王位 1236	1236 年	55200	21785	9648
	睿宗子岁哥都大王位	1252 年	5000	50	20
	合丹大王位		200	193	77
般阳路	搠只哈撒儿大王淄川王位	1236 年	24493	7954	3656

续表

路、州	分拨对象	时间	户数	1319 年户数	1319 年斤数
宁海州	太祖叔答里真官人位	1236 年	10000	4532	1812
东平路			99874		
	合计		422704		

河南的蚕桑丝织业元代也有所发展,马可波罗在行纪中提到南京,在元代为汴梁路。马可波罗说:"南京是一大州,位置在西……恃商工为活。有丝甚饶,以织极美金锦及种种绸绢。"①参见下表。

元代汴梁路五户丝户统计表(据《元史》卷 95《食货三·岁赐》)

序号	分拨对象	时间	户数	1319 年户数	1319 年斤数
1	太宗子合丹大王位	1257 年	2356		936
2	太宗子灭里大王位	1257 年	1584	2496	997
3	太宗子合失大王位	1257 年	3816	380	154
4	太宗子阔出太子位	1257 年	5214	1937	764
5	撒吉思不花先锋	1252 年	291	127	15
6	速不台官人	1236 年	1100	577	230
	合计		14361		

元代怀庆路五户丝户统计表(据《元史》卷 95《食货三·岁赐》)

分拨对象	时间	户数	1319 年户数	1319 年斤数
裕宗子顺宗子武宗		11273		不载丝数
塔思火儿赤		3606	560	224

---

① 《马可波罗行纪》第 144 章《南京城》。

分拨对象	时间	户数	1319 年户数	1319 年斤数
察罕官人		3606	560	224
折米思拔都儿		100	50	20
卜迭捏拔都儿		88	40	16
合计		18673	1210	484

在江浙行省的宝应县城（属高邮），马可波罗见到的当地居民"恃商工为活，有丝甚饶，用织金锦丝绢，种类多而美"①。镇江府"产丝多，以织数种金锦丝绢"②。苏州"产丝甚饶，以织金锦及其他织物"③。

关于这些描述在元代的地方志中可以得到证实，如《至顺镇江志》记载：

江南归附之初，置织染提举司，设两局以集造作。丹徒民三百余家，始以妇人女子织纱得名，局家例以匠役之。由是不靖于乡，省台分官抚恤，然后还定。民复诣阙以诉，愿世为邑民奉公上，寻罢提举司，并隶本郡。近年以来，两局工多匠少，而丹徒之民又以非匠户，无既禀之给，每告病焉。

段匹岁额五千九百一匹。（织染局三千五百六十一匹。生帛局一千八百三十匹。丹徒县五百一十匹。）纻丝一千九百四。（织染局独造。）

暗花一千一百六十七。（枯竹褐四百一，秆草褐二百三

---

① 《马可波罗行纪》第 140 章《宝应县城》。

② 《马可波罗行纪》第 148 章《镇江府城》。

③ 《马可波罗行纪》第 150 章《苏州城》。

十,明绿一百五十九,鸦青一百五十九,驼褐一百八十六,白三十二。)

素七百三十七。(枯竹褐二百五十五,秆草褐一百四十八,明绿九十九,鸦青九十九,驼褐一百一十八,白一十八。)

丝绸三千九百九十七。(织染局一千六百五十七。生帛局一千八百三十。丹徒县五百一十。)

胸背花三百三十一。(织染局独造。枯竹褐一百五十九,秆草褐一十五,明绿三十一,鸦青六十六,驼褐三十,橡子竹褐三十。)

斜纹三千六百六十六。(织染局,枯竹褐六百三十六,秆草褐六十三,明绿一百二十三,鸦青六百六十四,驼褐一百二十,橡子竹褐一百二十。生帛局,枯竹褐四百七十七,秆草褐三百五十一,明绿二百一十一,鸦青四百二十二,驼褐一百八十五,橡子竹褐一百八十五。丹徒县,枯竹褐一百二十五,秆草褐一百,明绿七十五,鸦青八十,驼褐六十五,橡子竹褐六十五。)①

二、石棉制衣术

石棉又称火鼠、不灰木、石绒等。《元史》有记载:"(至元四年)冬十月辛酉,制国用司言:'别怯赤山石绒织为布,火不能然。'诏采之。"②

马可波罗在新疆哈密提到当地有一种矿脉,其矿可制火鼠(salamandre),制造的方法如下:"掘此山中,得此矿脉。取此物碎

---

① 《至顺镇江志》卷6《造作》。
② 《元史》卷6《世祖本纪三》。

之,其中有丝,如同毛线。曝之使干,既干,置之铁臼中。已而洗之,尽去其土,仅余类似羊毛之线,织之为布。布成,色不甚白。置于火中炼之,取出毛白如雪。每次布污,即置火中使其色白。"①这种方法就是先掘取矿石,然后捣碎,取出其中的纤维,经过曝晒,再洗去灰尘,便可纺纱织布。

三、制瓷技术

福建省的德化县历史上以烧造白瓷闻名于世。关于它的烧造情况,地方志中只有寥寥数字:"白瓷出德化,元时上供。"更具体的情况无从得知。马可波罗在他的游记中给后人留下了元代德化白瓷的翔实记录,显得弥足珍贵:"他们从地下挖取一种泥土,将它垒成一个大堆,任凭风吹、雨打、日晒,从不翻动,历时三、四十年。泥土经过这种处理,质地变得更加纯化精炼,适合制造上述各种器皿。然后抹上认为颜色合宜的釉,再将瓷器放入窑内或炉内烧制而成。因此,人们挖泥堆土,目的是替自己的儿孙贮备制造瓷器的材料而已。大量的瓷器是在城中出售,一个威尼斯银币能买到八个瓷杯。"②

四、制盐技术

马可波罗在元世祖中后期(1271~1297 年)来到中国,他曾到过景州,并详细地记载下了当地人(长芦盐场)刮土煎盐的方法,为后世研究留下了珍贵的史料:"取一种极咸之土,聚之为丘,泼水于上,俾浸至底,然后取此土之水,置于大铁锅中煮之,煮后俟其冷,

① 《马可波罗行纪》第 59 章《欣斤塔剌思州》。
② 陈开俊译:《马可波罗游记》,福建科技出版社 1981 年版,第 193 页。

结而成盐,粒细而色白,运贩于附近诸州,因获大利。"①

　　在淮安州(今江苏淮阴),"此城制盐甚多。供给其他四十城市之用,由是大汗收入之额甚巨"②。

　　中国的井盐主要分布在四川、云南两地,马可波罗都有述及。他在建都(今四川境内),看到当地"其小货币则用盐。取盐煮之,然后用模型范为块,每块约重半磅,每八十块值精金一萨觉(saggio),则萨觉是盐之一定分量。其通行之小货币如此"③。

　　在剌木学本第 2 卷第 38 章对于井盐生产情况,有更为细致的描写:"此国中有咸水,居民取盐于其中,置于小釜煮之,水沸一小时则成盐泥,范以为块,各值二钱(denier)。此种盐块上凸下平,置于距火不远之热砖上烤之,俾干硬,每块上盖用君主印记,其印仅官吏掌之,每八十盐块价值黄金一萨觉。第若商人运此货币至山中僻野之处,则每金一萨觉可值盐块六十、五十、甚至四十,视土人所居之远近而异常。诸地距城较远而不能常售卖其黄金及麝香等物者,盐块价值愈重,纵得此价,采金人亦能获利,盖其在川湖可获多金也。"

五、制炮术

　　马可波罗关于制炮的背景介绍如下:"大汗军队围攻此城(即襄阳城)三年而不能克,军中人颇愤怒。由是尼古剌波罗阁下,其弟玛窦波罗阁下及尼古剌波罗阁下之子马可波罗阁下献议,谓能用一种器械可取其城,而迫其降。此种器械名曰茫贡诺(Mangon-

----

① 《马可波罗行纪》第 131 章《强格路城》。

② 《马可波罗行纪》第 139 章《淮安州城》。

③ 《马可波罗行纪》第 116 章《建都州》。

neau),形甚美,而甚可怖,发机投石于城中,石甚大,所击无不摧毁。"①

　　这和《元史》所记差别甚大,马可波罗所说的制炮之人其实来自波斯伊利汗,名为阿老瓦丁和亦思马因,至元八年(1271),元世祖的使臣到达波斯,请伊利汗八哈派遣炮匠,支援忽必烈攻城略地。阿八哈汗遂派出身制炮世家,以善制炮而名扬西域的回回炮手亦思马因和阿老瓦丁前往。自此以后,大量的西域回回炮手开始陆续应征。"至元八年(1271年),世祖遣使炮匠于宗王阿不哥,王以阿老瓦丁、亦思马因应诏,二人举家驰驿至京师,给以官舍。首造大炮竖于五门前,帝命试之,各赐衣段。十一年,国兵渡江,平章阿里海牙遣使求炮手匠,命阿老瓦丁往,破潭州、静江等郡,悉赖其力。"

　　"亦思马因,回回氏,西域旭烈人也。善造炮,至元八年与阿老瓦丁至京师。十年,从国兵攻襄阳未下,亦思马因相地势,置炮于城东南隅,重一百五十斤,机发,声震天地,所击无不摧陷,入地七尺。宋安抚吕文焕惧,以城降。既而以功赐银二百五十两,命为回回炮手总管,佩虎符。"②

　　实际上,这种炮是一种用机械投射巨石的大型抛石机,马可波罗说:"每机可发重逾三百磅之石,石飞甚远,同时可发六十石,彼此高射程度皆相若……此机装置以后,立即发石,每机各投一石于城中,发声甚巨,石落房屋之上,凡物悉被摧毁。"③这些情况与《元史》大致相同。

---

①　《马可波罗行纪》第 145 章《襄阳府大城及其被城下炮机夺取之事》。
②　《元史》卷 203《方技传》。
③　《马可波罗行纪》第 145 章《襄阳府大城及其被城下炮机夺取之事》。

六、制糖技术

据马可波罗记载,福建尤溪在忽必烈统一江南之后,也曾向宫廷进贡砂糖。这件事在《马可波罗游记》中被详细记载下来:"这个地方以大规模的制糖业著名,出产的糖运到汗八里,供给宫廷使用。在它纳入大汗版图之前,本地人不懂得制造高质量糖的工艺。制糖方法很粗糙,冷却后的糖,呈暗褐色的糊状。等到这个城市归入大汗的管辖时,刚好有巴比伦人来到帝廷,他们精通糖的加工方法,因此被派到这个城市来,向当地人传授用某种木灰精制食糖的方法。"①由此史料,可知元代砂糖的制作工艺来自于西域的技术工匠;而且这个地方因"出产的糖运到汗八里,供给宫廷使用"之故,很可能设置了砂糖局这样的机构,专门负责此事。

民间制糖业首推福建。福建原能生产赤砂糖,元代时来自西亚的巴比伦制糖师向这里传授了用木炭灰脱色的技术后,福建才开始生产白砂糖,这项技术促进了福建甘蔗种植业和制糖业的发展。元代末年,阿拉伯大旅行家伊本·白图泰来华时,他所看到的中国华南地区出产砂糖不仅产量大,制作工艺已居世界前列。他说:"中国出产大量蔗糖,其质量较之埃及实有过之而无不及。"②

马可波罗来华时(他于 1275 年在上都觐见元世祖),他的这一番话就足以证明砂糖的普及程度了,同时也就不会对马可波罗的这一番描述匪夷所思了:"述盐课毕,请言其他物品货物之课,应知此城及其辖境制糖甚多,蛮子地方其他八部,已有制者,世界其他诸地制糖总额不及蛮子地方制糖之多,人言且不及其半。所纳糖

---

① 陈开俊译:《马可波罗游记》,福建科技出版社 1981 年版,第 191 页。
② 伊本·白图泰著,马金鹏译:《伊本·白图泰游记》,宁夏人民出版社1985 年版,第 545 页。

课值百取三,对于其他商货以及一切制品亦然。"①不过,从马可波罗所述,可以得知,他是在南方所见。

七、酿酒业和酿酒技术

马奶酒是蒙古人喜爱的饮料,马可波罗可能入乡随俗,饮过这种酒,故提到最多,他说:"鞑靼人饮马乳,其色类白葡萄酒,而其味佳,其名曰忽迷思(Koumiss)。"②据冯承钧本介绍,它的制造方法如下:用马革制一有管之器,洗净,盛新鲜马乳于其中,微掺酸牛乳,俟其发酵,以杖大搅之,使发酵中止。凡来访之宾客,入帐时必搅数下,如是制作之马湩,三四日后可饮。

对于汉人所饮之酒,他也有所提及:"契丹地方之人大多数饮一种如下所述之酒,彼等酿造米酒,置不少好香料于其中,其味之佳,非其他诸酒所可及,而且色清爽目。其味极浓,较他酒为易醉。"③

在建都(元代设罗罗宣慰司,属四川),"有一种小麦、稻米、香料所酿之酒,其味甚佳"④。马可波罗可能是历史上首次向西方介绍中国的川酒之人。

马可波罗离开大理,到金齿,"饮一种酒,用米及香料酿造,味甚佳"⑤。

对于葡萄酒,马可波罗谈论也较多,他对元代葡萄酒的产地也

---

① 《马可波罗行纪》第 152 章《大汗每年取诸行在及其辖境之巨额赋税》。

② 《马可波罗行纪》第 69 章《鞑靼人之神道》。

③ 《马可波罗行纪》第 100 章《契丹人所饮之酒》。

④ 《马可波罗行纪》第 116 章《建都州》。

⑤ 《马可波罗行纪》第 119 章《金齿州》。

非常熟悉,如数家珍,"自涿州首途,行此十日毕,抵一国,名太原府……其地种植不少最美之葡萄园,酿葡萄酒甚饶。契丹全境只有此地出产葡萄酒"①。

元宫廷的饮酒器具亦十分精美贵重,独具匠心。大都的宫殿多置有酒海。马可波罗曾描述:"大汗所坐殿内,有一处置一精金大瓮,内足容酒一桶。大瓮之四角,各列一小瓮,满盛精贵之香料。注大瓮之酒于小瓮,然后用精金大杓取酒。其杓之大,盛酒足供十人之饮。取酒后,以此大杓连同带柄之金盏二,置于两人间,使各人得用盏于杓中取酒。妇女取酒之法亦同。应知此种杓盏价值甚巨,大汗所藏杓盏及其他金银器皿数量之多,非亲见者未能信也。"②(冯本)

"殿中有一器,制作甚富丽,形似方柜,宽广各三步,刻饰金色动物甚丽。柜中空,置精金大瓮一具,盛酒满,量足一桶。柜之四角置四小瓮,一盛马乳,一盛驼乳,其它则盛种种饮料。柜中也置大汗之一切饮盏。有金质者甚丽,名曰杓,容量甚大,满盛酒浆,足供八人或十人之饮。列席者每二人前置一杓,满盛酒浆,并置一盏,形如金杯而有柄"③(剌木学本第 2 卷第 9 章增入之文)。

这种宫廷酒器可能是尼泊尔大师阿尼哥所制,十分精美贵重,独具匠心,具有异域特色,"至元十年(1273 年),立诸色人匠总管、银章虎符,命公长之,统四品以下司局十有八。铸黄金为太子宝、安西北安王印、金银字海青圆牌、内廷大鹏金翅雕、尚酝巨瓮"④。此处提到的尚酝巨瓮可能就是马可波罗所见之物。

从马可波罗所记来看,元代的工艺技术水平很高,有许多方面

---

① 《马可波罗行纪》第 106 章《太原府国》。
② 《马可波罗行纪》第 85 章《名曰怯薛丹之禁卫一万二千骑》。
③ 《马可波罗行纪》第 85 章《名曰怯薛丹之禁卫一万二千骑》。
④ 程钜夫:《雪楼集》卷 7《凉国敏慧公神道碑》。

融合了西域传入的技艺。有许多为元代文献缺载，而赖《马可波罗行纪》这本书得以保存。

第五章　元代的矿冶业

元代矿冶业方面,目前的研究对元代银、铁、铜的产量、具体分布缺乏全面了解,虽认为元代银、铁的产量超过宋代,却没有一个量化指标,对铜的开采、冶炼以及铜器铸造更是没有涉及,没有注意到元代首先在开采、冶炼、铸造政策上与宋代有了明显变化,特别是铜的开采、冶炼及铜器铸造,没有充分考虑到元代并不严禁寺院用铜铁铸钟、像等,故传统观点认为元代铜的产量极低。本论文将充分利用文献史料,改变这一传统观点,认为元代的铜产量也不少,保守估计应该在 200 万斤以上,且绝大部分用于寺院铸铜像以及祭器的铸造,它消耗了元代产铜的绝大部分。所以对于元代铜产量的计算,应该对元代的寺院用铜有一个深入的统计。铁矿的开采、冶炼方面,史料也丰富。元代铁的产量要比宋代为多,且可以列出多种年份的产量图。(参见 192 页元代及明代初年各地铁冶课额表。)元代煤炭的使用比宋代更为普遍,不仅用于炊事取暖,更为广泛地应用于冶炼、烧窑、制瓷等。学界一直认为"煤炭"一词最早出现在明代中期,笔者通过考证,认为早在元世祖完成统一前后,煤炭一词就已经在史料上出现,目前根据记载,元代煤的主要产地在山西、北京、河南、河北、内蒙古、陕西等处。随着史料的进一步深入发掘,元代煤炭产地范围会更广。煤的开采主要为民间生产,由于寺院在元代处于特殊地位,有些寺院也拥有煤窑,且产量不小。并对元代有关采矿、冶铸文献刊行的社会意义作了初步总结。

第一节　"煤炭"一词在元代的出现以及煤炭资源的大量开发

夏湘蓉、李仲均先生在《中国古代矿业开发史》中认为"煤炭"一词最早出现于明代中叶陆深（公元 1477～1544 年）所著《燕闲录》："石炭即煤也,东北人谓之楂,南人谓之煤,山西人谓之石炭。平定所产尤胜,坚硬而光,极有火力。"①后来,李仲均、李卫先生在《中国用煤的历史》一文中再次强调了此观点②,并且此项结论似已成为学界公论。笔者因研究元代科技史,翻阅了一些元代文人文集、笔记,发现"煤炭"一词在元代就已经出现。现将有关史料按照时间顺序辑录如下,供治煤炭史、科技史工作者参考。

与宋代一样,元代山西尤其是大同、太原地区的煤炭资源得到开发。采煤业在地区经济发展中举足轻重,影响深远。给冶金、陶瓷、制盐等行业的发展带来历史性变革,促进了这一地区的社会经济的繁荣。目前所搜集到的资料,所述也多为北方的山西、河北、河南、山东等地区,元代文人的诗文集中反映了这一点。

史料一："大同有达官,得旨赐一山为猎所,山产煤炭,彼因欲锢其利,夺民窑洞,参政反覆陈说,卒归之民。"③文中参政姓耿,曾任大同县尹,逝于至元三十一年（1294 年）。大同是山西乃至全国重要的煤炭基地,素以分布广、埋藏浅著称。这是目前为止笔者所

---

①　夏湘蓉等:《中国古代矿业开发史》,地质出版社 1980 年 7 月版,第395 页。

②　李仲均、李卫:《中国用煤的历史》,载《文史知识》1987 年第 3 期。

③　李修安等:《全元文》卷 1141《耿公先世墓碑》。

能搜集到的元代山西大同地区的涉及"煤炭"一词的最早文献,所述时间在 1280 年前后,此时元世祖刚刚完成全国统一。随着研究的不断深入,我想可能会有更早的资料出现。

史料二:河南地区的煤炭开采历史也很悠久。元代文集中涉及的地区有郑州、安阳、渑池等地。但是出现"煤炭"的文章只提到郑州的密县、荥阳:"公名廷佐,字君卿……至元二十四年(1287年),岁在丁亥之正月,来守是郡……公兴利之心,无时少置,询知民间日用柴薪价重,荥阳南天里,密县王寨村有古炭穴蹂迹,废弃既久,虽土人亦莫知其可以供。公建议召募人众,二处凿井,起立窑座,岁余之间,厥功乃成。阖郡之人民皆用焉。比之柴价,省减数倍,实为百世之利。公议凿井之初,以炭至汴梁,陆路才省两舍,车运登舟,贩于汴城。鬻者获利……浚汴之举,自此始焉。既而允议于上官,亲董其役,梗舟之树,伐去万余,平其两岸,深其中流,二旬而毕。今也船筏通行,煤炭源源连樯达汴,果践前谋,民赖其利。"[①]

这段史料说明:元代煤炭的开采、利用与宋代相比毫不逊色,在某些方面还超过宋代。如汴梁地区两处煤炭矿井的开凿速度之快,"岁余之间,厥功乃成",且惠及"阖郡之人民"。这则史料令人信服地说明汴梁地区的煤炭普及程度之高。煤炭在这一地区除了储量丰富外,还有一个优势是"比之柴价,省减数倍"。所以作者才会由衷赞叹"实为百世之利"。这一说法又比李时珍的《本草纲目》说法提前许多:"石炭,南北诸山产处亦多,昔人不用,故识之者少。今则人以代薪炊爨,煅炼铁石,大为民利。土人皆凿山为穴,横入十余丈取之。有大块如石而光者,有疏散如炭末者,俱作硫黄气,以酒喷之则解。入药用坚块如石者。昔人言夷陵黑土为劫灰者,

---

① 嘉靖《郑州志》卷 6《杂志·黄公德政去思之碑》。

即此疏散者也。"①从以上记载可以看出,元代初期,对煤炭的功用就已经充分认识,而不是到李时珍所处的时代。

史料三:"至大元年(1308 年),(大都等处)玉石、银、铁、铜、盐、硝碱、白土、煤炭之地十有五。"②大护国仁王寺当时作为国立寺院,得到元政府的大力扶植,掌握着规模庞大的各种资产,经营范围也涉及国计民生的各个部门。在矿冶开发方面,仅在当时的大都等处(今北京)就有玉石、银、铁、铜、白土、煤炭之地 15 处,可见其矿冶开发规模之大。

史料四:"右丞相益都忽,左丞相脱脱奏曰:'京师人烟百万,薪刍负担不便,今西山有煤炭,若都城开池河,上受金口灌注,通舟楫往来,西山之煤可坐致于城中矣。'遂起夫役,大开河五六十里,时方炎暑,民甚苦之。其河上接金口水河,金口高,水泻而下湍悍,才流行一二时许,冲坏地数里。都人大骇,遽报脱脱丞相,亟命塞之。"③《庚申外史》是研究元代后期尤其是元代末代皇帝元顺帝时期社会政治、经济、科技的一部重要笔记小说,保存了许多《元史》所没有记载的史实。这里所述的"西山"就在今北京郊外,当时也是元代重要的产煤基地。元代西山的煤炭开采可能自大都建成之后就已开始,主要满足都城燃料供应。至元二十四年(1287 年),西山煤窑局就已经出现,隶属于徽政院。民间煤炭市场也很兴盛,据曾任大都路儒学提举的熊梦祥(约公元 1335 年前后在世)《析津志辑佚》记载,大都当时有以煤炭为交易对象的"煤市"。由史料三、四可以看出元代大都(今北京)的煤炭得到了较为充分的开发,这也可以从一个方面说明为何在当时大都号称"人烟百万",作为当时中国乃至蜚声世界的特大城市,却没有出现过较大的燃料危

----

① 李时珍:《本草纲目》石部第 9 卷。
② 程钜夫:《雪楼集》卷 9《大护国仁王寺恒产之碑》。
③ 权衡:《庚申外史》卷下。

机问题。

史料五："吴莱（1297～1340 年），婺州浦江县（今属浙江）人，是《元史》总裁官宋濂的老师。自幼喜读诗书，举凡天文、地理、井田、兵术、礼乐、刑政、阴阳、律历、氏族、方技、释老等书，靡不穷考。他曾有《大食瓶》诗一首，详细描述了大食窑的制作工艺及传入中国的情况，为研究元代瓷器制造技术留下了弥足珍贵的科技史料。无独有偶，笔者在他的文集中发现他的另一首诗《送俞观光学正赴调京师》也为今人研究元代"煤炭"提供了重要线索。原诗较长，因篇幅所限，不便全录，诗中有"朔风吹尘织卉裘，坑床煤炭手足柔"①一句。由此可以得知，"煤炭"此时在江南已经使用于日常取暖，不过普及程度未必高。

史料六："（畅师文，字纯父）后处道赴湖南宪，舟次郢州驿，夜与刘致时中坐白雪楼上，更阑烛尽，无可晤语。卢曰：'纯父分司，去此未久，必有佳话。'因呼驿二姬生者沃之酒。问之，姬乃曰：'其未至也。'闻为性不可测，供顿百需，莫不极其严洁。既至，首视厨室怒曰：'谁为此者？'馆人曰：'典史。'摄之前跪，而嫚骂之，众莫晓所谓。良久，其童从旁言曰：'相公不与吏辈同飧爨，当别爨小灶。且示以釜之大小，薪之短长，各有其度，俾别为之。'典史者，奔去持锅负薪，与泥爨偕至，仍命典史躬自涂塈之。既毕，复怒捽典史跪之。曰：'吾固知汝不克供职，行且决罢汝矣。'众亦莫晓所谓。其童又言曰：'釜腹有煤，未去也。'令馆人脱釜，覆之地，以手拭煤，涂典史之面，而叱出之。"②这段史料出自《砚北杂志》，它是元顺帝时期（1333～1368 年）的文人陆友仁于元统二年（1334 年）所著，大多讲述文人间逸事趣闻。郢州驿在今湖北安陆附近，说明元代的湖广行省濒临长江的地域，煤炭已经用于日常燃料使用。

---

①　吴莱：《渊颖集》卷 3。
②　陆友仁：《砚北杂志》卷上。

　　史料七:明代政治家于谦(1398~1457年)的《石灰吟》可以说是广为流传,但他在宣德五年(1430年)任山西巡抚期间,写有一首《咏煤炭》诗,歌以咏志,许多人可能不知:"凿开混沌得乌金,藏蓄阳和意最深。爝火燃回春浩浩,洪炉照破夜沉沉。鼎彝元赖生成力,铁石犹存死后心。但愿苍生俱饱暖,不辞辛苦出山林。"①于谦可能是最早把煤炭比作"乌金"的学者,这一用法沿传至今。这首诗既赞美了煤炭的奉献精神,也反映了明代初期山西地区煤炭的普及、开采情况,实为难得之作。

　　根据以上史料,可以得出结论:首先,随着煤炭资源在中国北方地区的大规模开采、利用,早在13世纪末14世纪初,"煤炭"一词就已经开始使用,而并不是到近二百年之后的明朝中期。其次,"煤"、"煤炭"是否出于所谓"南人"之口,也值得商榷。如史料一的作者张起岩为山东人、史料二的作者为河南人,并不属于"南人"之列。最后,根据目前所掌握的史料,即使在明代,"煤炭"一词出现的时间也当在明代初期(1430年稍后),比明代中期叶深(公元1477~1544年)的《燕闲录》记载时间要早至少数十年。

　　元代的矿冶业发达,冶铸行业、陶瓷业、窑业都需要消耗大量燃料,传统的燃料木柴、木炭已经远不能满足社会对能源的需要了。煤炭在元代成为重要的替代能源。元代北方的四大冶铁中心河东(今山西中、北部)地区、檀州(今北京密云附近)、顺德(今河北邢台)、济南无不利用当地丰富的煤炭资源,从利用的广度和深度上,元代都远超前代。

　　元代北方地区煤炭资源丰富,用于生活取暖经常见诸于诗人笔下,"山林斤斧日童颠,陶穴还将烈炬然。已许寒炉供岁计,更豪客损天全。火牛蕞尾终难遁,雾豹焚身亦可怜。争似绣簾金鸭

――――――――
　　①　(明)于谦:《忠肃集》卷11。

好,昼间长吐一丝烟"①。

太原、交城地区"矿山燋阜炽红炉,鲁缟齐纨走贩夫",煤炭被大量用于铁矿冶炼中。②

腹里地区(包括今天的山西、河北、河南、山东)的铁矿资源得到充分开发(这将在下节详述),其冶铁业的发达与当地丰富的煤炭资源有着密切的关系。

徐州铁冶用煤的历史始于北宋,这一地区当时发现了丰富的煤炭资源,元丰元年(1078年),苏轼以尚书祠部员外郎直使馆权知徐州。作为当地最高行政长官,他十分关注当地民生,并注重开发利用当地资源,为官一任,造福一方。江苏徐州蕴藏有丰富的煤炭资源,号称"华东煤海",此前它一直"埋在深山人未知"。而它的勘探开发是与苏轼分不开的,他在徐州任上所作的《石炭并引》详细地描述了当地历史上这次不同寻常的煤炭开采史。

"元丰元年十二月,始遣人访获于州之西南白土镇之北,以冶铁作兵,犀利胜常。"接下来苏轼描写了发现煤田的情况,"岂料山中有遗宝,磊落如䃜万车炭。流膏迸液无人知,阵阵腥风自吹散。根苗一发浩无际,万人鼓舞千人看。"③

由诗文中还可看出,这次勘探发现的煤田其储量之丰富,煤质之佳,开采之易都十分罕见:"磊落如䃜万车炭"、"流膏迸液"二句极言煤炭储藏量之多,且到处浅露,可能是露天煤田;随泉水迸流,真好一个天然能源宝库!

诗中接下来着力渲染煤炭的质量、效用:"投泥泼水愈光明,烁玉流金见精悍。"这句是描写煤炭燃烧时,加泥泼水可使火力更旺,这是符合科学原理的;不论是坚如玉石,还是硬若顽矿,皆能销镕。

---

① 蒲道源:《闲居丛稿》卷5《兽炭》。
② 胡祇遹:《紫山大全集》卷6《寄李运副》。
③ 苏轼:《东坡全集》卷10。

用它可把铁矿石烧锻成百炼钢刀。"南山栗林渐可息，北山顽矿何劳锻。为君铸作百炼刀，要斩长鲸为万段。"

由此可以看出，北宋时期，我国对天然能源的利用已走在世界前列。苏轼的这项成就可堪与同时期的著名科学家沈括在陕北延州(今延安)发现石油相媲美。

元代，徐州铁冶每年的产量不小，达到 70 余万斤，一直是用煤炭作为冶炼能源，"今主上中统之四年，方有事于用兵，以经费不赡，力颇屈。建言徐州荒芜，方山可创冶场以补不足。上可其奏，因赐银符，署公为总管。乃立利国、松柏、通利三监，大兴鼓铸，岁进铁七十余万，国用益饶，民不告病。五年，特旨换授金符。以旌其能"①。

马可波罗曾在其游记中对元代北方煤炭的广泛利用大为惊奇，他说："契丹全境之中，有一种黑石，采自山中，如同脉络，燃烧与薪无异。其火候较薪为优，盖若夜间燃火，次晨不息。其质优良，致使全境不燃他物。所产木材固多，然不燃烧。盖石之火力足，而其价亦贱于木也。"②

剌木学本第二卷第二十三章补订与此稍有差别，可相互参考，"此种石燃烧无火焰，仅在初燃时有之，与燃桴炭同。燃之以后，热度甚高……其地固不缺木材，然居民众多，私人火炉及公共浴场甚众，而木材不足用也。每人于每星期中至少浴三次，冬季且日日入浴。地位稍高或财能自给之人，家中皆置火炉，燃烧木材势必不足。至若黑石取之不尽，而价值亦甚贱也"③。

---

① 《全元文》卷 459《李世和神道碑》。

② ［意］马可波罗著，冯承钧译：《马可波罗行纪》第 101 章《用石作燃料》，东方出版社 2007 年版(足本)，第 277 页。

③ ［意］马可波罗著，冯承钧译：《马可波罗行纪》第 101 章《用石作燃料》，东方出版社 2007 年版(足本)，第 277 页。

从这里可以看出元代煤炭在北方的普及利用程度之高，这是前代所没有达到的。

元代后期，另一位大旅行家伊本·白图泰也有类似的描写，他把煤炭称为代替木炭的泥土燃料，"全体中国、契丹人，他们烧的炭，是一种像我国陶土的泥块，颜色也是陶土色，用大象驮运来，切成碎块，大小像我国木炭一样，燃着后便像木炭一样燃烧，但比木炭火力强。炭烧成灰，再和上水，待干后还可再烧，至完全烧尽为止。他们就用这种泥土，加上另外一些石头制造瓷器"①。

第二节　元代腹里地区的铁矿

元代金属矿产的开采和冶炼有相当的规模。金属矿中，以铁的开采最为普遍。北方的铁矿，尤其是山西太原地区的铁矿，早在太宗窝阔台时期就已经得到开发。史载："谢仲温，字君玉，丰州丰县人。父睦欢，以赀雄乡曲间，大兵南下，转客兀剌城。太祖攻西夏，过其城，睦欢与其帅迎降。从攻西京……太宗见而怜之，命军校拔其矢，缚牛，刳其肠，裸而纳诸牛腹中，良久乃苏，誓以死报，每遇敌，必身先之，官至太原路金银铁冶达鲁花赤。"②由此史料可见，在元太祖于 1227 年去世后不久，太原地区的金、银、铁等矿产资源已经得到了综合开发。

其后，关于山西太原地区的铁矿开发，元史有比较详细的记载："铁在河东(今山西省中、北部)者，太宗丙申年(1236 年)立炉于西京(今山西大同)州县，拨冶户七百六十煽焉。丁酉年(1237

---

① 马金鹏译：《伊本·白图泰游记》，宁夏人民出版社 1985 年版，第548 页。

② 《元史》卷 169《谢仲温传》。

年）立炉于交城县，拨冶户一千燗焉。"①

　　据《元史·食货志二》记载："产铁之所，在腹里曰河东、顺德、檀、景、济南，江浙省曰饶、徽、宁国、信、庆元、台、衢、处、建宁、兴化、邵武、漳、福、泉，江西省曰龙兴、吉安、抚、袁、瑞、赣、临江、桂阳，湖广省曰沅、潭、衡、武冈、宝庆、永、全、常宁、道州，陕西省曰兴元，云南省曰中庆、大理、金齿、临安、曲靖、澄江、罗罗、建昌。"

　　其实，元代产铁之所远不止此。学术界对此方面研究颇少，夏湘蓉在《中国古代矿业开发史》中认为，元代就扩大矿产地的分布区域或开辟新区这方面来看，应该是有所发展的。② 可惜的是，没有能够就此问题进行进一步的深入研究，为此观点提供有力佐证。本文从史料着手，进行细致的爬梳，以求对元代腹里地区铁矿的分布有较清晰的认识。这些铁矿，有些现在已被开采，有些虽未开采，但有遗迹可寻，可为我国冶金地质部门"就矿找矿"提供历史线索。

一、元代山西的铁矿

　　山西地处太行、吕梁两大山脉之间，铁矿资源向来丰富。据《宋史·地理志》言："其地东际常山，西控党项，南尽晋、绛，北控云、朔，当太行之险地，有盐、铁之饶。"③

　　元代山西铁矿的分布较广，中部的太原、交城，北部的五台山，南部的晋州，东南部的泽州、阳城，均见于史料记载，现分述如下。

　　1. 太原地区的铁矿

---

　　①　《元史》卷94《食货志二》。
　　②　夏湘蓉等:《中国古代矿业开发史》，地质出版社1980年版，第121页。
　　③　《宋史》卷86《地理二》。

　　元代太原称为冀宁路,下辖十四州、十县。如前所述,太原地区的铁矿,早在太宗窝阔台时期就已经得到开发。太原路金银铁冶达鲁花赤官名的出现,说明这一地区的铁矿开发规模不小。郑鼎"历阳曲、长子、阳城、潞、平棘五县尹,有惠政,迁平定州、潞州同知,不从长吏加铁冶课税,改邠州知州,授玺书,仍前职,兼管民万户"①。本史料说明平定州和潞州存在铁冶,但铁冶课额究竟多少,无从得知。

　　交城的铁矿资源利用,堪称历史悠久。对于交城铁矿资源的发现,有这样一段记载:"《说文》云:赭,赤土也。《北山经》云:少阳之山,其中多美赭。《管子·地数篇》云:山上有赭者,其下有铁。《范子计然》云:石赭,出齐郡,赤色者,善;蜀赭,出蜀郡。据《元和郡县志》云:少阳山在交城县,其地近代也。"②这段记载说明古人很早就已经会利用风化矿找原生矿。赭,是一种红色土状赤铁矿,常混杂些许黏土,故古人名之"赤土"。它是因赤铁矿受地表大气、水和生物等外力长期综合作用下风化的产物,所以古人曰:"山上有赭者,其下有铁。"是说山上(即地层浅部)的赤铁矿因风化作用变成赭,下部因风化程度弱,仍为赤铁。这种以赭找铁法,是我国古代工匠在找寻铁矿资源中,根据实践经验总结出来的一种行之有效的方法。

　　唐代,交城产铁且能够冶铸铁佛像这些事实已有史料记载:"交城,先天二年析置灵川县,开元二年省。有铁。"③《元和郡县志》载:"交城狐突山在县东南五十里,出铁矿。"尤其引人注意的是,铸铁技术也随之发展起来,并达到相当高的水平,"石壁寺者,晋之西山,旧号石壁谷。隋隶西寿阳县,唐改寿阳为文水,先朝分

———————

① 　《新元史》卷163《郑鼎传》。
② 　(魏)吴普等:《神农本草经》卷3《下经》。
③ 　《新唐书》卷39《地理三》。

置交城而立寺焉……开元廿六年十月十五日,铸铁弥勒像一座。良冶攻橐,神物助铜,回录燕云而喷练,飞廉噫风而沸液,焰涌钧外,乃澈金光"①。

宋太宗即位伊始,"太平兴国四年(979年),交城属大通监"②。这一史实说明之前存在的北汉政权(951~979年)在这一地区的冶铁业也在发展着,并且铁矿产量不小,冶铸规模巨大。到宋真宗(997~1022年在位)初年,据河东转运使宋搏所言:"大通监铁冶盈积,可备诸州军数十年鼓铸,愿权罢以纾民。"③可见当时大通监铁产量确实可观。

《太平寰宇记》中对宋代的大通监也有较详细的记载:"大通监,本汉阳古交城之地,管东西二冶烹铁事务。东冶在绵上县,西冶在交城县北山……西山冶,在监西文古内义泉社,去监六十里。此冶取孤突山铁矿烹炼……孤突山在县西南五十五里,出锌铁。"④

"锌"是未炼的铁,"锌铁"一词可能是指铁锭。在"太原府交城县"下"土产"条中有"出铁"的记载。关于大通监的沿革情况,元人马端临记载得更为详细:"宋太平兴国四年(979年),以并州交城县铁冶建为监。六年废沁州,以绵上县来属。属河东路。旧领交城、绵上二县。天圣元年(1023年),改交城监,宝元二年(1039年)复。是年,以监及交城县隶太原府;绵上县隶威胜军。靖康后,没於金。"⑤

蒙古汗国窝阔台汗时期,就注意对交城的铁矿进行开发,"丁

---

①　《全唐文》卷363《唐尚书省郎官石记序》。

②　《宋史》卷86《地理二》。

③　《宋史》卷307《宋搏传》。

④　(宋)乐史:《太平寰宇记》卷50《土产》。

⑤　(元)马端临:《文献通考》卷316《舆地考二》。

酉年(1237 年)立炉于交城县,拨冶户一千煽焉"①。

其后,关于西冶的冶炼历史,元人胡祗遹在其文集中有记载。

胡祗遹(1227~1295 年),字绍闻,号紫山。磁州武安(今河北武安)人,中统初年,张文谦荐为员外郎,至元年间,授应奉翰林文字,兼太常博士,因得罪权相阿合马,外迁太原路治中,提举铁冶,阿合马欲以岁赋不办责之,及其莅职,乃以最(注:这里的"最"是指胡祗遹的政绩为诸路之最)闻官。他在任太原路治中的时候,因为主管铁冶事务,故对"西冶"的历史沿革很感兴趣,写下了这篇纪实文学作品,为后世研究"西冶"历史留下了宝贵的史料。

他首先对铁在金属中的重要性作了总结,认为铁在国民经济、军事等方面的作用至关重要,"铁于五金(金、银、铜、锡、铁),直卑品下,切用急须,则反居黄白金铜锡之上。世无黄白金铜锡则可,铁不可无也。故有铁官,以其用广而利溥也。为民者四,而后世兵别为五,兵,锋镝函刀为本。不坚利,虽有虎旅百万,与无兵同。农之耘耔植获,一动作,一云为,器之用铁,十居八九。百工居肆,以成其事。孔子曰:'工欲善其事,必先利其器。'士与商,技业虽不专于器用,而身与家人必用者,铁亦处其六七。然则铁之为用,岂闲缓细微之物欤?虽三尺之童能知之。我朝右武重农,田亩日辟,疆土岁扩,鼓冶铸炼,明不可废"②。

西冶的产量很高,据他记载,有时冶三年可供十二年之用,"某年,立铜冶总管府,钤束诸道,冶三年而上计户曹。户曹会贮积之数,可抵十二年用"③。这里提到的"铜冶总管府"元代并不存在,西冶以产铁出名,即使有铜,也是副产品,可能是后代传抄之误,应为"洞冶总管府",《全元文》卷 151 对此也没有订正。判断的依据,

①　《元史》卷 94《食货志二》。
②　胡祗遹:《紫山大全集》卷 9《西冶记》。
③　胡祗遹:《紫山大全集》卷 9《西冶记》,《全元文》卷 151 收录。

"铁在河东者,太宗丙申年,立炉于西京州县,拨冶户七百六十煽焉。丁酉年,立炉于交城县,拨冶户一千煽焉。至元五年,始立洞冶总管府。七年罢之。十三年,立平阳等路提举司。十四年又罢之。其后废置不常"①。这样就可以与《元史》所记载的衔接起来。

"至元十一年(1274 年)秋,复立诸冶。太原在诸道为上路,见于府西南七舍而近山,行六十里,旧冶所在。唐为某,宋为永利监,金为大通监。陈尧佐、宋琪、吕海尝领其事。我朝亦置,积有岁年,随近例皆罢……前此冶官,首尾三十余年者,交城谢氏父子也。属官千户邓某,与有力焉"②。这里的谢氏父子可能就是《元史》卷169 中所言成吉思汗时期太原路金银铁冶达鲁花赤谢睦欢、谢仲温父子,不过籍贯所述不一致,《元史》说是大同丰州丰县人,《西冶记》所说的交城也可能是指他们的任职地。至此,可以看出,宋、金、元时期的西冶开发,是具有连贯性的。

对于西冶所产铁的特性,他说:"钢利精坚,少加淬砺,则无物可敌。"西冶的规模也不小,"凡立冶户千,官二员,提举爵五品"。

对于西冶生产的盛况,他曾在《寄李运副》一诗中这样写道:"矿山燋阜炽红炉,鲁缟齐纨走贩夫。"③

到了元代中期,北方饥馑,西冶及时打制农具,在抗灾中起到了很大作用,并且西冶所制的其他产品由商贩流通到各地,促进了当地经济的恢复发展,"大元延祐己未(1319 年),值北方饥馑,人民流离。朝廷讲究救荒之术,虽天灾流行,知彼民怠于稼穑也,命有司给官铁,鼓铸犁铧二万付,以劝斯民耕作之用……斯冶重本以兴煽,轻价而货卖,使小民悉得兴贩。与前代专其厚利者固不伦

---

① 胡祗遹:《元史》卷 94《食货二》。
② 胡祗遹:《紫山大全集》卷 9《西冶记》。
③ 胡祗遹:《紫山大全集》卷 6。

也"①。

在太原北部的宁武军（属忻州），也是重要的铁冶所在地，中统三年（1262年）七月，敕宁武军岁输所产铁。癸丑，立小峪、芦子、宁武军、赤泥泉铁冶四所。② 可见这一地区的铁矿资源丰富。

2. 大同地区的铁矿

辽、金时期，大同为辽国管辖，《宋会要辑稿》载："铁，西京设云冶务旧置。"说明辽政权在此设立专门机构进行冶炼。南宋，大同为金国所有，据《金史·地理志》记载："大同府，贡铁。"③

元代，大同路辖有八州、五县。蒙古汗国时期称为西京（大同），"太宗丙申年，立炉于西京州县，拨冶户七百六十煽焉。武宗至大元年，复立河东都提举司掌之。所隶之冶八：曰大通，曰兴国，曰惠民，曰利国，曰益国，曰闰富，曰丰宁，丰宁之冶盖有二云"④。八冶之一的利国冶就在大同路所辖的怀仁县。可见，这一地区的铁冶分布较广，铁矿资源开发较为充分。

3. 晋东南泽州、晋南晋州、阳城的铁矿

泽、潞各地都有铁矿分布，宋代山西的冶铁中心是交城的大通监，泽州的大广冶也是非常重要的产铁区。1004年，河东转运使陈尧佐奏请减铁课数十万斤，可见这一地区的铁冶产量之高，同时这一地区的煤炭资源储量极为丰富，当地居民大都依靠煤炭的开采以及与铁矿的冶炼等为生，"徙河东路，以地寒民贫，仰石炭以生，奏除其税。又减泽州大广冶铁课数十万（斤）"⑤。同时泽州还铸造北宋铁钱。庆历六年（1046年），泽州知州李昭遘，"使契丹

---

① 《全元文》卷1247《大通冶辩》。

② 《元史》卷5《世祖本纪二》。

③ 《金史》卷24《地理上》。

④ 《元史》卷94《食货二》。

⑤ 《宋史》卷284《陈尧佐传》。

还,道除陕西转运使。坐家僮盗辽人银酒杯,降知泽州。阳城冶铸
铁钱,民冒山险输矿炭,苦其役,为奏罢铸钱。又言:'河东铁钱真
伪淆杂,不可不革。'"①关于金代泽州冶铁的记载较少。

元代,这一地区的铁冶继续存在,郑鼎"历阳曲、长子、阳城、
潞、平棘五县尹,有惠政,迁平定州、潞州同知,不从长吏加铁冶课
税,改邠州知州,授玺书,仍前职,兼管民万户"②。本史料说明元
初潞州存在铁冶,但铁冶课额究竟多少,无从得知。

元代泽州属晋宁路,"武宗至大元年,复立河东都提举司掌之。
所隶之冶八:曰大通,曰兴国,曰惠民,曰利国,曰益国,曰闰富,曰
丰宁,丰宁之冶盖有二云"③。元武宗至大元年(1308 年)设立河
东提举司掌管河东路的八处铁冶,其一为益国冶,就在泽州高平县
西北十里的王降村。洪武、永乐年间,益国冶是全国十三个冶铁所
之一,年产铁 50 万斤左右。

这一地区到了元代中期,铁冶的经营形式发生了变化,由官营
改变为"听民煽炼,官为抽分",就是由百姓自备工本煽炼,进行抽
分,比例为"二八抽分纳官","至元十三年,立平阳等路提举司。十
四年又罢之。其后废置不常。大德十一年(1307 年),听民煽炼,
官为抽分"。④

4. 北部五台山地区的铁矿

元代的寺院势力强大,远超前代,而寺院经营矿冶业也是元代
的一大特色,前世罕比。"仁宗延祐三年(1316 年)冬十月庚寅,敕
五台灵鹫寺置铁冶提举司"⑤。它是专门管理寺院矿冶业的官署,

---

① 《宋史》卷 265《李昭遘传》。
② 《新元史》卷 163《郑鼎传》。
③ 《元史》卷 94《食货二》。
④ 《元史》卷 94《食货二》。
⑤ 《元史》卷 25《仁宗纪二》。

由此可以看出,矿冶业为这些寺院提供了重要的生产原料,进一步增强了它们的经济实力。

二、元代河北的铁矿

《金史·地理志》载河北真定府产铁。大德元年(1297年)十一月,真定铁冶隶顺德都提举司。[①]

河北的冶铁规模是元代最大的,包括两大中心。檀州(今北京密云县)、景州(今河北景县)等处铁冶,顺德(今河北邢台)等处铁冶和广平路铁冶。

在檀、景等处者,太宗丙申年(1236年),始于北京拨户煽焉。中统二年(1261年),立提举司掌之,其后亦废置不常。大德五年,始并檀、景三提举司为都提举司,所隶之冶有七:曰双峰,曰暗峪,曰银崖,曰大峪,曰五峪,曰利贞,曰锥山(今北京密云东锥山)。[②]

这里的冶铁情况,元人有记载:"窃见燕北、燕南通设立铁冶提举司,大小一十七处,约用煽炼人户三万有余。周岁可煽课铁一千六百余万(斤)。"[③]以此计算,平均每处有冶户1765,每户平均产铁量为533斤。

这个数字远远超过宋代,最高的年份是宋英宗治平中(1064~1067年),课铁量为824.1001万斤。

这份材料的真实性是可以用下面的史料佐证的,王恽还有一篇文章,也是与此相关的,谈论革罢冶户冶铁之事,他举了四处地方的例子:"綦阳,户二千七百六十四户,办铁七十五万斤;乞石烈,户一千七百八十六户,办铁二十六万斤;杨都事,户二千户,办铁五

---

① 《元史》卷19《成宗本纪二》。

② 《元史》卷94《食货二》。

③ 王恽:《秋涧集》卷90《省罢铁冶户》。

十三万二千三百三十三斤半；高撒合，户三千户，办铁九十三万三千三百四十斤。"①

按照这份材料的统计，四处冶户总计 9550 户，合计办铁 2475673.5 斤，平均每户办铁 262 斤多，只有第一份材料所统计的一半水平。不过，考虑到地区之间、各冶户之间，以及技术水平等存在着客观差异，这个数字应该是比较真实地反映了当时的状况。

此外，史料表明，元代这一地区的铁矿开采、铁冶煽炼许多是由囚犯担任，他们的处境是非常悲惨的："至正三年（1343 年），行部至檀州，首言：'采金铁冶提举司，设司狱，掌囚之应徒配者，钛趾以舂金矿，旧尝给衣与食，天历以来，水坏金冶，因罢其给，啮草饮水，死者三十余人，濒死者又数人。夫罪不至死，乃拘囚至于饥死，不若加杖而使速死之愈也。况州县俱无囚粮，轻重囚不决者，多死狱中，狱吏妄报其病月日用药次第。请定瘐死多寡罪，著为令。'"②

顺德等处铁冶。至元三十一年（1294 年），拨冶户六千煽焉。大德元年（1297 年），设都提举司掌之，其后亦废置不常。至延祐六年（1319 年），始罢两提举司，并为顺德广平彰德等处提举司。所隶之冶六：曰神德，曰左村，曰丰阳，曰临水，曰沙窝，曰固镇。③

这一地区的铁矿早在 1252 年就已经得到开发，《元史·食货志》缺载了这一史实，它最早提到是在 1294 年，晚了 32 年。"壬子，世祖居潜邸，以肃为邢州安抚使，肃兴铁冶及行楮币，公私赖焉"④。

此外，《元史·食货志》还漏载了下述史实：至元二十五年八月

———

①　王恽：《秋涧集》卷 89《论革罢拨户兴煽炼炉冶事》。

②　《元史》卷 183《王思诚传》。

③　《元史》卷 94《食货二》。

④　《元史》卷 160《刘肃传》。

癸酉,以河间等路盐运司兼管顺德、广平、綦阳三铁冶。①

大都地区。这一地区是传统的铁矿产地。金朝就已经得到开发,当时设有中都盐铁判官,管理盐、铁事务。②

易州紫荆关(今保定)。大德元年(1297年)十一月,罢保定紫荆关铁冶提举司,还其户八百为民。③

洺滋路(后改为广平路)铁冶提举司。境内的磁州所辖武安县、邯郸县都为铁矿产地。④ 至元十三年(1276年)至至元十九年(1282年)这里的铁冶规模很大,设立了洺滋路(后为广平路)铁冶提举司,阎琛曾于1276年任洺滋路铁冶同提举,课铁政绩突出。

元代广平路铁冶提举司下的临水冶产量超过一百万斤,直到明初,洪武时广平府王允道言:"磁州(今河北磁县)临水镇地产铁,元时于此置铁冶,岁收铁百余万(斤),请仍置冶。"⑤

三、元代山东的铁矿

济南等处铁冶。中统四年(1263年),拘漏籍户三千煽焉。至元五年(1268年),立洞冶总管府,其后亦废置不常。至大元年(1308年),复立济南都提举司,所隶之监有五:曰宝成,曰通和,曰昆吾,曰元国,曰富国(今山东潍坊境内)。⑥

公元1274年(至元十一年),在莱芜县治西设莱芜铁冶都提举司,职官正五品,下辖宝成监、通利监、锟铻监,至元二十六年(1289

---

① 《元史》卷15《世祖纪十二》。
② 《金史》卷100《孟铸传》。
③ 《元史》卷19《成宗纪二》。
④ 苏天爵:《滋溪文稿》卷18《故承务郎杞县尹阎侯墓碑》。
⑤ 《皇明典故纪闻》卷4。
⑥ 《元史》卷94《食货二》。

年)夏四月,以莱芜铁冶提举司隶山东盐运司。①

公元 1298 年又加辖元固监、富国监,莱芜铁冶都提举司更名为济南莱芜等处铁冶都提举司,几乎管理着整个山东的矿冶业,冶户四千余。此时全国铁年产量在 1000 万至 1500 万斤,莱芜年课铁产量虽然缺漏,如按最低 139 万至 217 万斤计算,在全国地位也是非常重要的,这些情况在县志中有完整记载:

> 至元十一年,始置铁冶提举司于泰安之莱芜,秩视五品,其监三焉,曰宝成、通利、锟铻,冶户三千,岁输铁课为斤□□三十九万三千六百四十三。大德二年,省济南商山提举司,并元固富国二监,冶户千悉入是司,由是更为济南莱芜等处铁冶都提举司,秩升正四品,其佐吏胥史之属增置始备。课溢至□□一十七万五千六百八。若转运司之□□,武备司之军器,公家岁用多取给焉,余所以赡民器者,不可胜计②。

从这份记载,还可以得知,当时的铁被广泛用于制造军器、农器以及制盐用的铁拌。

四、元代河南的铁矿

说到金元时期,许多人的印象都很陌生,学者也是如此,这跟掌握文献资料丰富与否有关。如谈到金元时期河南的矿冶生产状况时,程民生先生在他所著的《河南经济简史》中这样评价道:"根据一些零星的资料来看,金元时期河南的矿冶生产处于低潮。金

---

　①　《元史》卷 15《世祖纪十二》。
　②　《全元文》卷 699《元济南莱芜等处铁冶提举司公署记》,引自 1935年《续修莱芜县志》卷 37。

宣宗兴定年间,李复亨建议汝州鲁山、宝丰、邓州南阳'皆产铁,募工置冶,可以获利。只是不知是否实行'。"①

　　其实,元代时期河南的矿冶生产与程民生先生的评价相反。如他提到的史料,由于没有后续史料,作出的判断就会有偏差。实际上根据《金史》记载,金宣宗兴定三年(1219 年),李复亨建议开发河南的铁矿资源,弥补国用不足、军费紧张的状况:"复亨奏:'民间销毁农具以供军器,臣窃以为未便。汝州鲁山、宝丰,邓州南阳皆产铁,募工置冶,可以获利,且不厉民。'"②后来金宣宗是否接受他的建议,由谁负责开发事宜,或者接受后开发情况如何,《金史》没有交代,元人韩复生有此情况的记载,可补《金史》之缺载,这样就可以比较客观、公正地评价历史。

　　"(金)宣宗渡河,擢左司员外郎。公(杨贞)奏:'方今新迁,国用乏,诸臣使宋国,所得赠贿宜悉入官。'遂以公为接伴宋使,归,所得如前奏。因是,使者以为常。还,授户部侍郎兼提河南诸路榷货,遂设场,分榷唐、邓、蔡、息四州,治嵩、鲁二山银铁,立河泊市令等司,国用以足"③。由此史料可知,嵩、鲁二山属南阳府辖地,铁矿开采在金代末年就有相当规模,否则不会有"国用以足"之语。元代继续开发,并没有间断,这在《元史·食货志》中有记载。

　　元代河南的铁冶生产是比较兴盛的,乃马真后元年(1242年),在彰德路(今河南安阳)的林虑县就出现了大型的铁冶场,"壬寅,(李玉)兼充安阳县令,既而帅府以林虑阙官不妨本职,兼充林虑县令,后以本职兼铜冶、申村两冶铁场。中统二年,自以禄仕四十余年,功成名遂,不得勇退为恨。力以病辞,既得。请治生教子,

----

　　①　程民生:《河南经济简史》2005 年 6 月版,第 210 页。

　　②　《金史》卷 100《李复亨传》。

　　③　《全元文》卷 1706《金河东南路招抚使隰吉便宜经略使杨公行迹》,此文转引自清光绪二十七年《山右石刻丛编》卷 38。

三致丰阜,鼓铁煮矾。所居城市,凡能佣力而能恒产者,鱼聚水而鸟投林,相率来归。寒者得衣,饥者得食,穷殍者得生活。卵翼子孙,累世不忍相舍去(至元十七年去世)。长子曰济部,为商酒监,次天一,为彰德路铁冶同提举"①。

这则史料说明出现的铁矿冶炼规模很大,工程浩大,分工复杂,也可以看出,当时战乱才止,北方生产出于恢复期,李玉招募饥民为工匠,为数众多,并且鼓铸累世。

元世祖时期,河南的铁冶达到高潮,产量超过一百万斤,"明年(中统四年,即 1263 年),以河南钧、徐等州俱有铁冶,请给授宣牌,以兴鼓铸之利。世祖升开平府为上都,又以阿合马同知开平府事,领左右部如故。阿合马奏以礼部尚书马月合乃兼领已括户三千,兴煽铁冶,岁输铁一百三万七千斤,就铸农器二十万事,易粟输官者凡四万石"②。

另据史料记载:"钧州之西北三十里曰东张镇,土产钢铁,雅宜锻用,充贡函人,岁有常课。铁冶所在焉,河南北行中书省岁署专人专司其务。"③这篇文章写于元世祖至元年间,可能就是马月合乃括户兴煽铁冶之地。

卫辉仓谷:至元三十一年,"拨冶户就卫辉等处煽炼,立提举司。大德元年,罢入广平彰德都提举司"④。

---

①　胡祗遹:《紫山大全集》卷18《显武将军安阳县令兼辅邑县李公墓志铭》。

②　《元史》卷 205《阿合马传》。

③　《全元文》卷 988《钧州东张镇重建庙碑》,引自 1931 年刻本《禹县志》卷 14。

④　《元史》卷 19《成宗纪二》。

元代及明代初年各地铁冶课额

炉冶所在	铁课(万斤)	时间及资料出处
河南均、徐等州	岁课铁 480.7	中统四年《元史》卷 205《阿合马传》
河南颍州、光化	岁输铁 103.7	同上
徐州利国、松柏、通利三监	岁进铁 70 余	中统四年《全元文》卷 459《李世和神道碑》
四川灌州	6.5	至元元年《元史·河渠志》《全元文》卷 927《大元敕赐修堰碑》
河北任城(改济州)	2.55	至元元年《全元文》卷 927《重建济州会源牐碑》
燕南燕北等处之四冶	247.5673	至元七、八年《秋涧集》卷 81
济南莱芜等处铁冶提举司	岁输铁 139.3643～217.568	《续修莱芜县志》卷 37 缺字按最低一百万斤计算
全国	岁课铁 1600	至元十三年 孙承泽:《春明梦余录》卷 46 当于此年全国统一,占领几乎所有南宋矿冶产地有关
燕北燕南十七提举司	岁煽课铁 1600	约至元二十年《秋涧集》卷 89
顺德等处铁冶	岁收铁 100 以上	《明太祖实录》卷 145
云南中庆路	4.4	大德元年(1297 年)《全元文》卷 1020《建大德桥碑记》
太原铁冶、交城县	50	延祐六年(1319 年)《全元文》卷 1247 大通冶辨
江西袁州府	岁进铁 2.05	延祐年间《正德袁州府志》卷 2 土贡

续表

炉冶所在	铁课(万斤)	时间及资料出处
江西鹜源州	岁纳课 1.44	《弘治徽州府志》卷三,有铁炉五座,每座铁炉约纳课 3000 斤。
湖广行省	28.2595	天历元年(1328 年)《元史》卷 94《食货志二》
江浙行省	24.5867	同上
江西行省	21.7450	同上
江浙、江西	939.88	天历元年(1328 年)《元史》卷 94《食货志二》,铁课折钞 1879 锭 38 两,每锭 50 两,合计 93988 两,按十斤铁纳钞 1 钱计算
湖广、江浙、江西	373	天历元年(1328 年)《元史》卷 94《食货志二》,三省额外铁 74.6 万斤,按二八抽分计算
云南行省	12.4701	同上
陕西行省	1	同上
河南行省	0.39	同上
山东宁阳	3.915	(后)至元五年(1339 年)《全元文》卷,1679 年《改作东大闸记》
广西临桂	11.38	至正二十一年(1361)年《全元文》卷,1796 年《至正修城碑阴记》

炉冶所在	铁课（万斤）	时间及资料出处
江西南昌府 进贤铁冶	163	洪武七年(1374 年)在元代基础上设置十三铁冶《明太祖洪武实录》卷88,《明史》卷81《食货五》。
临江府 新喻、袁州府分宜	244. 5（各 81. 5万）	
湖广兴国冶	114.8785	
蕲州府黄梅冶	128.3992	
山东济南府莱芜冶	72	
广东广州府阳山冶	70	
陕西巩昌冶	17.821	
山西平阳府富国、丰国冶	44.2(各 22.1)	
太原府大通冶	12	
潞州润国冶、泽州益国冶	20(各 10)	

第三节　元代铜、银的开采和冶炼

一、元代铜的分布

《中国古代矿业开发史》认为："两宋时期,江南和岭南地区有不少铜矿生产黄铜和胆铜。到了元代全部不见于记载。这可以认为主要是这些铜矿区内的易采矿体已经衰竭。其次可能是由于元王朝统治者不善于经营管理。特别是胆铜,更需要有一套经营管理制度和熟练的技术,元代似乎已全部停止生产。"[1]这段话被许多著作引用。事实果真如此吗?本文认为元代铜矿的开采并没有停止,铜矿产地没有缩减,相反还有扩大的趋势,铜产量的大部分被寺庙所耗用。

　　首先是关于元代铜矿的开采情况,最早出现时间问题。

　　如据《元史·食货志》记载:铜在益都者,至元十六年(1279年)拨户一千于临朐县七宝山等处采之。在辽阳者,至元十五年(1278年)拨采木夫一千户于锦、瑞州(今辽宁兴城)鸡山、巴山等处采之。[2] 许多治元史者据此认为元代铜的生产以此记载为始,不过早在元世祖中统二年(1261年),他下的诏书中就明确提到了铜冶,说明这之前铜的生产就已经出现。元世祖中统二年六月,下诏"罢金、银、铜、铁、丹粉、锡碌坑冶所役民夫及河南舞阳姜户、藤花户,还之州县"[3]。

　　元代铜矿分布较广,除前面所引山东益都临朐县七宝山、辽宁锦州鸡山、瑞州巴山等处之外,还有下列产地:

　　至元三年(1266年),"尚书省铸新钱",全国共设 6 个泉货监,其中江淮泉货监"得铜数十万斤",所铸钱号为最精。[4]

　　江淮行省元代是产铜地区,至元十七年(1280年)诏括江淮铜及铜钱铜器。[5]

　　① 　夏湘蓉等:《中国古代矿业开发史》,地质出版社 1980 年版,第 172 页。

　　② 　《元史》卷 94《食货二》。

　　③ 　《元史》卷 4《世祖本纪一》。

　　④ 　《元史》卷 184《王都中传》,黄溍:《金华集》卷 31《王都中墓志铭》。

　　⑤ 　《元史》卷 11《世祖本纪八》。

大都附近。据《金史》记载,大兴府(金朝属中都路,元代改为大都,今北京大兴县)产金银铜铁①。到了元代,也有产铜的记载:"至大元年(1308 年),(大都等处)玉石、银、铁、铜、盐、硝碱、白土、煤炭之地十有五。"②只是这则史料没有明确每一种矿产的产地有多少,但大都附近产铜是可以肯定的。至于大都地区铜的产量,元代史料没有涉及。1321 年(英宗至治元年)十二月乙丑,置中瑞司,冶铜五十万斤作寿安山寺佛像。③ 这个数字并不代表它的产量,但是由此可以从侧面反映出元代铜的产量并不是那么缺乏。

延祐四年(1317 年)十月壬申,晋王也孙铁木儿言:"世祖以张铁木儿所献地土、金银、铜冶赐臣,后以成宗拘收诸王所占地土民户,例输县官,乞回赐。"从之,仍赐钞三千锭赈其部贫民。④ 可见晋王封地也有铜冶。

铜在澄江(今云南澄江)者,至元二十二年(1285 年),拨漏籍户于萨矣山煽炼,凡一十有一所。⑤

至大二年(1309 年),"产铜之地立提举司十九",为铸至大钱做准备,江东等处坑冶副提举谭适"夙谙鼓铸之法,召工溃铁于池即成铜,烹炼功多,利悉送官"。⑥

至大辛亥(1311 年),"铸钱时,予在饶州。曾见一胆水化铁成铜,但饶州之胆铜坑所出,故成铜。蒲州(今山西运城)之胆出金坑,必能化铜铁成金"⑦。

---

①　《金史》卷 24《地理上》。

②　程钜夫:《雪楼集》卷九《大护国仁王寺恒产之碑》。

③　《元史》卷 27《英宗本纪一》。

④　《元史》卷 25《仁宗本纪二》。

⑤　《元史》卷 94《食货二》。

⑥　吴澄:《吴文正集》卷 87《有元奉训大夫南雄路总管府经历谭君墓志铭》。

⑦　俞琰:《席上腐谈》卷下。

顺帝至正十一年(1351年)十月,复"立宝泉提举司于河南行省及济南、冀宁(今山西太原)等路凡九,江浙、江西、湖广行省等处凡三",铸至正钱。王祎曾在《泉货论》中针对用铜铸钱议论道:"且今江浙地大物众,省府鼓铸,固必仍旧。其浙东西、江东、闽中诸路宜各斟酌所在,分置监局,或一州、二州即为一鑪。"①说明浙东西、江东、闽中是传统的产铜区。

至正十二年(1352年)三月,中书省臣言:"张理献言,饶州德兴三处,胆水浸铁,可以成铜,宜即其地各立铜冶场,直隶宝泉提举司,宜以张理就为铜冶场官。从之。"②

《元史》还记载了铜冶场的官员设置情况,(至正)十二年三月,置铜冶场于饶州路德兴县、信州路铅山州、韶州岑水,凡三处。每所置提领一员,正八品;大使一员,从八品;副使一员,正九品;流官内铨注。直隶宝泉提举司,掌浸铜事。③

赣州路雩都县在元末曾冶铜击退农民起义军,"冶铜液以灼之,遂大溃"④。说明铜矿已经得到开采,并有一定的规模。

由上述资料可知,元代铜冶并不仅有三所,而是分布较广,分别在今天的山东、辽宁、北京、河北、云南、江西、广东、湖南、湖北、安徽、江苏、浙江、福建、四川、山西境内,和铜矿开发比较发达的宋代相比,产铜的地方并没有锐减,相反还有扩大的趋势。

二、铜在祭祀中的消费(祭器和礼器)

元代,一般需要礼器的庙学要到礼器产地订制。江西冶铸业

①　王祎:《王忠文集》卷15《泉货议》,又见于《全元文》卷1687。
②　《元史》卷41《顺帝本纪四》。
③　《元史》卷92《百官八》。
④　王礼:《麟原文集》前集卷1《赣州路总管府判官王侯纪勋碑》。

发达,享誉全国,所以元代很多地方,包括远在西南边陲的云南中庆路庙学、彰德路庙学都不远千里之遥派人到吉安订制礼器。河北涿州有司驰数千里之庐陵(吉安路属县),为庙学购置铜制礼器,而替换原有残缺不全的陶制礼器。①

四川的成都、重庆、保宁、广元四路的儒学也派人道江西庐陵冶铸礼器,"至是,广元议礼器如叙,而以江西冶铸为良。会成都、重庆、保宁议如广元,皆以属子新。盖省宪以旧劳选而使之。子新留庐陵再见夏五,而后四路礼乐器之范金者始备"②。

至正四年(1344年),南丰州重修州学,"募工于庐陵,范金为爵者二十有七,壶尊二,簠(一般为青铜制)、簋数加之"③。彰德"乡里庙学祭器简阙,买铜备铸,数千里致之"④。

江西之外,浙西地区的金属加工业也很发达,各地儒学的祭器不辞遥远从这里定制。至正二年(1342年),归德府需要雅器,"选儒吏朱启哲赴浙江创造焉"⑤。至顺三年(1332年),宁宗即位后,"命江浙行省范铜造和宁宣圣庙祭器,凡百三十有五事"⑥。

后至元二年,东平州学正刘天爵"视乐器弗完者,遣直学张建之钱塘,悉补而新之"⑦。后至元六年,江浙行省慈溪县在三皇庙

①　揭傒斯:《文安集》卷10《涿州孔子庙礼器记》。
②　刘岳申:《申斋集》卷2《赠蒲学正序》。
③　《全元文》卷1704《至正四年重修南丰州学记》,引自清同治《南丰县志》卷37。
④　《至正集》卷57《故朝列大夫饶州路治中王公碑铭》。
⑤　《全元文》卷1702《归德府学雅乐记》,引自明成化二十二年本《河南总志》卷14。
⑥　《元史》卷37《宁宗本纪》。
⑦　《全元文》卷1702《重新雅乐记》,引自清道光五年刻本《东平州志》卷19。

补铸祭器。① 至正十五年（1355 年），江浙行省衢州路归安县"范金削木为簠"②。

吴中，是元代三大祭器制作加工中心之一。大德元年（1297年），蒙隐张琪营铸礼器于平江，以备庙乐用。③ 大德七年（1303年），孔庙铸祭器、铸礼器于吴门，得二百七十余事。④

后至元年间，句容县学自己命铜工冶造礼器。⑤ 后至元六年，滁州新置大成乐器，使滁士王琰"命工吴中，冶金为钟十有六"⑥。至大二年（1309 年），建康路提学官治中也先普化"购铜访得冶金之擓工者仍俾董其役"，三个月之后完工，在皇庆年间重制。建康路儒学正祝蕃"更制祭服祭器"⑦。

除此之外，元代王府拥有的祭器数量十分可观，泰定元年（1324 年），永昌王在常德路封地的达鲁花赤哈珊黑黑一次就为永昌王铸造祭器一百多件。⑧

除了这三大中心之外，其他产铜区也有铸造的情况。泰定乙丑（1325 年）春，洛阳县重修庙学，县尹李某等"出公帑市铜为斤千有六百，召工范鑘罍爵豆二百有奇"⑨。泰定四年（1327 年）十月，

---

① 《全元文》卷 1464《慈溪县医学创立讲堂记》。
② 《全元文》卷 1769《归安县尹魏候生祠记》。
③ 《全元文》卷 1702《重新雅乐记》，引自清道光五年刻本《东平州志》卷 19。
④ 《全元文》卷 1238《孔庙经籍祭器记》。
⑤ 《全元文》卷 1771《句容县学大乐礼器之碑》。见于《江苏金石志》卷 22《句容县学大乐礼器之碑》，见《石刻史料新编》第 13 册，第 10008 页。
⑥ 《全元文》卷 1484《滁州新置大成乐器记》。
⑦ 《全元文》卷 1477《上饶祝先生行录》。
⑧ 钱大昕：《十驾斋养新录》卷 15《元常德路铸造祭器题字》。
⑨ 《全元文》卷 1239《洛阳县重修庙学记》。

南恩州学铸祭器二百二十余件。① 至正四年(1344年)七月,叶县范铜制祭器,凡百二十事。② 至正四年,湖广行省郧城"置铜壶滴漏",又"铸造钟鼓祭器"③。至正六年(1346年),南康县重修庙学,"陶冶并作"④。至正七年(1347年),湖北黄梅县儒学,铸铜为器,以供祀事。⑤

以上这是《全元文》中的一部分史料,由此可见,元代的祭祀消费铜的数量当不在少数。

三、元代以铸佛像、铜钟为主的寺院用铜

佛钟铸制在唐代开始繁荣,唐代高度发达的封建经济对铜的需求量极大,寺院和佛教徒以铸铜像而修功德。唐武宗会昌五年(845年)八月,唐王朝发布《毁佛私勒僧尼还俗制》,"天下毁寺四千六百、招提兰若四万,籍僧尼为民二十六万五千人,奴婢十五万,田数千顷"⑥。元代的寺院总数与唐代相比,有过之而不及。至元二十八年(1291年),"宣政院上天下寺宇四万二千三百一十八区"⑦。元代尊崇佛教。僧尼享有免税和免服兵役、徭役的特权;其次,元代花费巨额钱财和大量铜铁,用于广建寺院、兴铸铜钟;再次,寺院占有许多肥沃田地,役使众多奴婢、庄户耕种,并侵占大量学田。

众多寺院用铜铸钟、铸佛,消耗了大量铜资源。针对这种情

① 《全元文》卷1247《重修州学记》。
② 《全元文》卷1394《儒学祭器记》。
③ 《全元文》卷1768《鼎建公廨记》。
④ 《全元文》卷1768《南康县学重修庙学记》。
⑤ 《全元文》卷1225《儒学田土祭器碑记》。
⑥ 《新唐书》卷52《食货志二》。
⑦ 《元史》卷16《世祖本纪十三》。

况,元代许多有识之士曾主张严禁用铜鼓铸钟、佛像,"至于权铜有禁,尤当加严,宜如唐制,佛像以铅锡、土木为之。唯鑑、磬、钉、环、钮得用铜,余皆禁绝。又民间所有铜皆得入官,官为鼓铸,除工本之费,更取其三,而以七归于民"①。不过这种现象一直没有改变,并且愈演愈烈。

晋宁路翼城县金仙寺:"造弥勒大佛,高百尺,广三之一,饰以黄金。"②如此高的大佛,用铜铸制,需耗费大量铜。真定路龙兴寺"有金铜大悲菩萨像,五代时,契丹入镇州,纵火焚寺,像毁于火,周人取其铜以铸钱,宋太祖伐河东,像已毁,为之叹息。僧可传言寺有复兴之谶,于是为降诏复造其像,高七十三尺,建大阁三重以覆之,旁翼之以两楼,壮丽奇伟,世未有也"③。

江浙行省仰山楼隐寺造普贤观音像,高数十尺。④

1321年(英宗至治元年)十二月乙丑,置中瑞司。冶铜50万斤做寿安山寺佛像。⑤ 这是元代铸造的最大一尊铜佛像,其像即今北京市香山卧佛寺释迦牟尼卧像。卧像长5米多,铸造浑朴精致,神态安详,如果没有娴熟的技艺,很难达到如此之高的境界。这则史料也反映出元代铜产量并不是想象的那样少,元代和唐代类似,都重佛教,而唐代的铜产量最高年份在大中年间(847～859年)达到655,000斤⑥。不过,据夏湘蓉先生估计,唐代产铜极盛

---

① 王祎:《王忠文集》卷15《泉货议》,又见于《全元文》卷1687。

② 《全元文》卷600《大元晋宁路翼城县金仙寺住持弘辩兴教大师裕公和尚道行碑》。

③ 《全元文》卷600《大元敕赐龙兴寺大觉普慈广照无上帝师之碑》。

④ 《全元文》卷599《仰山楼隐寺满禅师道行碑》。

⑤ 《元史》卷27《英宗本纪一》。

⑥ 《新唐书》卷54《食货二》。

时期的年产量,有可能超过 200 万斤。①

　　那么,元代产铜会低于唐代吗? 我认为,保守估计,元代的铜产量也会超过 200 万斤。如前所述,元代的铜产地并不少,分布较为广泛,如江淮行省一次产铜就可达数十万斤,如把全国几大产区的数量加在一起,就可能超过 200 万斤;其次,元代矿冶生产实行"二八抽分",史料所见可能都为铜课数字,即使再保守估计,按"三七抽分"或"四六抽分",数量也不少。

　　《元史》中所载"天历元年铜课,云南省二千三百八十斤"②。至多只能反映云南一地的铜课量,根本不能与全国的铜产量相提并论。由于史料所限,尚不能对元代铸造铜钟的寺院名称全部掌握,但笔者做了其中一小部分的资料统计,可以窥一斑而知全豹。

　　元世祖时期,尼泊尔名匠阿尼哥善铸金像,凡两京寺观之像,多出其手。③ 他的弟子刘元,尝从阿尼哥学西天梵相,亦称绝艺。至元中,凡两都名刹,塑土、范金、搏换为佛像,出元手者,神思妙合,天下称之。④

　　元代以铜铸铜殿,堪称一绝,现存湖北武当山天柱峰太岳太和殿转辗殿大德十一年(1307 年)造铜殿,殿为铜铸,高、宽、深分别为 2.9 米、2.7 米、2.6 米,殿内有真武大帝、金童玉女、水火二将。这是国内保存下来的第一座铜铸建筑,其制造方法为泥模土法铸造,反映元代铜合金铸造技术达到很高水平。元代地理学家朱思本曾登临武当山,并详细记下了武当山铜殿的情况:"中冶铜为殿,凡栋梁牖户靡不备。方广七尺五寸,高亦如之。内奉铜像九,中为

---

　　①　夏湘蓉等:《中国古代矿业开发史》,地质出版社 1980 年版,第 78～79 页。

　　②　《元史》卷 94《食货志二》。

　　③　《元史》卷 203《阿尼哥传》。

　　④　《元史》卷 203《刘元传》。

玄武,左右为神父母,又左右为二天帝,侍卫者四。前设铜缸一,铜炉二。缸可盛油一斛,燃烛长明。炉一置殿内,一置炉前。四望豁然,汉水环均州若衣带。"①

金陵太平兴国寺铸铜钟,达到数万斤,"文宗潜邸金陵日,岁当戊辰(1328 年),适太平兴国寺铸大钟,为金数万斤。方在冶,上至其所,取相嵌碧珠指环默祝曰:'若天命在躬,此当不坏。'即投液中。钟成,其款有曰'皇帝万岁',珠宛然在其上。若故识之,而坚固完好,光采明发,不以灼毁。万目惊观,欢叹如一。及登大宝,方与近侍言向时祝天之谶"②。这事情虽然有点迷信色彩,却也从侧面反映了元代铸钟的高超技艺。参见下表。

《全元文》所见元代寺院铜钟部分资料一览表

序号	篇　名	作者	卷	册	页
1	普福观钟铭	方回	二二四	7	379
2	资福寺铜钟铭	曹说	二九八	9	311
3	宗阳宫铜钟铭	杜道坚	二九八	9	321
4	大朝元宫钟铭	姚燧	三〇七	9	478
5	故民钟五六君墓志铭	姚燧	三二七	9	773
6	定光堂钟铭	赵文	三三六	10	133
7	汀寇钟明亮事略	刘壎	三四七	10	352
8	寿昌院钟铭有引	刘壎	三四九	10	3
9	州狱钟铭有引	刘壎	三四九	10	396
10	狱神祠题钟	刘壎	三五四	10	494

① 《全元文》卷 1008《登武当大顶记》。
② 陶宗仪:《南村辍耕录》卷 21《碧珠示谶》。

序号	篇　名	作　者	卷	册	页
11	钟鼎篆韵序	熊朋来	四五三	13	177
12	增广钟鼎韵序	吴澄	四八三	14	283
13	钟山泉声序	吴澄	四八四	14	312
14	跋钟改之诗	吴澄	四九一	14	534
15	题钟氏藏书卷	吴澄	四九三	14	571
16	黄钟仲律字说	吴澄	四九八	15	36
17	新城县观音寺钟铭	吴澄	五〇九	15	332
18	观音院钟铭	释福应、福祐	五四七	17	45
19	游钟山记	胡炳文	五五一	17	146
20	雪窦淳上人求施大钟叙	任士林	五八一	18	360
21	开元宫钟铭	任士林	五八四	18	424
22	钟铭	刘将孙	六三八	20	398
23	灵谷寺钟铭	赵世延	六七六	21	696
24	岳庙钟铭	李琳	六九七	22	354
25	崇真观钟铭	袁桷	七二八	23	488
26	荆门州当阳县玉泉景德寺钟铭	释虚谷	一一二三	35	288
27	玉清万寿宫记	时天赐	一一二五	35	323
28	龙兴路靖安县毗庐院记	释大䜣	一一三一	35	454
29	集庆路江宁县崇因寺记（铸巨钟）	释大䜣	一一三一	35	463
30	婺州永康县光惠寺记	释大䜣	一一三一	35	471

序号	篇　名	作　者	卷	册	页
31	集庆路天禧寺讲堂钟铭	释大䜣	一一三二	35	475
32	集庆路天宁禅寺钟铭有序	释大䜣	一一三二	35	475
33	集庆路崇因禅寺钟铭有序	释大䜣	一一三二	35	476
34	龙河广智庵钟铭	释大䜣	一一三二	35	477
35	天临路开福禅寺钟铭有序	释大䜣	一一三二	35	477
36	集庆路定林寺钟铭	释大䜣	一一三二	35	478
37	饶州路安国寺钟铭有序	释大䜣	一一三二	35	478
38	广智庵三小钟铭	释大䜣	一一三二	35	479
39	宁国路崇教禅寺钟铭有序	释大䜣	一一三二	35	480
40	湖州路资福禅寺钟铭有序	释大䜣	一一三二	35	480
41	宁国路珩琅禅寺钟铭有序	释大䜣	一一三二	35	481
42	建昌路福山禅寺钟铭	释大䜣	一一三二	35	481
43	大龙翔集庆寺素觉皇像颂	释大䜣	一一三二	35	487
44	荆门州玉泉山景德禅寺碑铭	释大䜣	一一三四	35	512
45	龙兴路靖安县双林大中禅寺碑铭	释大䜣	一一三四	35	514
46	扬州天宁寺新作石塔铭	释大䜣	一一三四	35	517
47	集庆路真如院碑铭	释大䜣	一一三四	35	518
48	饶州路乐平州天童山童岭寺碑铭	释大䜣	一一三四	35	520
49	池州路报恩光孝禅寺碑铭	释大䜣	一一三四	35	521
50	铜钟铭			39	456
51	钟山修造化疏	释大䜣	一一三五	35	575

序号	篇　名	作　者	卷	册	页
52	景德寺铜钟铭	陆居仁	一二四二	39	532
53	景钟赋	杨维桢	一二九○	41	106
54	化城庵铸铜钟疏	谢应芳	一三五五	43	375
55	演福寺新铸钟铭并序	李毂	一三六二	43	516
56	铸钟祝文	贝琼	一三八六	44	517
57	纪光普照寺钟铭	鲁正卿	一三九一	45	22
58				45	37
59	广寿堂钟文	梁觉证	一三九一	45	45
60	纪光普照寺钟铭	释洪梁	一四二五	46	231
61	题延祐钟	释怀宝	一四四三	47	61
62	何侯庙钟铭	陈谟	一四四五	47	115
63	荆门州当阳县玉泉景德禅寺钟铭	释虚谷	一四五五	47	319
64	清江慈济寺钟铭并叙	傅若金	一五○四	49	312
65	等慈寺钟铭	朱右	一五五二	50	637
66	薛尚功摹钟鼎彝器款识真迹	柯九思	一五七二	51	389
67	浦东西林海会寺钟铭	释惟则	一五八○	51	558
68	城隍庙钟铭并引	唐桂芳	一五八七	51	731
69	骊江县神勒寺普济舍利石钟记	李穑	一七一五	56	535
70	香山安心寺舍利石钟记	李穑	一七一六	56	548
71	钟铭	刘楚	一七三○	57	261

第四节　元代的银矿及其开采

《元史》对元代产银之地作了总结："产银之所，在腹里曰大都、真定、保定、云州、般阳、晋宁、怀孟、济南、宁海，辽阳省曰大宁，江浙省曰处州、建宁、延平，江西省曰抚、瑞、韶，湖广省曰兴国、郴州，河南省曰汴梁、安丰、汝宁，陕西省曰商州，云南省曰威楚、大理、金齿、临安、元江。"①不过，元史所载的银矿产地有许多疏漏，且语焉不详，并不能体现元代的全貌。本文以《食货志二》所列顺序为基础，结合其他史料补充说明。

元代银的开采冶炼等情况，见于记载最早的时间，元史学者对此研究显得比较薄弱。夏湘蓉、李仲均等所著的《中国古代矿业开发史》由于所引资料主要依靠《元典章》，没有利用元人文集史料，故无太大突破；陈高华、史卫民合著的《中国经济通史·元代卷》则未予提及。

元代银矿的开采、冶炼，最早应当是在太宗时期，太原路金银铁冶达鲁花赤的设置说明太原的银矿得到了开采和冶炼。②

另一则史料则提到西京（大同）宣德有采银矿的役夫，为数不少，"中贵可思不花奏采金银役夫及种田西域与栽蒲萄户，帝令于西京宣德徙万余户充之"，说明宣德州是有银冶存在的。③ 这里的"帝"为元太宗窝阔台。

真定的银冶在太宗时期也已经出现，赵柔在太宗二年前，"以功迁真定、涿州等路兵马都元帅，佩金虎符，兼银冶总管"④。

---

① 《元史》卷 94《食货二》。
② 《新元史》卷 174《谢仲温传》。
③ 《元史》卷 146《耶律楚材传》。
④ 《新元史》卷 143《赵柔传》。

元世祖时期,是元代国力最为强盛的时期,银矿开采的范围和规模都有了扩大的趋势。虽然他在即位第二年即"中统二年六月,罢金、银、铜、铁、丹粉、锡碌坑冶所役民夫及河南舞阳姜户、藤花户,还之州县"①。此时发布这项诏令不过是笼络人心的一种措施而已。从次年开始,对腹里地区银冶的开发就提上了议事日程。本文将元代产银之地分为南北两大部分,分而述之。

一、元代北方的银矿

宣德州银矿的开发历史较为悠久,起步于元太宗时期,前已述及,到了元世祖初年,"中统三年八月甲午,博都欢等奏请以宣德州、德兴府等处银冶付其匠户,岁取银及石绿、丹粉输官,从之"。说明此时宣德州的银矿由官府拨付银户进行开凿煽炼。这种方式在腹里地区实行。如元史所载的真定、顺天、恒州等地。

至元三年,制国用使司奏"真定、顺天金银不中程者,宜改铸"②。"十一月,制国用使司奏:'恒州峪所采银矿,已十六万斤,百斤可得银三两、锡二十五斤。采矿所需,鬻锡以给之。'悉从其请。"③

由以上史料可以看出,这些银矿由制国用使司管领。恒州峪所采银矿为银锡共生矿,每百斤银矿含银 3 两、锡 25 斤,以此计之,此处可产银 4800 两,这个数字是否为当年产量,元史没有说明,尚需其他史料予以证明。本则史料一方面说明此时的采矿、选矿已达到一定规模,另一方面,银矿的煽炼成本通过"鬻锡"即可实现采矿养矿。

① 《元史》卷 4《世祖本纪一》。
② 《元史》卷 6《世祖本纪三》。
③ 《元史》卷 205《阿合马传》。

　　北方诸银矿中,云州银冶提及最多。"至元二十七年(1290)三月,发云州民夫凿银洞"①。"(银课)在云州者,至元二十七年,拨民户于望云煽炼,设从七品官掌之"②。这两则史料可以互相印证,说明云州的银矿在元世祖晚年才得到开发,起初规模一般,故只设从七品官员掌管采矿冶炼事宜。不过云州银场开采的最早时间,元人文集所记是至元二十一年(1284年),比元史所载早六年,"至元二十一年(1284年),云州置银场,官发民数百为工……后银场罢,朝廷以见民归皇后,俾岁输绵宫中"③。

　　关于"发云州民夫凿银洞"之事,马祖常有一段记载,正与此巧合,所记为同一人,即董元,"其年调民赴云州冶银坑,有司持民急甚,君亦在行中,又被檄督役。其年,故丞相淮安王使者入见,上固命护工,悉君执事恪谨。及报政,乃以其众别籍也可皇后位为绵户,仍署君为户长,益优之也"④。此记载未说明时间,文中曰"元戡定华夏",当在1279年后。

　　随着银矿的开发,带动了这一地区的经济发展,建制由镇升为县,银矿规模也越来越大,"二十八年(1291年)十一月辛酉,升宣德龙门镇为望云县,割隶云州,置望云银冶。二十八年(1291年),又开聚阳山银场。二十九年,遂立云州等处银场提举司"⑤。

　　元世祖之后,"元贞元年(1295年)二月,立云州银场都提举司,秩四品"。规模得到了进一步扩大,而银场官员的官职也得到了飞速提升,从一开始的从七品一跃而为四品,这时的云州已经成为元代腹里地区重要的银场。

---

①　《元史》卷16《世祖十三》。

②　《元史》卷94《食货二》。

③　张养浩:《归田类稿》卷12《真定栢乡董氏先茔碑铭》。

④　马祖常:《石田文集》卷15《赠亚中大夫顺德路总管董君行状》。

⑤　《元史》卷94《食货二》。

关于云州的银产量，元史缺载。元人文集中有一条史料："至治年间(1321～1323年)，(郭克明，后任济南路总管)用执政荐，奉旨董办云州银课，及期，视常额增羡八十三锭。"①元代一锭为五十两，云州的银产量当在4150两以上。

北方诸银冶中，均没有年产量超过万两的记录："至大三年(1310年)五月己酉，立上都、中都等处银冶提举司，秩正四品。尚书省臣言：'别都鲁思云云州朝河等处产银，令往试之，得银六百五十两。'诏立提举司，以别都鲁思为达鲁花赤。"②

上都、中都等处银冶提举司的规模可能与云州银场提举司相当，它的产量元史有载："至大三年(1310年)十一月，又言：'上都、中都银冶提举司达鲁花赤别都鲁思，去岁输银四千二百五十两，今秋复输三千五百两，且言复得新矿，银当增办，乞加授嘉议大夫。'并从之。"③此外，大都地区的蓟州也有银矿，"(大都银课)十五年，令关世显等于蓟州丰山采之"④。

如果以此为据的话，加上新开矿的因素，上都、中都等处银冶提举司每年所产银可能超过5000两。

元代的河南行省并不仅指河南一地，还包括今安徽、江苏、湖北一部分。《元史·食货志二》载河南产银之地为："河南省曰汴梁、安丰、汝宁。"河南行省的银矿开采有一定规模，(河南行省银课)四年，李珪等包霍丘县豹子崖银洞，课银三十锭，其所得矿，大抵以十分之三输官。霍邱县在元代属于安丰路，《元史》所载安丰产银，可能就是此地。

元代河南的银矿产量《元史》没有记载，根据银课，可以大致了

① 《全元文》卷1770《郭克明墓碑铭》。
② 《元史》卷23《武宗纪二》。
③ 《元史》卷23《武宗纪二》。
④ 《元史》卷94《食货二》。

解，"（银课）在河南者，延祐三年，李允直包罗山县（属汝宁府）银场，课银三锭"①。两地课银有 33 锭，即 1650 两，银矿总产量如按十分之三的比例则有 5500 两。

除此之外，元代河南产银之地还有南阳府，金宣宗兴定三年（1219 年），李复亨建议开发河南的铁矿与银矿资源，弥补国用不足、军费紧张的状况："复亨奏：'民间销毁农具以供军器，臣窃以为未便。汝州鲁山、宝丰，邓州南阳皆产铁，募工置冶，可以获利，且不厉民。'"②后来金宣宗是否接受他的建议，由谁负责开发事宜，或者接受后开发情况如何，《金史》没有交代，元人韩复生有此情况的记载，实可补《金史》之缺载。

> （金）宣宗渡河，擢左司员外郎。公（杨贞）奏：'方今新迁，国用乏，诸臣使宋国，所得赠贿宜悉入官。'遂以公为接伴宋使，归，所得如前奏。因是，使者以为常。还，授户部侍郎兼提河南诸路榷货，遂设场，分榷唐、邓、蔡、息四州，治嵩、鲁二山银铁，立河泊市令等司，国用以足③。

由此史料可知，嵩、鲁二山属南阳府辖地，银矿开采在金代末年就有相当规模，蒙古人占领这些地区之后，两地的银矿开采并没有停顿下来。据《元史》卷 59《地理二》下"汴梁路"，"金改南京，宣宗南迁，都焉。金亡，归附。旧领归德府，延、许、裕、唐、陈、亳、邓、汝、颍、徐、邳、嵩、宿、申、郑、钧、睢、蔡、息、卢氏行襄樊二十州"。元代仍属南阳府管辖，元史《食货志》言汴梁产银，就是指嵩、鲁

---

① 《元史》卷 94《食货二》。
② 《金史》卷 100《李复亨传》。
③ 《全元文》卷 1706《金河东南路招抚使隰吉便宜经略使杨公行迹》，此文转引自清光绪二十七年《山右石刻丛编》卷 38。

二山。

东北地区的银矿，元代也有开采。"辽阳者，延祐四年，惠州银洞三十六眼，立提举司办课。卷 94《食货二》之《岁课》延祐三年（1316 年）五月，置辽阳金银铁冶提举司，秩并从五品。延祐七年（1320 年）庚申秋七月，以辽阳金银铁冶归中政院。"①

延祐四年十月壬申，晋王也孙铁木儿言："世祖以张铁木儿所献地土、金银、铜冶赐臣，后以成宗拘收诸王所占地土民户，例输县官，乞回赐。"从之，仍赐钞三千锭赈其部贫民。（晋王即后来的泰定帝。）延祐二年（1315 年）夏四月甲午，谕晋王也孙铁木儿，以先朝所赐惠州银矿洞归还有司。秋七月癸丑，复赐晋王也孙铁木儿惠州银铁洞。

至元二十六年（1289 年）夏四月癸酉，以高丽国多产银，遣工即其地，发旁近民冶以输官。

二、南方银矿分布

南方银矿规模最大的要数蒙山银矿。元史所记它的最高产量是 25,000 两，出现在元世祖后期，"至元二十九年（1293 年）春正月，江西行省伯颜、阿老瓦丁言：'蒙山岁课银二万五千两。初制，炼银一两，免役夫田租五斗，今民力日困，每两拟免一石。'帝曰：'重困吾民，民何以生！'从之"。至元三十一年冬十月，江西行省臣言："银场岁办万一千两，而未尝及数，民不能堪。"命自今从实办之，不为额。

但是据元人文集所记，最高产量曾达到 35,000 两，"蒙山银场提举司，岁办银课七百锭，办纳不前，将提举陈以忠断罪。本处银场在亡宋时，官差监场，十分抽二。至元二十一年，拨粮一万三千

---

① 《元史》卷 94《食货二》。

五百石,办银五百锭。后节次添拨粮至四万石"①。

对于蒙山银矿的开采历史,吴澄有多篇文章涉及,"蒙山跨瑞、袁、临江三郡,固为宝藏。唐以前,未之闻,宋之中世,山近之民颇私其利。而置场设官自国朝始,职其职者,亘亘唯利之是图,既无治民之责,谁复有教民之意哉!当衮衮兴利之场,而切切于学之务,其人识虑盖远矣"②。这篇文章谈论原瑞州路银场孛兰奚提举在银场建立书院,已有 20 余年,综合上述史料可见,蒙山银矿在宋代中期只是由私人进行小规模开采,南宋末期,开始由政府开采,进入元代,官方进行大规模的开发。

吴澄也提到当时的银场提举陈以忠:"陈君,瑞之高安人,宽易倜傥,重义轻财,尝冶银于兴国,所获赢余悉以施于客。先是,课不办,民力重困,又取木炭于瑞州、龙兴,不胜其扰。为言于当路,凡场所杀四之一官。自买炭,扰不及于二郡。"③可以看出,此时蒙山银场并没有使用煤炭进行冶炼,而是采用木炭,可见元代煤炭在江西的使用还没有普及。

理学家吴澄和许有壬笔下同时记述了蒙山银场提举陈以忠,但是对照一下,有天壤之别,吴澄所记陈提举"宽易倜傥,重义轻财,尝冶银于兴国,所获赢余悉以施于客",而许有壬笔下的陈以忠被断罪,且是一大贪污犯,贪污的数额有多大,据虞集记载,多达近 1,000,000 两(一万九千余锭,元代每锭合 50 两),差不多是蒙山银场三四十年的产量,实为惊人,"瑞州蒙山产银,州民陈自以其资富力可办,欲因以求官,献其说,得为银冶提举。豪纵滥费,课不登,上司有所呵问,辄以贿免。省官使公鞠之,重贿不得行,得课万

---

① 许有壬:《至正集》卷 75《蒙山银》。
② 吴澄:《吴文正集》卷 37《瑞州路正德书院记》。
③ 吴澄:《吴文正集》卷 37《瑞州路正德书院记》。

九千余定，而坐陈如法"①。

正是因为觉得难以控制贪污的发生，元政府将蒙山银场收归中央，"至大元年（1308年），拨属徽政院。每岁办纳不前，往往于民间收买，回炉销炼解纳。盖缘归附以来近五十年，本处地面都能几何？所用矿料必取于坑洞，薪炭必取于山林"②。但是元代官场腐败盛行，此举也无法从根源上有效防范，所以蒙山银矿产量一直上不去。

南方的第二大银矿产区当数江浙行省，曾经达到年产15,000两的规模，不过这个地区贪污现象也是屡禁不止，福建参政就曾经贪污了其中的8500两，"（银课）在江浙者，至元二十一年（1284年），建宁南剑等处立银场提举司煽炼"③。在这之前，至元十九年（1282年），罢湖广行省金银铁冶提举司，以其事隶各路总管府。

至元二十七年（1290年），仇锷任福建闽海道提刑副使，"行省臣有以采银为利献上者，朝廷下其事，设官赋民，而地实无矿，民往往贵市入输，公急劾闻，有旨罢其役"④。

至元二十九年（1292年）八月，"福建行省参政魏天祐献计，发民一万凿山炼银，岁得万五千两。天祐赋民钞市银输官，而私其一百七十锭，台臣请追其赃而罢炼银事，从之。元贞元年三月戊午，罢福建银场提举司，其岁额银以有司领之"⑤。

元代广东也是南方重要的产银地区，仅曲江贤县银场的产量就达到三千两。"（银课）在湖广者，至元二十三年，韶州路曲江县

---

① 虞集：《靖州路总管捏古台公墓志铭》。
② 虞集：《靖州路总管捏古台公墓志铭》。
③ 《元史》卷94《食货二》。
④ 赵孟頫：《福建廉访副使仇公神道碑》，引于清宣统本《涵芬楼古今文钞》卷7，今录于《全元文》卷600。
⑤ 《元史》卷17《世祖十四》。

银场听民煽炼，每年输银三千两"①。元世祖后期，建议减韶州岁赋银条。② 延祐四年(1317)丁巳，十二月丁酉，复广州采金银珠子都提举司，秩正四品，官三员。

元代文人文集中的银矿开采技术史料有二则。其一为："近年以来，坑洞日以深远，每入取矿，则必篝火悬绳，横穿斜入。窦穴暗小，至行十余里，岩石之压塞，水泉之涌溺，其为险恶，盖无可比。加以山岚毒气旦夕侵攻，枉死之人，不可胜数。于言及此，诚可流涕。耳目所及，敢不力陈。"③其二为："採者竆地而入，穷幽极深，危险莫测，白昼必持火烛以破幽暗，厥土崩弛，覆压者相枕藉。地气日泄，地产日竭，非如树木斩伐，雨露之所濡而复有。"④

第五节　元代有关采矿、冶铸文献刊行的社会意义

有元一代，采矿、冶铸技术得到全面发展，一个非常重要的标志是一系列有关这方面的技术文献的刊行和流传。这些文献在总结前人实践经验的基础上，把它们上升到一定的理论高度，成为指导冶铸生产工艺过程的指导性文件，也使许多有关冶铸生产的历史资料得以保存、流传下来，成为后人研究元代冶铸历史的珍贵文献。从以上所述，分散记述在各种文献中的零星资料举不胜举，这些文献有官修的《元史》，在它的本纪、食货志以及人物列传中，对当时的采矿、冶铸生产的一般情况有较全面的概括和记载，百官志中则记录有掌管采矿、冶铸生产的官职以及各级专门机构的设置和沿革情况，资料性很强，记述考证翔实、可靠。

---

① 《元史》卷 94《食货二》。
② 《新元史》卷 195《萧泰登传》。
③ 许有壬:《至正集》卷 75《蒙山银》。
④ 《全元文》卷 1783《重建孝女祠记》。

　　元代文人文集的作者为文人墨客，这些闻见录大都是作者亲身经历生产实践，往往具有较强的实践性，虽然只从一个侧面反映当时情况，但对这个侧面的反映往往比较准确、全面和概况，具有指导现实手工业生产的理论意义。

　　我国传统农具至宋元时期发展到最高峰，宋人曾之谨撰《农器谱》三卷，又续二卷，参证历史文献，详细论述当时农具，可惜此书久佚不存于世。

　　王祯字伯善，山东东平人，也许是工匠出身。这在元代非常普遍，许多工匠凭借一技之长，得到重用。王祯是元代著名的农学家，元成宗元贞元年（1295 年）至大德四年（1300 年）曾任旌德、永丰县令，他提倡改进农具和大力种植桑、麻、棉等经济作物。据戴表元为《王祯农书》所作的序，丙申年（1296 年），《王祯农书》绝大部分已经完成，仁宗皇庆二年（1313 年）正式刊行，其中"农桑通诀"六卷、"谷谱"四卷、"农器图谱"十二卷，约三十万字。全书又以"农器图谱"所占篇幅最多，约占全书五分之四。

　　王祯《农书》中的"农器图谱"有图三百零六幅，无论数量还是质量都是空前的。他在书中还大量复原了一些当时已经失传的机械，特别是对水排进行"古用韦囊，今用木扇"的改进，水排的广泛采用，对于提高熔炼鼓风效率、降低劳动强度，有着十分重大的现实意义。由于五代时期长达数十年战乱的严重破坏，水排在北宋时期没有见到有记载，可能已经失传。王祯经过多方搜访，悉心研究，终于成功复制水排。他说："凡设立冶监，动支工帑，雇力兴煽，极知劳费。若依此上法（按：指水排），顿为减省。但去古已远，失其制度，今特多方搜访，列为图谱。庶冶炼者得之，不惟国用充足，又使民铸多便，诚济世之秘术。幸能者述焉。"

　　"水排图"把经他改进的鼓风设备非常清晰地展示在后人面前，从而使这部分内容成为全书精华所在。他所设计的木扇就是简单的木风箱，利用木箱盖板的开闭来鼓风。盖板起风扇的作用，盖板上和木箱与风管连接处有活门,盖板扇动时,活门交替开闭,连续鼓风,由于耐压性好,可产生强劲风力,这样,可以使冶铁炉做得更大,温度也可以随之升高。"水排图"还描绘有古代工匠用舀勺浇铸小型铸件的情形,这与现代铸造生产中的潮模小件工艺是完全相同的。

由于活字印刷术的发明,使得印刷书籍的效率、数量大大提高,而且经济方便。所以宋元时期有许多著作得以广泛流传,这些著作中有许多关于冶铸生产的记载。

据《中国科技史·矿冶卷》所载的河南林州市申村冶铁遗址,遗址保存较好的炉址有4个,其中1、4号两炉底残留的炉衬层均为5层,2号炉炉底的炉衬是8层,底径1.3米。从出土的陶瓷片分析,以宋元遗物最为丰富,说明此处冶铁的盛世是宋元时期。①

从元人文集中,可以找到相关记载,元代,林州申村属于彰德路下的林虑县(今河南林县),"壬寅(1242年,乃马真后元年),(李玉)兼充安阳县令,既而帅府以林虑阙官不妨本职,兼充林虑县令,后以本职兼铜冶、申村两冶铁场。中统二年,自以禄仕四十余年,功成名遂,不得勇退为恨。力以病辞,既得。请治生教子,三致丰阜,鼓铁煮矾。所居城市,凡能佣力而能恒产者,鱼聚水而鸟投林,相率来归。寒者得衣,饥者得食,穷痒者得生活。卵翼子孙,累世不忍相舍去。(至元十七年去世。)长子曰济部,为邑商酒监,次天一,为彰德路铁冶同提举"②。

本史料说明当时出现的铁矿冶炼规模很大,工程浩大,分工复杂,需要大量的人力、物力,非寻常百姓所能。通常炼一炉铁需要几十、上百人昼夜劳作,也非一般民户所能承担,所以出现了像李

① 韩汝玢、柯俊主编:《中国科学技术史》矿冶卷,科学出版社 2007 年版,第 573 页。

② 《紫山大全集》卷 18《显武将军安阳县令兼辅邑县李公墓志铭》。

玉这样富甲一方，拥有雄厚资本的铁矿冶主。他可谓是官而优则商，通过做官了解本地的铁矿资源和生产状况，对冶炼技术也当略知一二。在冶炼生产中他大量使用雇佣劳动力，并因此世代为业，荫及子孙。

又如山西太原地区的西冶，铁矿资源丰富，当地的煤炭开发也较早，宋、金、元时期一直是重要的煤、铁产区，胡祗遹时任太原路治中，主管铁冶事务，他不仅管理工作一流，政绩突出，而且在任上留下了《西冶记》记述了元代这一地区采矿、冶铸生产的情况，如官职以及专门机构的设置和沿革情况，对后人弄清楚这一事实可以说是功不可没。

关于化铁炉与筑炉耐火材料改进的文字记载，元代也已经出现。

陈椿于至顺元年（1330年）绘出《熬波图》，生动地描绘了元代的盐业生产技术，其中第三十七图"铸造铁拌图"及其诗文说明，生动、形象而又全面地记载了宋元时期竖炉熔炼铸造的生产场面，并对炼炉修筑、修筑材料和熔炼操作等，有较详细的叙述；有关炉形结构的说明，对后世启发颇大。

陈椿《熬波图·铸造铁拌图》和说明中，详细记述了熔炼炉的具体建造方法："熔铸拌（盘），各随所铸大小，用工铸造，以旧破锅镬铁为上。先筑炉，用瓶砂、白墡、炭屑、小麦穗和泥，实筑为炉。其铁拌沉重难秤斤两，只以秤铁入炉为则，每铁一斤，用炭一斤，总计其数。鼓鞴煽熔成汁，侯铁熔尽为度。用柳木棒钻炉脐为一小窍，炼熟泥为溜，放汁入拌模内逐一块依所欲模样泻铸。如是汁止，用小麦穗和泥一块于木杖头上抹塞之即止。拌一面，亦用生铁一二万斤，合用铸冶工食所费不多。"

从这段记载看，当时的化铁炉一次可以化铁一二万斤，燃料与铁的比例是"每铁一斤，用炭一斤"，即1∶1的比例，燃料用量并不算高。这种用土高炉化铁冶铸铁盘的情况当与上文河南林州用土高炉冶炼生铁的情况一致。

　　由于鼓风技术在元代得到重大改进使炉温提高,随之而来的是筑炉所用耐火材料如何改进,以维护延长高炉寿命的问题,这些难题当时已经解决,从陈椿的《熬波图·铸造铁拌图》和说明中都可以得到体现。当时筑炉所用耐火材料有三种:瓶砂(碎陶瓷末)、白墡(白色耐火土)、炭屑(可以抵抗炉渣侵蚀)。

　　总之,陈椿于至顺元年(1330年)绘出的《熬波图》对于后世了解元代熔炼炉结构、建炉材料及熔炼操作技术都具有很重要的实际意义。

　　宋代胆水浸铜方法的最早记载,出自乐史(930～1007年)于宋太宗(976～997年)时期成书的《太平寰宇记》:"又有胆泉,出观音石,可浸铁为铜。"①所以说这一技术最初为民间所掌握,但发明者为谁,现在已经不可考。《中国古代矿业开发史》说"胆铜法是北宋张潜所发明"并不准确。因为据《太平寰宇记》,早在约一个世纪前,此法就已经被发明并被记载下来。故笔者认为称张潜是此法的"技术改良者"或曰"集大成者"为妥。元人危素在《浸铜要略序》中也说"今书作于绍圣间,而其说始备"②。

　　胆铜法后被献于朝廷,但不知何因,未获成功。宋仁宗景祐元年(1034年),"三司判官许申因宦官阎文应献计,以药化铁成铜,可铸钱",后因试验效果不佳而罢。③

　　景祐四年(1037年),东头供奉官钱逊奏:"信州铅山产石碌,可烹炼为铜",三司要求指派钱逊"与本路转运使试验以闻"④。

　　经过长时间的探索与实践,绍圣元年(1094年),饶州德兴人

---

①　乐史:《太平寰宇记》卷107信州铅山条。

②　《全元文》卷1471《浸铜要略序》。

③　《宋史》卷299《孙祖德传》。

④　李焘:《续资治通鉴长编》卷120。

张潜将这一技术加以总结,撰《浸铜要略》以献。这件事在《舆地纪胜》中被记载下来:"始饶之张潜,博通方伎,得变铁为铜之法,使其子张甲诣阙献之。朝廷行之铅山及饶之兴利,韶之岑水,潭之永兴,皆其法也。"从此,这一先进的方法经试验成功后用于大规模的炼铜生产,得以在南方产铜区推广开来。

北宋灭亡前后,有三则史料谈到胆铜:

> 胆铜者,盖以铁为片浸之胆水中,后数十日即成铜。凡铜场十四,铁场三十八。[1]

> 徽宗崇宁元年(1102年),游经奏自兴铅山场,胆铜已收九十万斤。缘左坑有胆水胆土,胆水浸铜,工少利多,其水有限;胆土煎铜,工多利少,其土无穷。[2]

> 崇宁元年,提举江淮等路铜事游经言:信州胆铜古坑二。一为铜水浸铜,工少利多,其水有限,一为胆土煎铜,无穷而为利寡,计置之。初宜增本损息,浸铜斤以钱五十为本,煎铜以八十,诏用其言。[3]

北宋时期的产量,有三四百万斤,"李溥言饶、池、江、杭四州每岁共铸钱一百二十万贯,用铜四百五十三万斤。四监及产铜州军见管铜共一百五十二万一千二百余斤。又信州阴山等处铜坑自咸平初兴发,商旅竞集,官场岁买五六万斤。采取既多,其后止及二三百万斤,望酌中定额。上曰:'尝记咸平中陈恕以江南铜多,请官少市。'未几,铜矿渐少,迄今常若不平"[4]。

---

① 《建炎杂记》甲集卷16。
② 《群书会元截江纲》卷11。
③ 《宋史》卷185。
④ 李焘:《续资治通鉴长编》卷87。

　　关于胆水浸铜的具体情况,由于原书已佚,现只能从元人危素的序中可略知一二,"其泉三十有二,五日一举洗者一,曰黄牛。七日一举洗者十有四,曰永丰、青山、黄山、大岩、横泉、石墙坞、齐官坞、小南山、章木原、东山南畔、上东山、下东山、上石姑、下石姑。十日一举洗者十有七,曰西□焦原、铜积、大南山、横槎坞、羊栈、杯旻、冷浸、横槎、下坞、陈军炉前、上姚旻、下姚旻、上炭竈、下炭竈、上何木、中何木、下何木。凡为沟百三十有八"①。

　　元代胆水浸铜之法,元史也有记载,如江东等处坑冶副提举谭澄通晓鼓铸之法,对胆水浸铜也深有研究:"至大庚戌,尚书省铸新钱,以才选将仕郎、江东等处坑冶副提举,君博览志。夙谙鼓铸之法,召工溃铁于池即成铜。烹炼功多利,悉送官。"②

　　综上所述,元代有关冶铸生产的著述,充分表明我国古代冶铸工匠在艰苦辛勤的劳作中,一代代地将冶铸技术提高。将这些生产经验加以科学总结,并上升到理论高度,成为冶铸生产工艺过程的指导性文件,这是元代冶铸生产在广度、深度上持续发展的重要因素。

---

　　①　《全元文》卷1471《浸铜要略序》。

　　②　虞集:《道园学古录》卷87《有元奉训大夫南雄路总管府经历谭君墓志铭》。

第六章　元代的军事科技

第一节　军器制造概况

　　元朝以弓马之利得天下,对于武器的制造格外重视。对于这一点,元人文集中有有关军器制造重要性的言论:"国有六职,工居其一。天生五材,谁能去兵！武备之不可无也尚矣。智者创物,巧者述之,百工之事,皆圣者之作也。器用之利,先王赖焉。材美工巧,其器乃良。和之弓,兑之戈,虞人之䘣戣,良于人者也。鲁之削,郑之刀,宋之斤,吴越之剑器,良于地者也。桃氏为剑,函人为甲,庐人为殳矛,弓人矢人之为弓矢,皆良于官者也。人不世出,地不国兼,良之者其官乎！今枢密杂造司,则《周官》之职也。"①

　　早在成吉思汗时代,就已经设置了专门制造武器的机构,在大批工匠中,就有这样的人才。

　　如专门造弓的高手。"阔阔出,唐兀氏。祖小丑。太祖定西夏,括诸色人匠,小丑以业弓进,赐名怯延兀兰,为行营弓匠百户,徙和林"②。

① 殷奎:《强斋集》卷1《送施提举杂造司序》。
② 《元史》卷134《朵罗台传》。

车工。"迭该,别速氏。初为太祖牧羊。及既位,授千户,使收集无户籍之部众。弟古出古儿,太祖车工也,与木勒合勒忽同管一千户。"①

造甲工匠。"太祖圣武皇帝经略中夏,总揽豪杰,贮除戎具为亟。(孙威)乃挟所业投献,上赏其能应时需,赐名也可兀阑,饰佩金符,充诸路甲匠总管。"②

成吉思汗以后诸汗,都很重视武器制造。发展到元世祖忽必烈时期,已经拥有完整的武器制造体系。

元代军器制造的基本体制是:中央和地方制造并举,至元五年(1268年),设立军器监,秩四品,"掌缮冶戎器,兼典受给"。至元十年(1273年)六月,"以各路弓矢甲匠并隶属军器监"③。初命统军司造兵器,军器损坏由各万户行营"选匠自修之",武备寺同时负责军器储备(后来取代统军司负责武器造作);地方的军器制造机构称为杂造局,始建于中统四年(1263年),诏:"诸路置局造军器,私造者处死;民间所有,不输官者,与私造同。"④地方杂造局主要承担中央不时之命,如至元二十三年,"朝命造五军甲"⑤,就是由地方杂造局承当的。

机构名称屡有变动,后从元武宗开始,武备寺之名就基本固定下来。"武备寺,秩正三品,掌缮冶戎器,兼典受给。卿四员,正三品;同判六员,从三品;少卿四员,从四品;丞四员,从五品;经历、知事各一员,照磨兼提控案牍一员,承发架阁库管勾一员,辨验弓官

---

①　《新元史》卷128《迭该传》。

②　王恽:《秋涧集》卷58《孙公神道碑》。

③　《元史》卷8《世祖纪五》。

④　《元史》卷5《世祖纪二》。

⑤　虞集:《道园学古录》卷42《通议大夫签河南江北等处中书省事赠正议大夫吏部尚书上轻车都尉追封颍川郡侯谥文肃陈公神道碑》。

二员,辨验筋角翎毛等官二员,令史十有三人。至元五年(1268年),始立军器监,秩四品。十九年(1282年),升正三品。二十年(1283年),立卫尉院。改军器监为武备监,秩正四品,隶卫尉院。二十一年(1284年),改监为寺,与卫尉并立。大德十一年(1307年),升为院。至大四年(1311年),复为寺,设官如旧。其所辖属官,则自为选择其匠户之能者任之"①。

其下属机构有两大类,一类是专管贮藏武器的仓库,有寿武库、利器库、广胜库。这三个库的情况,如人员组成、时间、职能等元史中也有详细记载:

> 寿武库,秩从五品,提点二员,从五品;大使二员,正六品;副使四员,正七品;库子一十人。至元十年,以衣甲库改置。
>
> 利器库,秩从五品,提点三员,大使二员,副使三员,秩品同寿武库,库子一十人。至元五年,始立军器库。十年,通掌随路军器,改利器库。
>
> 广胜库,秩从五品,掌平阳、太原等处岁造兵器,以给北边征战军需。达鲁花赤一员,大使、副使各一员,库子一人。②

元人苏天爵曾提到还有资武库,也是掌管军器贮藏的机构,"至大初年,(韩永)官承务郎、资武库提点,迁奉议大夫、寿武库使,转利器库使,皆武备寺所属"③。此库元史中记载为徽政院府正司下属:"资武库,掌军器,提点一员,大使一员。"④

① 《元史》卷90《百官六》。
② 《元史》卷90《百官六》。
③ 苏天爵:《滋溪文稿》卷17《元故亚中大夫河南府总管韩公神道碑铭》。
④ 《元史》卷89《百官五》。

这些机构人员的选拔、任用,也是较为严格的,"国家初以武定天下,故于甲兵所藏,不轻授人"①。

广胜库的地点在腹里地区的大同路(今山西大同市),其情况在人物列传中有所反映,"(阔阔出)俄擢为大同路广胜库达鲁花赤。广胜库贮兵器,时总管兀海涯以库作公署,置甲仗于虚廪,为虫鼠所啮。阔阔出言于帝,复之,且责其偿"②。

一类是制造武器的局、院、提举司,主要集中在以大都为中心的腹里地区。其他地区也有一些,如辽阳行省、陕西行省、江浙行省、江西行省、云南行省。这样的布局,是与军队的部署相适应的。自忽必烈推行"汉法"以后,元军以侍卫亲军为主力,分布在两都(大都、上都)周围。武器制造局、院、提举司的设置,显然是为了便于供应军队所需。在武备寺下属机构中,唯一在南方的,是龙兴路(曾一度改为隆兴路,路治在今江西南昌市)军器人匠局,"隆兴路军器人匠局,达鲁花赤、大使、副使各一员。至元三十年置"③。按元史,龙兴路"元至元十二年,设行都元帅府及安抚司,仍领南昌、新建、丰城、进贤、奉新、靖安、分宁、武宁八县,置录事司。十四年,改元帅府为江西道宣慰司,本路为总管府,立行中书省。十五年,立江西湖东道提刑按察司,移省于赣州。十六年,复还隆兴。十七年,并入福建行省,止立宣慰司。十九年复立,罢宣慰司,隶皇太子位"④。可见,隆兴路军器人匠局就在龙兴路。

南方诸郡,为何龙兴路例外,原因有二:其一,至元三年,曾建

---

①　苏天爵:《滋溪文稿》卷 17《元故亚中大夫河南府总管韩公神道碑铭》。

②　《新元史》卷 156《阔阔出传》。

③　《元史》卷 90《百官六》。

④　《元史》卷 62《地理五》。

行宫于龙兴路。① 其二,估计与元世祖的太子真金,史称裕宗有关,因为龙兴路在元世祖时期是太子分地,在元代是格外受到重视的,元史载:"诏割江西龙兴路为太子分地,太子谓左右曰:'安得治民如邢州张耕者乎! 诚使之往治,俾江南诸郡取法,民必安集。'于是召宋璪大选署守长。江西行省以岁课羡余钞四十七万缗献,太子怒曰:'朝廷令汝等安治百姓,百姓安,钱粮何患不足,百姓不安,钱粮虽多,安能自奉乎!'尽却之。阿里以民官兼课司,请岁附输羊三百,太子以其越例,罢之。参政刘思敬遣其弟思恭以新民百六十户来献,太子问民所从来,对曰:'思敬征重庆时所俘获者。'太子蹙然曰:'归语汝兄,此属宜随所在放遣为民,毋重失人心。'乌蒙宣抚司进马,逾岁献之额,即谕之曰:'去岁尝俾勿多进马,恐道路所经,数劳吾民也。自今其勿复然。'"② 可见,龙兴路的治理,在太子真金眼中,应当作为江南诸郡的典范,不可轻视。同样,它在军事上、战略上也有重要地位。故此,有隆兴路军器人匠局之设。

关于元代龙兴路军器制造的具体情况,史料鲜有记载,元人文集中提道:"天历初,急造兵器,飞符夜下,连郡骚动。琦初请贷官帑,徐规以偿,事办而民不知。"③ 这里涉及元代军器制造物料供给的一般做法。如果征用民匠制造兵器,地方官府应付口粮、工价,并提供物料,但地方官吏往往无偿征用民匠,肆意剥削,弄得民怨沸腾。如南康杂造局曾集中江州路、吉安路、南康路三路的万余手工匠进行制造军器,"列肆六百家,不得食郡仓。岁工万四千,孰敢少怠遑。悉悴六十年,悔不躬耕桑"④。两段史料相比较,可以看

---

① 《元史》卷5《世祖本纪二》。

② 《元史》卷115《裕宗传》。

③ 刘诜:《桂隐文集》卷2《建昌经历彭进士琦初墓志铭》。

④ 揭傒斯:《揭傒斯全集》卷7《题黄文学所作"南康杂造局"使曹君寿诗工粮后记》。

出，龙兴路工匠如果没有彭琦初这样的人士敢于为民请命，也会如后者一样，遭受官吏百般克扣。

　　元世祖平定南宋后，在江南很多地方设置官府手工业局、院，这其中除了织染类外，就是军器制造。现从元代仅存的地方志所记，可以窥见一些情况。如镇江路杂造局，"在织染局之东，即旧都统宅。屋凡七十七楹，至元十三年改置"，可见规模不小。"军器岁额水牛皮甲七十六（黑漆、红漆、绿油、黄油各一十九副，紫真皮盔、甲袋全）。角弓四百五十（并羊肝漆）。箭二万一千二百（并羊肝漆）。丝弦八百。弓箙、箭籙、革带各二十二。手刀八十五。枪头四十。"①

　　庆元路（路治今浙江宁波）杂造局，"周岁额办总计军器二百七十五副。人甲一百五副，紫真皮盔、甲袋全。手刀一百一十五口，黑漆木鞘靶全。弓袋箭葫芦杂带五十五副"②。

　　集庆路（路治在今江苏南京市）则设有军器局，隶属于路总管府，"专一置造军器"③。置造军器的种类、数额，也有详细记载，"凡军之新旧名籍，船舰军装器备及军器局逐年成造器械，悉有额定……岁造黑漆铁甲二百三十付真皮盔甲袋全，四色水牛皮甲二百二十付紫真皮盔甲袋全，羊肝漆明稍角弓五百五十张，手箭一万八千只，箭葫芦、弓袋、杂袋八十付，其起解积贮本路，具有文卷"④。

　　除去极个别的例子，如隆兴路军器人匠局直接隶属于中央武备寺，南方其他路的军器人匠局或杂造局均隶属于路总管府，即地方行政机构管辖。

---

① 《至顺镇江志》卷6《造作》。
② 《至正四明续志》卷6《赋役》。
③ 《至大金陵新志》卷6《官守志》。
④ 《至大金陵新志》卷10《兵防志》。

元代，远在云南的中庆路也有制造军器的局、院等机构，如中统二年（1261年）四月，"遣弓工往教鄯阐人为弓"①。鄯阐，后改中庆路（治所在今云南大理）。

在军器管理方面，元政府明令禁止各郡县擅造军器、民间私藏军器，先是诏告天下，如元世祖中统四年二月，"诏：'诸路置局造军器，私造者处死；民间所有，不输官者，与私造同'"②。以后，用法律的形式明确下来：

> 诸郡县达鲁花赤及诸投下，擅造军器者，禁之。诸神庙仪仗，止以土木纸彩代之，用真兵器者禁。诸都城小民，造弹弓及执者，杖七十七，没其家财之半，在外郡县不在禁限。诸打捕及捕盗巡马弓手、巡盐弓手，许执弓箭，余悉禁之。诸汉人持兵器者，禁之；汉人为军者不禁。诸卖军器者，卖与应执把之人者不禁。诸民间有藏铁尺、铁骨朵，及含刀铁挝杖者，禁之。诸私藏甲全副者，处死；不成副者，笞五十七，徒一年；零散甲片下堪穿系御敌者，笞三十七。枪若刀若弩私有十件者，处死；五件以上，杖九十七，徒三年；四件以上，七十七，徒二年；不堪使用，笞五十七。弓箭私有十副者，处死；五副以上，杖九十七，徒三年；四副以下，七十七，徒二年；不成副，笞五十七。凡弓一，箭三十，为一副③。

由上可见，元政府极力压制民间对兵器的拥有，可以说是无所不及。私藏甲、枪、刀、弩、弓箭，根据数量多少，分别处以笞、杖、徒刑，直至死刑。但是这些规定有的太过严苛，如"造弹弓及执者，杖

---

① 《元史》卷4《世祖本纪一》。
② 《元史》卷4《世祖本纪一》。
③ 《元史》卷105《刑法四》。

七十七,没其家财之半",就未免有小题大做之嫌。

此项法令还导致元代出现了这样一种奇怪的社会现象,平民百姓因为不慎藏兵器而被处死,但是许多盗匪持兵器行凶杀人,作恶多端,却可以只处以"杖一百七"而得以逍遥法外。程钜夫对此社会不公现象严厉批评法令之弊:"江南比年杀人放火者,所在有之。被害之家才行告发,巡尉吏卒名为体覆,而被害之家及其邻右先已骚然。及付有司,则主吏又教以转摊平民,坐展岁月。幸而成罪,又不过杖一百七……夫诸藏兵器者处死,况以兵器行劫而罪乃止于杖,此何理也?"①

元代军器制造全部属于官府手工业,民间不能有丝毫经营。其武器生产,完全用来装备各地军队和满足某些政府部门的需要,以及应付突然爆发的战事,如"中统二年(1261)六月丁巳,敕诸路造人马甲及铁装具万二千,输开平。九月,敕燕京、顺天等路续制人甲五千、马甲及铁装具各二千"②。当时忽必烈与其弟阿里不哥为争夺皇位展开激战,需要大量武器装备。

军器制造所需原料,原来主要是通过"和买"方式得到,弊端很多,后来逐渐变为有关局、院支钱自行购买。这些变化在元代史料中交代得很清楚:

> 至元十五年五月,中书省。枢密院呈:"〔扬〕州路管军万户史塔剌浑申:'今次起到各路逃亡等军,除衣袄完备外,买置到箭只、箭笴、箭头,俱各不堪射射,不惟枉费钱物,有误军前勾当。'"都省准拟,送刑部行下合属,今后遇有出征军人和买弓箭,禁约毋令成造低歹。③

---

① 程钜夫:《雪楼集》卷10《民间利病》。
② 《元史》卷4《世祖本纪一》。
③ 《通制条格》卷27。

另一份文书，显然政府改进了"和买方式"："大德七年（1303年）十一月，江浙行省准中书省咨，工部呈：据河南道奉使宣抚呈，各处和买应付军器物料，扰民不便。略以河南府中，年例成造各色衣甲五百八十七副，元拨皮匠人等二百四十户，全免差税，每处请支工粮四千余石，专一成造衣甲。合用马牛皮货颜色物料，不系出产，桩配州县，家至户到。或着马皮一斤二斤，物料或三两四两，虽是估体价钱，又经贪官吏、弓手，不能尽实到民。如得价一分，其纳之物，已费相陪，必须计会。局官、库子人等恣意刁蹬，多余取受，少有相违，拣择退换，不收本色，却要轻赍，岁以为常，民受其弊。又照得上都、大都、宣德、隆兴、大同等处局、院，合用物料，有司估体价钱，责付各局自行收买等事，参详，若依此例，每年诸路常课会计合用物料，有司估体实直价钱，预为全数放支，责付各色局院作头人等，自行收买用度，实为官民两便。照勘议拟呈省……都省准呈，咨请依上施行。"①

从后一件文书材料来看，"和买"给百姓带来很大痛苦，对政府来说，也是得不偿失，最受实惠的其实是中饱私囊的贪官污吏。经过改革以后，生产武器的局、院所用材料，都由"和买"改为支钱收买。这种改革，对于其他行业的官府手工业局、院，亦有相似影响。

元代兵器制造，主要有回回炮、火铳、弓箭、镔铁刀，其中回回炮和镔铁刀是中亚、西亚波斯、阿拉伯手工业技术与中国传统手工技术结合的产物。

---

① 《元典章》卷58《工部一·造作·杂造物料各局自行购买》。

第二节　回回炮的制造

"回回炮",又名西域炮①、襄阳炮。它是由元代的回回人研制和使用,并传入中原内地的。

蒙古国成吉思汗时期(1206～1227年),炮就已经在对外征服战争中使用。据目前史料,使用此种炮的时间是太祖九年(1214年)。有三条史料可以说明:"薛塔剌海,燕人也,刚勇有志。岁甲戌(1214年),太祖引兵至北口,塔剌海帅所部三百余人来归,帝命佩金符,为砲水手元帅,屡有功,进金紫光禄大夫,佩虎符,为砲水手军民诸色人匠都元帅,便宜行事。从征回回、河西、钦察、畏吾儿、康里、乃蛮、阿鲁虎、忽缠、帖里麻、赛兰诸国,俱以砲立功。"②

太祖九年(1214年)春正月,"帝(成吉思汗)驻跸中都北郊。初,金粘罕营中都,于城外筑四子城,楼橹、仓廒、甲仗库各穿地道通于内城,人笑之。粘罕曰:'不及百年,吾言当验。'至是,金人分守四城,大兵攻内城,四城兵迭用炮击之。又开南薰门,诱兵入,纵火焚之,死伤甚众"③。

岁甲戌(1214年),太师国王木华黎南伐,"帝谕之曰:'唵木海言,攻城用砲之策甚善,汝能任之,何城不破。'即授金符,使为随路砲手达鲁花赤。唵木海选五百余人教习之,后定诸国,多赖其力"④。

除了上述史料以外,蒙古汗国时期的制炮专家或炮手首领还有贾塔剌浑、张拔都、张荣等,《元史》及《新元史》中都有记载:

① 姚燧:《牧庵集》卷13《湖广行省左丞相神道碑》。
② 《元史》卷151《薛塔剌海传》。
③ 《新元史》卷3《太祖下》。
④ 《元史》卷122《唵木海传》。

贾塔剌浑,冀州人。"太祖用兵中原,募能用砲者籍为兵,授塔剌浑四路总押,佩金符以将之。"①

张拔都,昌平人。"太祖南征,拔都率众来降,愿为前驱。遂从大将军罕都虎征河西诸蕃,屡战,流矢中颊不少却。帝闻而壮之,赐名拔都。罕都虎亦专任之。金亡,罕都虎为炮手诸色军民人匠都元帅,守真定,卒,无子,以拔都代。"②

戊寅(1218年),(张荣)领军匠,从太祖征西域诸国。"庚辰八月,至西域莫兰河,不能涉。太祖召问济河之策,荣请造舟。太祖复问:'舟卒难成,济师当在何时?'荣请以一月为期。乃督工匠,造船百艘,遂济河。太祖嘉其能而赏其功,赐名兀速赤。癸未七月,升镇国上将军、砲水手元帅。甲申七月,从征河西。"③

太宗时,专立炮手户附籍,作为元军户之一种。出征作战时出炮军,用于作战攻城。破城后,招收工匠补充。中统四年规定,正军当役,余户与民一律当差,为炮手民户。炮手户中从事制炮、弹药等造作的工匠,称为"炮手人匠"或"炮手兵","丙申(1236年),大军伐蜀,皇子出大散关,分兵令宗王穆直等出阴平郡,期会于成都。按竺迩领炮手兵为先锋,破宕昌,残阶州"④。

到了蒙哥汗时期,炮兵队伍进一步壮大,如"从宪宗攻潼川,将炮卒万余"⑤。

据拉施特《史集》记载,蒙古军队在攻打巴格达时,敌对双方均使用了抛石机。⑥ 这段史实在《元史》中也有记载,太宗八年,郭宝

① 《元史》卷151《贾塔剌浑传》。

② 《新元史》卷147《张拔都传》。

③ 《元史》卷151《张荣传》。

④ 《元史》卷121《按竺迩传》。

⑤ 程钜夫:《雪楼集》卷6《云国公杨氏世德碑》。

⑥ 拉施特:《史集》第2卷,商务印书馆1983年版,第226~227页。

玉之孙郭侃领炮手军从旭烈兀西征,围报达(今伊拉克首都巴格达),以炮及火器破其东、西城,得七十二弦琵琶、五尺珊瑚灯等。①

以上史料说明,回回炮手很早就在蒙古军队服务,并且炮手人数众多。有史料为证:"至元十一年(1274年)春正月敕荆湖行院以军三万、水弩砲手五千隶淮西行院。"②

元代河南行省有大量炮手驻扎,大德七年,在河南行省汴梁路,"羌族炮手居鄢陵者万余室,民役不预。公督使趣工,得万人,不日堤成,民至今思之"③。可想而知,回回炮手连带亲属,"一万余室",每户以最少三人计算,当有三万多人。因为河南行省是元代炮手的集中地,元代历代皇帝特别重视,至治三年(1323年),朝廷曾"遣回回炮手万户,赴汝宁、新蔡,遵世祖旧制,教习炮法"④。

天顺元年(1328年),阿礼海牙建议从湖广行省继续征调大批炮手补充,他说:"汴在南北之交,使西人得至此,则江南三省之道不通于畿甸,军旅应接何日息乎。夫事有缓急轻重,今重莫如足兵,急莫如足食。吾征湖广之平阳、保定两翼军,与吾省之邓新翼、庐州、沂、郯炮弩手诸军,以备虎牢。"⑤

不过,上述的"炮"字,与"抛"字同义,是指抛石,并非是有些著作所说,回回炮是一种"射击性的大型火炮",这其实是望文生义。在宋代以及元代初期,抛石机叫"砲",由抛石机发射出去的石头也叫"砲"。

对于火炮的称呼,也是如此:能够发射燃烧体的抛石机叫做"火炮",由抛石机发射出去的燃烧体也叫"火炮"。从文献来看,从

---

①　《元史》卷149《郭侃传》。

②　《元史》卷8《世祖纪五》。

③　《全元文》卷1030《参知政事王公神道碑》。

④　《元史》卷28《英宗本纪二》。

⑤　《元史》卷137《阿里海牙传》。

元代中期起,随着射击用的管型火器的出现,"火炮"一名才真正实至名归。

纵观蒙元百多年历史,回回炮发挥巨大威力,扬名四方当在元世祖时期(1260～1294年)。

中统三年(1262年),李璮在济南发动叛乱,薛塔喇海之子领命以炮破城,为扫除叛乱势力作出重大贡献。

至元四年(1267年),南宋降将刘整向元世祖忽必烈建议,若灭宋,必先取得宋之军事重镇襄阳、樊城。然而,由于两城以汉水相隔,中有浮桥相通,互为犄角,易守难攻。元军久攻不下,迫于无奈,元军主帅、畏吾儿人阿里海牙建议忽必烈征西域回回炮手前来助战。于是忽必烈便"遣使征炮匠于波斯"。至元八年(1271年),元世祖的使臣到达波斯,请伊利汗阿八哈派遣炮匠,支援忽必烈攻城略地。阿八哈汗遂派出身制炮世家,以善制炮而名扬西域的回回炮手亦思马因和阿老瓦丁前往。自此以后,大量的西域回回炮手开始陆续应征。① 至元九年(1272年),二人到了元大都,忽必烈"给以官舍",二人开始奉旨制作回回炮。

至元十年(1273年),依靠回回炮的强大威力,樊城被元军攻破。"阿里海牙既破樊,移其攻具以向襄阳",亦思马因在襄阳城外经过细致观察,乃依地势于城外东南角装置回回炮攻城,"亦思马因相地势,置炮于城东南隅,重一百五十斤,机发,声震天地,所击无不摧陷,入地七尺。宋安抚吕文焕惧,以城降"②。

此番攻城之顺利,多赖回回炮摧枯拉朽。忽必烈赐亦思马因银250两,授命配虎符,并任命他为回回炮手总管。蒙古军攻下襄阳城的史料,见诸多书。

至元十一年(1274年),元军准备渡江。这时亦思马因已经病

---

① 《元史》卷203《阿老瓦丁传》。
② 《元史》卷203《亦思马因传》。

逝,其子布伯袭任父职,率炮手于长江北岸以回回炮重创宋朝舟师,使其"舟悉皆没",取得了渡江战役的主动权,为元军胜利完成渡江战役扫除了障碍。

此后,元军乘胜追击,在各个战场捷报频传。回回炮手随元军参加了几乎所有重大战役。回回炮"每战用之,皆有功"①。

至元十二年(1275年),元军攻克潭州(今湖南长沙)。至元十三年(1276年),占领静江(今广西桂林),均仰赖阿老瓦丁的回回炮兵助战之功。"破潭州、静江等郡,悉赖其力。"

所以,回回炮在灭南宋诸战役中,发挥着攻城拔寨、彻底摧毁敌方堡垒的重要作用,它的巨大威力,曾令腐败的南宋军队胆战心惊,望风而逃,加速了南宋王朝的灭亡,成为南宋军队彻底失败的重要因素之一。

南宋军队对于回回炮也曾仿制过,"咸淳九年(1273年),沿边州郡,因降式制回回炮。有触类巧思,别置炮远出其上"。并且在战争实践中,总结出了"破炮之策":"且为破炮之策尤奇。其法,用稻穰草成坚索,条围四寸,长三十四尺,每二十条为束,别以麻索系一头于楼后柱,搭过楼,下垂至地,栿梁垂四层或五层,周庇楼屋,沃以泥浆,火箭火炮不能侵,炮石虽百钧无所施矣。"②这是修宋史者的溢美之词,实战效果未必佳,况且此时的南宋王朝军队在战争中节节失利,难挽颓势。

不唯宋人有此防守之术,元军将领其实最早使用过,比宋军早12年,"中统二年(1261年)十二月,授元帅府参议,留戍青居。诸军攻开州、达州,庭端将兵筑城虎啸山,扼二州路。宋将夏贵以师数万围之,城当砲,皆穿,筑栅守之,栅坏,乃依大树张牛马皮以拒

---

① 《元史》卷203《阿老瓦丁传》。
② 《宋史》卷197《兵志十一》。

砲"①。《永乐大典·军诚秘术》也留下了如何防御这种抛石机发炮之术,"其城上四队之间,安转关小炮二,机关大炮一,其石如三四升者,使打敌人云梯撞炮等物,其城先从城边用木跳出,为重女墙,高于土女墙五尺已上,板覆其下,随事缓急而开闭之。则敌人虽众,攻具虽多,而我备御,彼亦无可施攻。若敌人抛大石打我墙楼,虑恐崩坏者,即于石下之处,出跳空中悬牛皮及毡皮承其石,毡挺动,终不损矣"。

1279 年南宋灭亡后,元军又将回回炮用于对外战争中。至元十九年(1282 年)、二十年(1283 年),元军进攻占城(今越南),均以回回炮攻陷其国。其中第一次征战,动用了回回三梢炮达百余门。此外,元军对安南、爪哇等地的战争,也动用了回回炮助战。在远征日本、爪哇等国的战争中,元军也使用了回回炮。

第三节　爆炸性火器向管形火器的演变

13 世纪,爆炸性的火器非常发达,这之前,宋高宗绍兴三十一年(1161 年),宋军曾经发射过一种"霹雳炮"来阻止金军渡江,当时宋军将霹雳炮装备在水师舰船上,"舟中忽发一霹雳炮,盖以纸为之,而实以石灰、硫黄,炮自空而下落水中,硫黄得水而火作,自水跳出,其声如雷,纸裂而石灰散为烟雾,眯其人马之目,人物不得见,吾舟驰之,压敌舟人马皆溺"②。

到了 13 世纪,火器不再是用纸包装,而用生铁铸就,具有相当大的爆炸力,威力之大,堪比现代的地雷。金哀宗天兴元年,也就是元太宗四年(1232 年),金军在南京(今河南开封)使用"震天雷",就是用铁罐盛火药,点燃后,其声如雷,百里外都能听见,它的

---

① 《元史》卷 167《张庭瑞传》。
② 杨万里:《诚斋集》卷 44《海𫚉赋后序》。

热力,广达半亩,把蒙古军队和他们的攻城器械炸得粉碎,"其守城之具有火炮名'震天雷'者,铁罐盛药,以火点之,炮起火发,其声如雷,闻百里外,所爇围半亩之上,火点著甲铁皆透。大兵又为牛皮洞,直至城下,掘城为龛,间可容人,则城上不可奈何矣。人有献策者,以铁绳悬'震天雷'者,顺城而下,至掘处火发,人与牛皮皆碎迸无迹。又飞火枪,注药以火发之,辄前烧十余步,人亦不敢近。大兵惟畏此二物云"①。

至元十四年(1277 年),阿里海牙攻广西,南宋守军死守静江(今广西桂林),城破之际,"娄乃令所部入拥一火炮然之,声如雷霆,震城土皆崩,烟气涨天外,兵多惊死者。火熄人视之,灰烬无遗矣"②。

这种"震天雷"或曰"铁火炮"形制如何,宋、元史料均不见记载,明代人有对此的介绍,它是两半合成的,经过爆炸后,下半部分还留在地面上,裂口处仍然火焰四射,"状如合碗"大概就是如此,这种"铁火炮"炮弹的制作方法和发射技术已经达到相当高的水平,"春往使陕西,见西安城上,旧贮铁炮,曰'震天雷'者,状如合碗,顶一孔,仅容指,军中久不用。余谓此金人守汴之物也。史载,铁罐盛药,以火点之,炮举火发,其声如雷,闻百里外,所爇围半亩以上,火点著铁甲皆透者是也。然言不甚悉。火发炮裂,铁块四飞,故能远毙人马,边城岂可不存其具城上。震天雷,又有磁烧者,用之虽不若铁之威,军中铁不多得,则磁以继之可也。飞火抢枪,乃金人守汴时所用,今各边皆知为之"③。

这种铁火炮虽然威力大,但缺点也是显而易见的,它必须借助于抛石机或大型弓弩来发射,或者由高处抛掷和吊下来,目标不够

---

① 《金史》卷 113《赤盏合喜传》。
② 《宋史》卷《马塈传》。
③ (明)何孟春:《余冬序录》卷 5 外篇。

精确,会造成浪费,且需一定的时间,而管形火器的出现,可以弥补这些缺点。

管形火器的发明,表明人们希望可以适当而灵活地操纵烈性火药,它在火器史上是一大进步。

最早的管形火器出现在宋高宗绍兴二年(1132 年),宋军将领陈规守德安(今湖北安陆县)时发明此器。据《宋史》记载:"规以六十人持火枪自西门出,焚天桥,以火牛助之,须臾皆尽,横拔砦去。"①这种火枪是用巨竹管制成,每支火枪需要二人扛着,先把火药装在竹管里,临阵交锋时点燃后便可烧敌人。因为他是把火药装在竹管内而不是竹管外,这一改变了开创了射击性管形火器的新纪元,所以后人认为他是这方面的开山鼻祖。陈规凭借火枪和抛石机,守德安七年而安然无恙,使得金军无可奈何。

宋理宗开庆元年(1259 年),寿春府(今安徽寿县)发明了一种火器"突火枪",也为巨竹所制,里面装上火药,安上"子窠"火药点燃后,先发出火焰,最后子窠发出,声音像炮一样,150 步外可以听见,这种子窠就是以后子弹的肇始,"造突火枪,以钜竹为筒,内安子窠,如烧放,焰绝然后子窠发出,如炮声,远闻百五十余步"②。

无独有偶,金朝也有"飞火枪"与此相似,它是用十六层黄纸制成的纸筒,内装柳灰、碎铁末、硫黄等混合燃料,点燃后,焰火可以烧到十几步远,可以近距离烧伤敌军,这种武器和震天雷成为蒙古军队胆战心惊之物,"飞火枪,注药以火发之,辄前烧十余步,人亦不敢近。大兵惟畏此二物云"③。

在宋、金的基础上,元人有所发展。宋、金时用竹制或纸制的枪身和筒身,改为用金属(铜或铁)来铸造了。

---

① 《宋史》卷 377《陈规传》
② 《宋史》卷 197《兵志十一》。
③ 《金史》卷 113《赤盏合喜传》。

它的演变过程,可分为两个系统:

1. 由竹制或纸制的"火枪"或"突火枪"演变成金属制的火铳或手铳。这在元史中有战例,至元二十四年(1287 年),元世祖征乃颜,"令军中备百弩,俟敌列阵,百弩齐发,乃不复出。帝问庭:'彼今夜当何如?'庭奏:'必遁去。'乃引壮士十人,持火炮,夜入其阵,炮发,果自相杀,溃散"①。

实物有阿城铳,1970 年出土于黑龙江阿城。它是单兵使用的手铳,由铳膛、药室、尾銎组成。全长 340 毫米,铳膛长 175 毫米,口径 26 毫米,重 3.55 公斤。

2. 是用竹制或木制的"突火枪"以及"火筒"演变成金属制的大型火铳或"铜将军"(即后世所称大炮)。

火铳大小皆有,有铜铸,也有铁铸的。大型铁铳有元末张士诚所称"周国"所铸的实物两尊,于清咸丰年间(1851～1861 年)在金陵出土。其中一尊,上刻"周三年(元顺帝至正十六年,即 1356 年)造,重五百斤";又一尊上刻"周四年(元顺帝至正十七年,即 1357年)六月日造,重三百五十斤"。

这种铳的实物较多,如至正十一年铳,制造于元顺帝至正十一年(1351 年),全长 435 毫米,口径 30 毫米,重 4.75 千克,铳身从铳口至尾端共有 6 道箍。是一种远程炮,发射的弹丸较小,现藏于中国人民军事博物馆。

至顺三年铳,文宗至顺三年(1332 年)制造,铜铸,铳身全长353 毫米,口径 105 毫米,尾底口径 77 毫米,重 6.94 千克。它与手铳不同,铳身较粗,铳口较大,可以发射大型炮弹,适宜于隘口的防御,能攻城。现收藏于中国历史博物馆。

此外,还有通县铳、黑城铳、西安铳等。

综合来看,这些铳有手提式、远程式、近距离重炮式,用途各不

---

① 《元史》卷 162《李庭传》。

相同,所用弹丸也大小不同。这些说明当时已经能够根据不同的需要制作不同型号与用途的火铳,也能够根据不同的要求配制大小不等的弹丸。一般来说,铜管容易冶铸,铁管却比较难,且生铁管最容易炸裂。所以从出土的实物来看,多用铜铸。其制作工艺精细,冶铸要求也很高,居于世界领先地位。

火铳(或曰火炮、火筒)最早始于何时,现在下结论还为时尚早。相信随着出土实物的不断增多,这个时间会不断提前,数年前认为现珍藏于中国历史博物馆的元至顺三年(1332 年)铳,为中国也是世界上最早的火炮的结论,近年已经被推翻。根据《文物》2004 年第 11 期《内蒙古新发现元代铜火铳及其意义》这篇文章,现在已知的中国和世界最早的火炮已经又被提前 34 年,为元成宗大德二年(1298 年)。

该铳为铜质铸造而成,铜色紫,表面略有绿锈。铳体坚固,重6210 克,全长 34.7 厘米,保存完好。铳身竖刻有两行八思巴字铭文,这一文字为元代官方文字。经专家初步认定,这件铳制造时间为"元大德二年"(1298 年)。由编号"数整八十"可知当时火铳的制造和使用都有了一定规模。

这件火铳发现于 1987 年 7 月,1998 年 10 月入藏蒙元文化博物馆,并于 2004 年经过中国社会科学院考古研究所、中国人民解放军军事科学院战略部历代战争和战略研究室、内蒙古大学蒙古学研究中心的有关学者共同认定为世界上最早的火炮。

14 世纪中叶,在全国农民风起云涌推翻元帝国统治的战争中以及其他战争中,金属管形火器已普遍应用,并已使用铁弹丸。公元 1359 年,朱元璋与张士诚部战于绍兴,双方均使用火筒。至正二十一年(1361 年)三月,"福建建宁,以铁炮、火箭、云车、机弩昼夜攻突,不少息"①。

---

① 　贡师泰:《玩斋集》卷 9《建安忠义之碑》。

至正二十四年(1264 年),达礼麻识理为抵御孛罗帖木儿进攻,将"火铳什伍相联,一旦,布列铁幡竿山下,扬言四方勤王之师皆至,帖木儿等大骇,一夕东走,其所将兵尽溃。由是达礼麻识理增修武备,城守益严"①。

元人文集中有关于火铳的描写,如《铁炮行》:"黑龙堕卵大如斗,卵破龙飞雷鬼走。火腾阳燧电火红,霹雳一声混沌剖。"②这则史料描写的是其射程和巨大威力。公元 1366 年,徐达曾使用大量火铳攻打平江(今苏州)。金属管形火器的出现,是兵器发展史上的一项重大突破,从此火器开始从根本上代替冷兵器,并向近代枪炮方向发展。这些史实在元末诗文集中也可觅得,关于铜火铳在战争中的应用,有诗文涉及:"铜将军,无目视有准,无耳听有神。高沙红帽铁篙子,南来开府称藩臣……铜将军,天假手,疾雷一击,粉碎千金身。斩奴蔓,拔祸根,烈火三日烧碧云。"③据此诗小序言:"伪相张士信,丁未六月六日为龙井炮击死。"丁未为 1367 年,张士信是元末农民起义领袖张士诚的弟弟,此时江南已经尽归朱元璋。

---

① 《元史》卷 145《达礼麻识理传》。
② 张宪:《玉笥集》卷 3。
③ 杨维祯:《铁崖古乐府》卷 6《铜将军》。

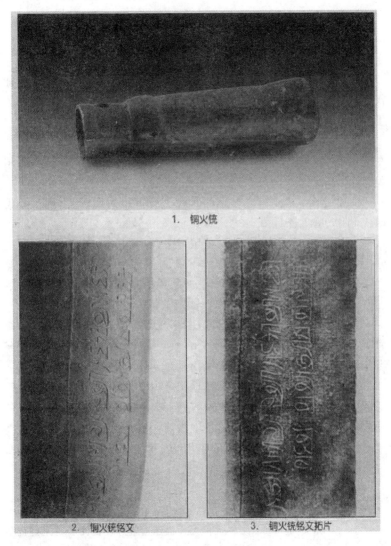

1. 铜火铳

2. 铜火铳铭文　　　3. 铜火铳铭文拓片

内蒙古新发现元大德二年铜火铳

第四节　军甲制造

关于甲在战争中的重要性，王恽曾有论述："伏见国家即目征伐四出，所除甲器，最为重事，缘甲不如法，所系人心勇怯，胜负关于一时。故见晁错云：'甲不坚密，与袒裼同。'"①

元代的造甲盛极一时。成吉思汗很重视战甲的制造，在蒙古军队中有大批精于制作战甲的回纥甲匠，据元人危素记载："耶尔脱忽璘，事我太祖皇帝，为雅剌风赤，佩金符，管领回纥甲匠。"②

除此之外，元代自成吉思汗时代至元世祖时期，还出现了孙氏四代制甲、盾工匠世家。

元代不仅有传统的铁甲、皮甲，还有纸甲。《武经总要》将甲铠分为"铁、皮、纸三等"，并绘有详细的制作纸甲图。宋代纸甲已经用于军事上，康定元年（1040 年）四月，"诏江南、淮南州军，造纸甲三万，给陕西防城弓手"③。

纸甲除应用于弓箭手之外，也用于水军，真德秀知泉州时，曾为所部水军更换纸甲，"水军所需者纸甲，今本寨乃有铁甲百副，今当存留其半，而以五十副就本军换易纸甲"④。

到了南宋时期，浙江寿昌军防装备中，有"纸甲身六百二十四副，纸头盔六百二十四个"，此外，还有纸甲披膊、筒子纸甲等等，名目繁多，在两宋时期的军事装备中占有一席之地。

元代重视纸甲在军事上的应用，至元七年（1270 年），"二月乙

---

① 王恽：《秋涧集》卷 89《论成造衣甲不宜责办附余物料事状》。
② 《全元文》卷 1480《元故资善大夫福建道宣慰使都元帅古速鲁公墓志铭》。
③ 《宋史》卷 197《兵志十一》。
④ 《真文忠公文集》卷 8《申枢密院措置沿海事宜状》。

酉,立纸甲局"①。当时为了装备水军建立纸甲局,准备大规模的渡江战役,投入的军队数量有数十万。可见纸甲在军事装备中占有重要地位。

纸甲的性能如何,宋元时期的文献均没有找到相关说明,明人却有记载:"纸甲,用无性极柔之纸,加工锤软,叠厚三寸,方寸四钉。如遇水雨浸湿,铳箭难透。"②

元代文献中甲的种类极为丰富,现依据史料排列如下:

至元二十三年(1286 年),"朝命造五军甲"③。这是由地方杂造局承当的。

至元二十三年(1286 年)冬十月,"马法国进鞍勒、氈甲"④。

至元二十四年(1287 年),"乃颜叛,车驾亲征,赐以翎根甲、宝刀"⑤。

至元二十五年(1288 年)"冬十月丙子,始造铁罗圈甲。"⑥

至元二十七年(1290 年)"春正月壬戌,造长甲给北征军"⑦。

大德十年(1306 年)"夏四月甲子,倭商有庆等抵庆元贸易,以金铠甲为献,命江浙行省平章阿老瓦丁等备之"⑧。

至正十三年(1353 年)"八月辛卯,扎你别之地献大撒哈剌、察亦儿、米西儿刀、弓、锁子甲及青、白西马各二匹,赐钞二万锭"⑨。

---

① 《元史》卷 7《世祖本纪四》。

② 朱国祯:《涌幢小品》卷 12。

③ 虞集:《道园学古录》卷 42《通议大夫签河南江北等处行中书省事赠正议大夫吏部尚书上轻车都尉追封颍川郡侯谥文肃陈公神道碑》。

④ 《元史》卷 14《世祖本纪十一》。

⑤ 《元史》卷 154《俊奇传》。

⑥ 《元史》卷 15《世祖本纪十二》。

⑦ 《元史》卷 16《世祖本纪十三》。

⑧ 《元史》卷 21《成宗本纪四》。

⑨ 《元史》卷 43《顺帝本纪六》。

这里的锁子甲,又名"锁甲"、"金锁甲",锁子甲五环相互,一环受镞,诸环拱护,故箭不能入。

此种甲最为昂贵,元史上只记载有二次赏赐:"戊午(1258年),宪宗征蜀,诏铸领侍卫骁果以从,屡出奇计,攻下城邑,赐以尚方金锁甲及内厩骢马。"①

太宗即位,录功,赐金鞍良马。乙未(1235年),从征高丽,入王京,取其西京而还,赐金锁甲,加镇国上将军、征东大元帅,佩金符。②

元仁宗延祐年间宁波府杂造军器岁额中,就有"人甲一百五副紫真皮盔甲袋全,黑漆罗圈甲八十八副,四色水牛皮甲一十七副,黑漆甲五副,朱红甲四副,绿油甲四副,雄黄甲四副"③。

至大年间,建康路"岁造黑漆铁甲二百三十副真皮盔甲袋全,四色水牛皮甲二百二十副紫真皮盔甲袋全"④。

王恽曾对皮甲有过记叙:"在都甲局并外路今年纳到至元六年常课皮甲,斤重不同者,在都局有三十五斤及三十七八斤者,真定、顺天、东平等处却重四十斤、四十一二斤者。"⑤皮甲的重量不一而足,从 35 斤至 42 斤不等。

元人笔记小说中有造甲史料:"宋乾德二年,南郊,陶穀为礼仪使,法物制度,多穀所定。时范质为大礼使,以卤簿清游,队有甲骑,具装莫知其制度,以问于穀。穀曰:'正明丁丑岁,河南尹张全义,献人甲三百副,马具装二百副,穀尝见而记之。其人甲以布为里,黄绢表之,青缘画为甲文,红锦缘青绢为下裙,绛韦为络,金铜

① 《元史》卷 146《耶律铸传》。
② 《元史》卷 149《买奴传》。
③ 《延祐四明志》卷 12。
④ 《至大金陵新志》卷 10《兵防志》。
⑤ 王恽:《秋涧集》卷 89《论成造衣甲不宜责办附余物料事状》。

铗长短至膝,前膺为人面二目,背连膺缠以红锦,腾马蛇具装,盖寻常马甲,但加珂拂子前膺及后鞦尔,装入悉以焚毁。'质即令有司如其说,造以给用。又乘舆大辇,久亡其制,縠立意造之,至今用焉。"①可见元代的制甲技术有的是继承前代的。

宋史中,也有关于制甲的史料,不过侧重点不同,宋史所记更为详细,所用原料、样式、斤重均有述及:"绍兴四年(1134 年),军器所依御降式样造甲,缘甲之式有四等,甲叶千八百二十五,表里磨锃。内披膊叶五百四,每叶重二钱六分;又甲身叶三百三十二,每叶重四钱七分;又腿裙鹘尾叶六百七十九,每叶重四钱五分;又兜鍪簾叶三百一十,每叶重二钱五分。并兜鍪一,眉子共一斤一两,皮线结头等重五斤十二两五钱有奇。每一甲重四十九斤十二两。若甲叶一一依元领分两,如轻重差殊,即弃不用,虚费工材。乞以新式甲叶分两轻重通融,全装共四十五斤至五十斤止。"②

由此看来,元代所制甲比宋代战甲轻多了。战甲的减轻应该能够增强战斗力,且机动、灵活得多。另据《技术史》:"在 13 世纪时,士兵的外套胸部位置放置一块铁作保护,一直到 14 世纪后半叶,才逐渐发展到用金属片甲衣覆盖全身,以保护胸部和背部。铠甲制造者在金属片的连接方面创造出了许多精湛的技术,如在肩部,但是现在我们无法详细考察其制作方法。由于这些装备很重,有时会使一些不再年轻的骑士死于心力衰竭而非中箭。"③这种情况不唯西方如此,东方国家也可能会遇到。这样看来,元代战甲的重量减轻与此可能不无关系。

又如造一副皮甲所用皮料多少,王恽也有详细记载:"每甲一

---

① 《砚北杂志》卷上。
② 《宋史》卷 197《兵志十一》。
③ 查尔斯·辛格等主编:《技术史》第 2 卷,上海科技教育出版社 2004年版。

副,举吊并裁线古狸皮一十张四分。"①王恽时任御史台纠察官,他曾对当时的中都(后改为大都,今北京)甲局官玉鲁、杨三合等用"马项子皮"以次充好提出弹劾:"自今年二月内造作至元五年常课,已造讫甲一百二十副,依已料讫古狸皮一千二百四十八张,于内却用马项子抵搪。即问得玉鲁等招说,为阙少古狸皮上,是用马项子作线是实。却问得守支古狸皮人高廷杰、熟皮提控莱荣称,自至元六年六月内收支成造五年皮甲古狸皮,至七年八月内计收到古狸皮一千二百五十三张,俱系甲局王知事支讫。"②

　　宋代每年制甲有 3.2 万副,"其工署则有南北作坊,有弓弩院,诸州皆有作院,皆役工徒而限其常课。南北作院岁造涂金脊铁甲等凡三万二千,弓弩院岁造角弝弓等凡千六百五十余万,诸州岁造黄桦、黑漆弓弩等凡六百二十余万"③。元代甲的生产数量到底有多少,今已不可考,只有元世祖时期的数字,可以大致了解。中统二年(1261 年)六月丁巳,敕诸路造人马甲及铁装具万二千,输开平。九月,敕燕京、顺天等路续制人甲五千、马甲及铁装具各二千。④ 当时忽必烈与其弟阿里不哥争夺皇位,督制地区主要分布在北方的山西、河北等地区。

　　至元十年(1273 年)"春正月戊辰,给皇子北平王甲一千。置军器、永盈二库,分典弓矢、甲胄。六月丁亥,以各路弓矢甲匠并隶军器监。闰六月癸丑,敕诸道造甲一万,弓五千,给淮西行枢密院"⑤。这时则是为了满足伐宋战争的军事需要。

　　大德七年,河南府"年例成造各色衣甲五百八十七副,元拨皮

---

　　①　王恽:《秋涧集》卷 89《弹甲局官玉鲁等抵搪造甲皮货》。

　　②　王恽:《秋涧集》卷 89《弹甲局官玉鲁等抵搪造甲皮货》。

　　③　《宋史》卷 197《兵志十一》。

　　④　《元史》卷 4《世祖本纪一》。

　　⑤　《元史》卷 8《世祖本纪五》。

匠人等二百四十户,全免差税。每处支请工粮四千余石,专一成造衣甲"①。

元代甲的制造是由武备寺管辖,主要分布在中书省腹里地区:

大同路军器人匠提举司:丰州甲局、应州甲局、平地县甲局、山阴县甲局、白登县甲局;

太原路军器人匠提举司;

彰德路军器人匠提举司;

平阳路军器人匠提举司:绛州甲局;

保定军器人匠提举司:河间甲局、祁州安平县甲局;

真定路军器人匠提举司;冀州甲局;

汴梁路军器局:常课甲局;

上都甲匠提举司:兴州白局子甲局、兴州千户寨甲局、松州五指崖甲局、松州胜安甲局;

辽河等处诸色人匠提举司:盖州甲局。

除上述八处提举司外,还有广平路甲局、通州甲匠提举司、蓟州甲匠提举司、大都甲匠提举司也生产战甲。

至元二年,"太原路总管攸忙兀带坐藏甲匿户,罢职为民"②。说明太原路也有甲的制造。至元七年(1270 年)六月,徙谦州甲匠于松山,给牛具。③ 元贞元年(1295 年)八月己丑,"给桓州甲匠粮千石"④。

以上列举的甲局数目只是腹里地区的一部分,据王恽记载:"省、部遍下随路四十余局。"⑤可能这是中书省腹里地区的甲局

① 《元典章》58《工部》卷 1《造作·杂造》。
② 《元史》卷 4《世祖本纪一》。
③ 《元史》卷 7《世祖本纪四》。
④ 《元史》卷 18《成宗本纪一》。
⑤ 王恽:《秋涧集》卷 89《论成造衣甲不宜责办附余物料事状》。

数目。

此外,作为当时人口最多、经济最发达的江浙地区也是军器制造的重要地区,如史料记载,至正十四年(1354年)冬,脱脱大举南征,一切军资取具江浙。"弓矢、刀剑、戈矛、甲胄之用,动以万计,陆运川输,千里相属。"①

"箭竹亦产处州,岁办常课军器,必资其竹。每年定数立限,送纳杭州军器提举司,及其到司,跋涉劳苦,何可胜言?而司官头目箭匠,方且刁蹬,否则发回再换。李公到任,知有此弊,乃申省云:'竹箭固是土产,为无匠人可知,故不登式,乞发遣高手、头目、匠人来此选择起解,庶免往返之劳。'从之,迄今无扰。此皆仁政之及民者如此。"②

第五节　弓、弩、箭等的制造

弓箭是传统兵器,蒙古铁骑"论其长技,弓矢为第一",故对弓箭生产极为重视。蒙古国时期,其军中"有顽羊角弓,有响箭,有驼骨箭,有批针箭,剡木以为栝(箭末扣弦处),落雕以为翎"③。蒙古军队在西征中掳掠了数以十万计的工匠后,令他们在军中服役,从而大大增强了蒙古军队的战斗力。这些工匠随蒙古军队东来后,奠定了蒙古国的手工业基础,也使蒙古国的工匠数量激增。蒙古灭西夏后,又将大批西夏工匠掳往漠北地区,这其中就有大批会制作弓箭之匠,其中的制箭高手,多为西夏人。

元史就有记载:"太祖既定西夏,括诸色人匠,小丑以业弓进,

---

① 　贡师泰:《玩斋集》卷9《江浙等处行中书省平章政事庆童公功德之碑》。

② 　杨瑀:《山居新话》。

③ 　徐霆:《黑鞑事略》。

赐名怯延兀兰,命为怯怜口行营弓匠百户,徙居和林。"①阔阔出,其弟也,亦为弓,尝献所造弓。西夏人常八斤善治弓。②

"(太祖)十二年,木华黎署瑨为百户,从攻蠡州。从之,改授瑨冀州军民总管,迁易州达鲁花赤,佩金虎符。太宗伐金,瑨输矢二十余万行在,帝大喜,命权中书省事。"③

丁未年(1247 年),张德辉北上和林,途经毕里纥都,"乃弓匠精养之地",至元三年(1266 年)冬十月,"命制国用使司造神臂弓千张,矢六万"④。

由史料可知蒙古军队对弓箭需求非常大,弓匠数量众多。

蒙古人灭金以后,开始造弩,所制镗弩,有"力逾十钧"⑤者。此外,据《元史》记载,有神臂弩、折叠弩、神风弩等类,其形制不可考,据说神风弩可射八百余步,类似宋代的床弩。木弩以黄连桑柘为之,弓长一丈二尺,径七寸,两梢三寸,绞车张之。

中统二年(1261 年)三月辛亥,遣弓工往教部阐人为弓。辛酉,诏太康弩军二千八百人戍蔡州。⑥秋七月辛酉朔,命总管王青制神臂弓、柱子弓。

中统三年(1262 年)戊辰,以平章政事赛典赤兼领工部及诸路工作,以孟烈所献蹶张弩藏于中都。⑦

后来,元军的精锐部队侍卫军中建立了一只弓箭特种部队,就以蹶张弩为主,威名远扬,其他部队争相效法,"时卫兵杂处,因建威武营以居之,经画田庐,各有攸业。别命一军曰神锋,教以蹶张

① 《元史》卷 134《多罗台传》。
② 《元史》卷 146《耶律楚材传》。
③ 《新元史》卷 145《赵瑨传》。
④ 《元史》卷 6《世祖本纪三》。
⑤ 王恽:《秋涧集》卷 47《故蠡州管匠提领史府君行状》。
⑥ 《元史》卷 4《世祖本纪一》。
⑦ 《元史》卷 5《世祖本纪二》。

之技。堂曰'整暇',时训练也;局曰'犀利',匠戈甲也。资食之仓以足储,康济之局以虞疾。浚渠通舟,列屋取俶,营之如营家。于是代卒至者如归,诸卫悉来取法"①。

它的制法元代没有史料记载,宋应星的《天工开物》虽是明代所作,对前代的技术也有总结,他对弩的制法记载如下:"凡弩为守营兵器,不利行阵。直者名身,衡者名翼,弩牙发弦者名机。斫木为身,约长二尺许,身之首横拴度翼。其空缺度翼处,去面刻定一分(稍厚则弦发不应节),去背则不论分数。面上微刻直槽一条以盛箭。其翼以柔木一条为者名扁担弩,力最雄。或一木之下加以竹片叠承(其竹一片短一片),名三撑弩,或五撑、七撑而止。身下截刻锲衔弦,其衔傍活钉牙机,上剔发弦。上弦之时唯力是视。一人以脚踏强弩而弦者,《汉书》名曰'蹶张材官'。弦送矢行,其疾无与比数。"②

至元十一年(1274年),"丞相伯颜南征,其行阵以铧车弩为先,众军继之。懋以勇鸷,将弩前行,擢为省都镇抚"③。此外,还有从西域回回国引入的"摺叠弩",也是"前世所未闻"。

元朝在北方建立了许多生产弓箭的局院,也归武备寺管辖,有:

大都弓匠提举司:双搭弓局、成吉里弓局、通州弓局;

大都路顺州弓匠提举司;④

大同路军器人匠提举司:丰州弓局、赛甫丁弓局;

保定军器人匠提举司:陵州箭局;

怀孟河南等路军器人匠提举司:怀孟路弓局;

---

① 程钜夫:《雪楼集》卷17《冀国王忠穆公墓碑》。
② 宋应星:《天工开物》佳兵第十五。
③ 《元史》卷152《张懋传》。
④ 《元史》卷145《廉惠山海牙传》。

汴梁路军器局：常课弓局益都济南：箭局；

辽河等处诸色人匠提举司：辽盖弓局。

此外，还有大都箭局、大都弦局。

元代弓箭消费量极大，如集庆路有造箭匠人 20 名，每天造箭 800 枝，用翎 1600 根，周岁（以 360 天计）造箭 28.8 万根，用翎 57.6 万根，杭州是江浙行省治所，岁造箭当在百万只以上。"至正十五年，浙西科鹅翎为箭羽，督责甚急。一羽卖三钱，后至五钱者，且以集庆一处言之。比年杭州一运解一百六十万根，共发三运。本路止有匠人二十名，日造箭八百只，该用翎一十六百根，周岁用翎五十七万六千根，如此则一运可供三年"①。

造箭所用原料，一般都是"和买"于民，但有时实际制造并不需要这么多原料，造成民间浪费，有时官吏上下勾结，哄抬原料价格，形成种种弊端，"盖此物经过蒸，皆成无用，然而催运不已。本路自科者，可胜言哉！倘肯计会而索之，则民无害矣。宋王济为龙溪主簿时，调福建，输鹤翎为箭羽。鹤非常有物，有司督责急，一羽至直百钱，民甚苦之。济谕民取鹅翎代输，仍驿奏其事，因诏旁郡悉如济所陈。淳化五年，诏曰：'作坊工官造弓弩用牛筋，岁取于民，吏督甚急。或杀耕牛供官，非务农重穀之意。自今后，官造弓弩，其从理用牛筋，悉以羊、马筋代之。'皆载之史策"②。

如元代官方文件就记载因造成的弓箭质量太差而不能使用的情况：

　　至元十五年五月，中书省。枢密院呈："（扬）州路管军万户史塔剌浑申：'今次起到各路逃亡等军，除衣袄完备外，买置到箭只、箭笴、箭头，俱各不堪射射，不惟枉费钱物，有误军前

---

① 杨瑀：《山居新话》卷 4。

② 杨瑀：《山居新话》卷 4。

勾当。'"都省准拟，送刑部行下合属，今后遇有出征军人和买弓箭，禁约毋令成造低歹。①

第六节　其他军器的制造

环刀，蒙古国时期，"有环刀，效回回样，轻停而犀利，靶小而褊，故运掉也易。有长短枪，刀扳如凿，故着物不滑，可穿重札"②。可知这种刀具吸收了阿拉伯刀具的优点。彭大雅等人出使蒙古所见的应该是侍卫亲军所佩，其中以用镔铁打制的最为锋利。

镔铁，在许多文献中又称为宾铁、斌铁等。"镔"，意为精炼而成之美铁。北宋时代有诗云："机驰千钧币，刚摧百炼镔。"

元代的国家机构中，有专门的管理和生产镔铁的部门。《元史·百官志》载："镔铁局，秩从八品。大使一员，掌镂铁之工。至元十二年始置。"③属于工部的诸色人匠总管府下，另外，工部的提举右八作司又"在都局院造作镔铁、铁、钢、输石，东南简铁"④。

元代宫廷中的木辂，有许多部件就由镔铁制成，"勾阑上金嵌镔铁行龙十，前辕引手金嵌镔铁螭头三，皆绖以蹲龙。后辕方罨头三，桃头十有六，系以蹲龙三。辕头衡一，两端金嵌镔铁龙头二，上列金涂铜凤十二，含以金涂铜铃。桓之前，朱漆金妆云龙辂牌一，金涂铁曲戌。辂之前额，金嵌镔铁行龙二，奉一水精珠，后额如之"⑤。

镔铁的主要特点：一是其表面打磨光净，并稍加腐蚀后，便能

---

①　《通制条格》卷 27《造低弓箭》。

②　徐霆：《黑鞑事略》。

③　《元史》卷 85《百官一》。

④　《元史》卷 85《百官一》。

⑤　《元史》卷 78《舆服一》。

显示出一种自然的花纹来；二是其刀剑器比较刚强、锋利。镔铁主要用来制作宝刀、宝剑、法轮等贵重器物。

元代镔铁器具的生产，形式多种多样，大部分用于制造刀、剑、槌等武器。李志常的《长春真人西游录》载："二太子回……国人皆以输石铜为器皿……兵器则以镔。"可见，镔铁用于武器生产在元太祖铁木真时期就已经出现，所以彭大雅在元太宗窝阔台时期出使看到蒙古人佩带镔铁环刀，就不足为奇了。明人叶子奇就说："北人茶饭重开割，其所佩小篦刀，用镔铁、定铁造之，价贵于金，实为犀利，王公贵人皆佩之。"①而且这些佩带环刀的蒙古人都为大汗周围的怯薛侍卫。元代镔铁局生产的器具主要供应元代上都、大都两京怯薛侍卫、王公贵族和高级军事指挥官。

镔铁所制刀具从蒙古诸汗开始就作为赏赐给王公大臣的贵重物品，如定宗（1246～1248 年在位）即位，赐察罕"黑貂裘一，镔刀十"②。直到 14 世纪元文宗图帖睦耳（1328 年）九月登基，先后三次厚赐也速迭儿，其中，就有镔铁环刀、宝饰镔铁槌、镔铁宝刀各一。③ 由此可以得出结论，元代仿西域的环刀其实是由镔铁制造的，当时称为镔铁环刀，但由于是特殊供应品，与一般的铁制刀剑在式样、质地上还是有很大区别的。环刀也是元代怯薛侍卫使用的一种重要兵器。

元代的镔铁生产状况究竟如何？根据现有史料，可以判断出元代已经掌握了它的制作技术，但是并未达到大量冶炼和普及的程度。

盾也是元代主要兵器。蒙古国时期，盾牌"有旁牌，以革编篠，否则以柳，阔三十寸，而长则倍于阔之半。有团牌，特前锋臂之，下

---

① 叶子奇：《草木子》卷 3 下《杂制篇》。

② 《元史》卷 120《察罕传》。

③ 《全元文》卷 872《曹南王勋德碑》。

马而射,专为破敌之用。有铁团牌,以代兜鍪,取其入阵转旋之便。有拐子木牌,为攻城避砲之具"①。

至元十一年(1274 年)前后,(孙拱)别制叠盾,"其制,张则为盾,敛则合而易持。世祖以为古所未有,赐以币帛。丞相伯颜南征,以甲胄不足,诏诸路集匠民分制。拱董顺天、河间甲匠,先期毕工,且象虎豹异兽之形,各殊其制,皆称旨"②。

元代在湖南还出现了一种桐盾,至正八年(1348 年),何兴祖为道州路总管,境内农民起义,湖南副使哈剌帖木儿屯兵城外,因军需不足欲退兵,"哈剌帖木儿曰:'得钞五千锭,桐盾五百,乃可破贼。'兴祖许之。明日,甫入城视事,即以恩信劝谕盐商,贷钞五千锭,且取郡楼旧桐板为盾,日中皆备。哈剌帖木儿大喜,遂留,为御贼计。贼闻新总管一日具五百盾,以为大军且至,中夕遁去"③。

---

① 徐霆:《黑鞑事略》。
② 《元史》卷 203《方技传》。
③ 《新元史》卷 229《林兴祖传》。

第七章　元代的酿酒与制糖业

第一节　元代的酿酒业与酒的酿造技术

元代酿酒业堪称发达，与前代相比，有了空前的发展。按酿制原料可分为粮食酒、葡萄酒果酒、药酒、马奶酒等。最具蒙元色彩的是马奶酒、葡萄酒和阿剌吉酒。

一、元代酒的品种可谓繁多，制造技术也随之提高

仅据元宋伯仁《酒小史》所载的酒名就有 106 种，其中以属于当时全国各地的特产为最多，如杭州秋露白、金陵酒、处州金盘露、高邮五加皮酒、燕京内法酒、广南香蛇酒、蓟州薏苡仁酒、长安新丰市酒、苍梧寄生酒、闽中霹雳春等。

还有以历代名人或商店之名命名的，如东坡罗浮春、汀州谢家红、王公权荔枝绿、范至能万里春、安定郡王洞庭春色、汉武百味旨酒。

此外，有相当一部分酒名，来自于少数民族和外国，如南粤食蒙枸酒、高丽国林虑酒、苏禄国蔗酒、西域葡萄酒、南蛮槟榔酒、北胡消肠酒、东西竺椰子酒、扶南石榴酒、假马里丁蔗酒等等。《酒小

史》所载这些名单,可以说是集古今中外酒名之大成,为研究元代酿酒史提供了宝贵而丰富的史料。

酒的制造技术方面,元代也有所进步。自元代起,烧酒开始盛行。烧酒,或名白干,乃是蒸馏酒之一种。它的制作方法,是将酿造的酒醪(酒之汁滓)放在蒸馏器中经过加热而得出。元代的烧酒,又名法酒,具体情况将在后文详述。

二、元代酒的生产规模

元代酒的消费量极大,有力地刺激了酿酒业的发展。酒“利之所入亦厚矣”,酒醋课成为元朝重要的国税来源之一,在国库收入中仅次于盐课,与商税不分伯仲,占据第二位或第三位。

《元史》卷94《食货志二》对元代太宗、世祖、成宗朝的系官酒醋户、酒醋课有记载,但对成宗以后则缺少记载,“元之有酒醋课,自太宗始。其后皆著定额,为国赋之一焉,利之所入亦厚矣”。

太宗辛卯年(1231年),立酒醋务坊场官,榷沽办课,仍以各州府司县长官充提点官,隶征收课税所,其课额验民户多寡定之。甲午年(1234年),颁酒曲醋货条禁,私造者依条治罪。

世祖至元十六年(1279年),以大都、河间、山东酒醋商税等课并入盐运司。二十九年,丞相完泽等言:“杭州省酒课岁办二十七万余锭,湖广、龙兴岁办止九万锭,轻重不均。”于是减杭州省十分之二,令湖广、龙兴、南京三省分办。

从以上记载可以看出,元代的酒课是相当惊人的,如至元二十九年(1292年),杭州岁办酒课二十七万余锭,而据元史记载,这一年“一岁天下收入,凡二百九十七万八千三百余锭”①。仅杭州一地的酒课竟占到了整个国家收入的近十分之一。

---

① 《元史》卷17《世祖本纪十四》。

关于官营酒业的生产规模，元史所记也不完整，仅有成宗大德八年至武宗至大三年（1304～1310 年）间的记录："大德八年，大都酒课提举司设槽房一百所。九年，并为三十所，每所一日所酝，不许过二十五石之上。十年，复增三所。至大三年，又增为五十四所。"

不过可以得知，这段时间大都（今北京）酒课提举司所设的槽房，多时至 100 所，最少时亦有 30 所。每所一日所酝，法令上规定不许超过 25 石以上。如按最少时（30 所）计算，每日有 750 石，每月 22,500 石，每年 270,000 石；按多时（100 所）计算，每年则有900,000 石。

据元人姚燧的记载，忽必烈至元年间，"京师列肆数百，日酿有多至三百石者，月已耗谷万石，百肆计之，不可胜算"①。这个说法可能有所夸大，因为每年由海道北运至大都的粮食一般保持在200 万至 300 万石的水平。

至元二十一年（1284 年），卢世荣以桑哥荐，命为中书右丞，主持财政，整治钞法、盐法，调整课税，提出实行官营酿酒、制造铁器、铸钱等措施。上任伊始，他曾对大都酒课上奏："大都酒课，日用米千石，以天下之众比京师，当居三分之二，酒课亦当日用米二千石。今各路但总计日用米三百六十石而已，其奸欺盗隐如此，安可不禁。臣等已责各官增旧课二十倍，后有不如数者，重其罪。"皆从之。② 根据这条史料，大都酒课日用米千石，则每年需耗费共计360,000 石，不过这个数字显然没有包括民营酿酒在内。

到了文宗天历二年（1329 年），在京酒坊（槽房）仍有 54 所，中书省臣言："在京酒坊五十四所，岁输课十余万锭。比者间以赐诸王、公主及诸官寺，诸王、公主自有封邑、岁赐，官寺亦各有常产，其

---

① 姚燧：《牧庵集》卷 15《中书左丞姚文献公神道碑》。
② 《元史》卷 205《卢世荣传》。

酒课悉令仍旧输官为宜。"①"岁输课十余万锭"。由以上史料,大都一地每年官营酿酒所需用粮最少也有 270,000 石,1284 年为 360,000 石,最多时可能有 900,000 石,综合分析,取其中间数字,每年耗粮可能在 45 万至 50 万石左右。仅以此数字测算,大都每年酿酒耗费粮食占到了漕运粮食总量的四分之一至六分之一的水平。可知大都酒的生产规模很庞大,产量很多,从事酿造生产的酒户为数众多。

三、阿剌吉酒的酿造及其技术

"法酒,用器烧酒之精液取之,名曰哈剌基。酒极醴烈,其清如水,盖酒露也。每岁于冀宁等路造葡萄酒,八月至大行山中,辨其真伪。真者不冰,倾之则流注;伪者杂水即冰凌而腹坚矣。其久藏者,中有一块,虽极寒,其余皆冰而此不冰。盖葡萄酒之精液也,饮之则令人透液而死。二三年宿葡萄酒,饮之有大毒,亦令人死。此皆元朝之法酒,古无有也。"②

"时珍曰:烧酒,非古法也。自元时始创其法,用浓酒和糟入甑,蒸令气上,用器承取滴露。凡酸坏之酒,皆可蒸烧。近时惟以糯米,或粳米,或黍,或秫,或大麦蒸熟,和曲酿瓮中七日,以甑蒸取。其清如水,味极浓烈,盖酒露也。"③

元代烧酒一词已经出现,"恨身不作三韩女,车载金珠争夺取。银铛烧酒玉杯饮,丝竹高堂夜歌舞"④。白酒一词在诗中也能觅得,"一庭花发青春里,七字诗成白酒边。醉倒未尝知早晚,客来长

---

① 《元史》卷 33《文宗纪二》。
② 叶子奇:《草木子》卷 3 下《杂制篇》。
③ (明)李时珍:《本草纲目》谷部第 25 卷。
④ 廼贤:《金台集》卷 1《新乡媪》。

怪日高眠"①。

阿剌吉酒是元代最富特色的酒类,它是阿拉伯语或波斯语araq 的音译,原意为"烧酒"(汗珠),也称"酒露"或"重釀酒",朱德润:"盖译语谓重釀酒也。"②即通过蒸馏程序制成的含有高酒精浓度的烈性酒。阿剌吉在汉文史料中又被称为"哈剌吉"、"阿里乞"、"轧赖机"等。

关于阿剌吉酒的起源,元代人许有壬曾言:"世以水火鼎炼酒取露,气烈而清,秋空沆瀣不过也。其法出西域,由尚方达贵家,今汗漫天下矣。译曰阿剌吉云。"③他认为阿剌吉酒的制作方法出自西域,由达官贵族之家流传至寻常百姓家。究竟源于何时,没有确切说明。目前关于烧酒的起源时间,学术界没有取得一致意见,有晋、唐、宋、元等多种意见,但有一点是毋庸讳言的,烧酒在元代已经广为流传得到普及是公认的。"按烧酒之法自元始,有暹罗人,以烧酒复烧入异香,至三二年,人饮数盏即醉,谓之阿剌吉酒,元盖得法于番夷云。"④

现代学者,也多以许有壬《至正集》中的这段史料推论阿剌吉酒从西域传入,如黄时鉴在《中西关系史年表》中写道:"对有关文献的研究表明,阿剌吉及其制法元时从西域传入中国,先是用于宫廷,后'由尚方达贵家',并且流传到了民间。"⑤但是这只是一个较为笼统的看法,其中细节,如传入时间、传入路径如何等等尚无考察。

---

① 《藏春集》卷1《小斋》。
② 《全元文》卷1271《轧剌机酒赋》,又见于朱德润:《存复斋文集》卷3《轧赖机酒赋》。
③ 《至正集》卷16《咏酒露次解恕斋韵序》。
④ 《广东新语》卷14《食语》。
⑤ 黄时鉴:《中西关系史年表》,浙江人民出版社1994年版,第298页。

　　曾经做过宫廷饮膳太医的忽思慧记载了阿剌吉酒的功效,言及元代宫廷饮用此酒的情况:"阿剌吉酒,味极辣,大热,有大毒,主消冷坚积,去寒气。用好酒蒸熬取露成阿剌吉。"这里的好酒即葡萄酒。如何用好酒熬制,元人也有许多资料流传下来。其中用葡萄酒熬制的阿剌吉最为珍贵:"西酝葡萄贵莫名,炼蒸成露更通灵。"①此外,许有壬还曾有诗描述:"水气潜升火气豪,一沟围绕走银涛。璇穹不惜流真液,尘世皆知变浊醪。上贡内传西域法,独醒谁念楚人骚。小炉涓滴能均醉,傲杀春风白玉槽。"②这可能是皇室贵族的制作之法,惜语焉不详。由此可以看出,阿剌吉酒是用葡萄酒等果酒作为原料酒。则阿剌吉酒的传入时间则为元太祖西征期间,与葡萄酒一起传入中原。始酿时间,当在此前后不久。耶律楚材在文集中曾有一首诗提及:"幸有和林酒一尊(小注云:尚酿出于和林城,故有是句),地炉煨火慰君温。"③诗中提到的"尚酿"是蒙元时期的皇家酿酒机构,到元世祖时期,称为尚酝局。

　　关于葡萄酒从西域传入细节,在第二节中有详细论述。

　　阿剌吉酒详细的制作过程,在元人文集中被保留下来:"法酒人之佳制,造重酿之良方。名曰轧赖机,而色如酊(三重酿醇酒)。贮以札索麻,而气微香。卑洞庭之黄柑,陋列肆之瓜薑。笑灰滓之采石,薄泥封之东阳。观其酿器局鑰之机,酒候温凉之殊,甀一器而两圈,铠外环而中注。中实以酒,仍械合之无余。少焉火炽既盛,鼎沸为汤。包混沌于馪蒸,鼓元气于中央。熏陶渐渍,凝结为炀。瀁渤若云蒸而雨滴,霏微如雾融而露瀼。中涵既竭于连爐,顶溜咸濡于四旁。乃泻之千金盘,盛之以瑶樽,开醴筵而命友,醉山颓之玉人。但见酡颜炫耀,余嗽淋漓,乱我笾豆,屡舞傲傲。"最后,

----

①　《圭塘小稿》别集卷上。

②　《至正集》卷16《咏酒露次解恕斋韵》。

③　耶律楚材:《湛然居士集》卷10《和邦瑞韵送行》。

朱德润感叹道:"噫! 当今之盛礼,莫盛于轧赖机。"①

这首赋对烧制阿剌吉的器具作了细致的记载:"甑一器而两圈,铛外环而中洼。中实以酒,仍械合之无余。"甑由上下两部分组成,下部中洼便于放置酒,于上部相互契合,浑然一体。底部承火,下部的酒"煮沸为汤",酒蒸汽上升受到盛水的上部遇冷凝结,"蒸而雨滴",汇集起来而成。朱德润的这篇酒赋虽是文学作品,但其中蕴含了一定的科学原理。如果对蒸馏阿剌吉的器物进行复原,就会发现这套器物其实符合持续对流凝结的原理。它对解决反复煮沸、精馏起到了作用,朱德润在这篇赋的序言中交代了写作时间和相关背景,"至正甲申(1344 年)冬,推官冯仕可惠以轧赖机酒,命仆赋之,盖译语谓重酿酒也"。而这些在西方直到 17 世纪左右才有人关注[这一原理是由冯·韦格尔(von Weigel)于 1773 年和麦哲伦于 1780 年提出来的]。虽然当时没有热学理论加以指导设计,但这套蒸馏阿剌吉的器物在科学意义上应当是有进步意义的。

阿剌吉酒的制作方法,在元代的《居家必用事类全集》中也有记载,这可能就是由"尚方达贵家,今汗漫天下矣",传入了寻常百姓家。其制法如下:

> 南蕃烧酒法(番名阿里乞):右件不拘酸甜淡薄,一切味不正之酒,装八分之一甏,上斜放一空甏,两口相对。先于空甏边穴一窍,以安竹管作嘴,下再安一空甏,其口盛住上竹嘴子。向二甏口边,以白瓷碗碟片,遮掩令密,或瓦片亦可,以纸筋捣石灰厚封四指。入新大缸内坐定,以纸灰实满,灰内埋烧熟硬木炭火二三斤下于甏边,令甏内酒沸,其汗腾上空甏中,就空甏中竹管内却溜下所盛空甏内。其色甚白,与清水无异。酸者味辛,甜者味甘。可得三分之一好酒。此法腊煮等酒皆

---

① 朱德润:《存复斋文集》卷 3《轧赖机酒赋》。

可烧。

　　这种民间制法与元人文集中所记载的方法,除了所用器具不同而外,大致相同。由此可见,阿剌吉酒是粮食酒或葡萄等果酒经过高温蒸馏而成的高纯度酒,故又称"重釀酒",酒精成分很高,也就是如今所称的烧酒或白酒。

　　阿剌吉酒在元代中土各民族中广泛流行,对人民的饮食文化产生影响。而"阿剌吉"这一源于阿拉伯语或波斯语的词汇也因此成为蒙古语、藏语、维吾尔语、满语的词汇,成为这些民族"烧酒"的名称。①

四、葡萄酒的酿制

　　元末曾任大都路儒学提举的熊梦祥曾曰:"葡萄酒,出火州穷极边陲之地。"其实,元代葡萄酒的分布在北方还是较为普遍的。元史记载了北方诸王定期进贡的物品,就包括葡萄酒。如:

　　　　泰定四年冬十月丙申,享太庙。戊戌,诸王脱别帖木儿、哈儿蛮等献玉及蒲萄酒,赐钞六千锭②。
　　　　至顺二年秋七月,诸王搠思吉亦儿甘卜、哈儿蛮,驸马完者帖木儿遣使来献蒲萄酒③。
　　　　至顺三年二月甲辰,诸王答儿马失里、哈儿蛮各遣使来贡

---

　　①　黄时鉴著:《中西关系史年表》,浙江人民出版社 1994 年版,第 298页。
　　②　《元史》卷 30《泰定帝本纪二》。
　　③　《元史》卷 35《文宗本纪四》。

蒲萄酒、西马、金鸦鹘①。

在南宋灭亡后，元世祖"诏遣宋新附民种蒲萄于野马川晃火儿不剌之地，既献其实，铁哥以北方多寒，奏岁赐衣服，从之"②。

在元代皇帝宫中，还有专门的葡萄酒酿造室以及从事这项工作的女工，"宫城中建蒲萄酒室及女工室"③。

在宋末元初的笔记中还记载了种葡萄法："有传种葡萄法，于正月末取葡萄嫩枝长四五尺者，卷为小圈，令紧，先治地土松而沃之以肥，种之止留二节在外。异时春气发动，众萌竞吐，而土中之节不能条达，则尽萃华于出土之二节。不二年，成大棚，其实大如枣，而且多液，此亦奇法也。"④

采用自然发酵的方法酿成，为西域所用，"酝之时，取葡萄带青者。其酝也，在三五间砖石甃砌干净地上，作甃磁缺嵌入地中，欲其地凹以聚，其瓮可容数石者。然后取青葡萄，不以数计，堆积如山，铺开，用人以足揉践之使平，却以大木压之，覆以羊皮并毡毯之类，欲其重厚，别无曲药。压后出闭其门，十日半月后，窥见原压低下，此其验也。方入室，众力下毡木，搬开而观，则酒已盈瓮矣。乃取清者入别瓮贮之，此谓头酒。复以足蹑平葡萄滓，仍如其法盖覆，闭户而去。又数日，如前法取酒窖之。如此者有三次，故有头酒、二酒、三酒之类。直似其消尽，却以其滓逐旋澄之，清为度。上等酒一二盅可醉人数日"⑤。这一出自西域的葡萄酒制作法，传入中土后，也被采用。元人周权曾咏诗描述其酿制过程："累累千斛

① 《元史》卷 36《文宗本纪五》。
② 《元史》卷 125《铁哥传》。
③ 《元史》卷 16《世祖本纪十三》。
④ 《宋·周密癸辛杂识》续集上。
⑤ 《析津志辑佚》，北京古籍出版社 1983 年版，第 239 页。

昼夜春,列瓮满浸秋泉红。数宵酝月清光转,浓腴芳髓蒸霞暖。酒成快泻宫壶香,春风吹冻玻璃光。甘逾瑞露浓欺乳,曲生风味难通谱。"①

　　追溯西域葡萄酒酿制法的东传,从元人诗赋与文集中可寻找一些线索。

　　庚辰年(1220 年),耶律楚材曾跟随元太祖成吉思汗西征万里,熟悉边疆的风土人情、山川景物,在诗中生动真实地描绘了奇瑰壮丽的西域风光。其西域诗有 50 余首,也成为后人研究西域历史的珍贵史料,其中有一部分是记述耶律楚材在中亚河中地区能够经常喝到这里出产的葡萄酒,他曾多次在诗中提及:"葡萄架底葡萄酒,杷榄花前杷榄仁","主人开宴醉华胥,一派丝篁沸九衢。黯紫葡萄垂马乳,轻黄杷榄燦牛酥"②;"玻璃钟里葡萄酒,琥珀瓶中杷榄花"③;"花开杷榄芙渠淡,酒泛葡萄琥珀浓"④。诗中提到的杷榄、蒲华(即布哈拉)都为中亚的城市名,位于今天的乌兹别克境内。

　　"清明时节过边城,远客临风几许情。野鸟间关难解语,山花烂熳不知名。蒲萄酒熟愁肠乱,玛瑙杯寒醉眼明。遥想故园今好在,梨花深院鹧鸪声。"耶律楚材曾在河中地区春游,兴致盎然地观赏此地的葡萄种植:"杷榄碧枝初着子,葡萄绿架已缠龙。"⑤这一地区葡萄种植非常普遍,给他留下深刻的印象:"寂寞河中府,连甍及万家。葡萄亲酿酒,杷榄看开花。饱啖鸡舌肉,分餐马首瓜。人

①　周权:《此山诗集》卷 9《葡萄酒》。
②　耶律楚材:《湛然居士文集》卷 5《赠富察元帅七首》。
③　耶律楚材:《湛然居士文集》卷 6《西域蒲华城赠富察元帅》。
④　耶律楚材:《湛然居士文集》卷 6《西域河中十咏》。
⑤　耶律楚材:《湛然居士文集》卷 5《河中春游有感五首》。

生唯口腹,何碍过流沙。"①

　　"寂寞河中府,遐荒僻一隅。葡萄垂马乳,杷榄灿牛酥。酿酒无输课,耕田不纳租。西行万余里,谁谓乃良图。"②这首诗提及的河中府,就是如今撒马尔罕葡萄酒的酿造地。

　　耶律楚材曾经饶有兴致地观看西域人酿制葡萄酒,有诗云:"西来万里尚骑驴,旋借葡萄酿绿醑。司马捲衣亲涤器,文君挽袖自当垆。元知沽酒业缘重,奈何调羹手段无。古昔英雄初未遇,生涯或已隐屠沽。"③

　　不仅如此,耶律楚材还提到西域蒲华城所产葡萄酒的品种不止一种,"其中有一种白葡萄酒,色如金波",这可能是关于酿制葡萄酒文献中提到的:"屈朐轻衫裁鸭绿,葡萄新酒泛鹅黄。歌姝窈窕氈遮口,舞妓轻盈眼放光。野客乍来同见惯,春风不足断人肠。"④

　　《戏作二首》之二歌咏的是常见的红葡萄酒:"太守多才民富强,光风特不让苏杭。葡萄酒熟红珠滴,杷榄花开紫雪香。"

　　西征之后,西域地区尽入蒙古汗国统辖之下,葡萄酒就成为这一地区重要的进贡品。徐霆、彭大雅曾在出使蒙古国时在漠北喝到西域葡萄酒,"又两次金帐中送葡萄酒,盛以玻璃瓶,一瓶可得十余小盏,其色如南方柿漆,味甚甜。闻多饮亦醉,但无缘多饮耳。回回国贡来"⑤。

　　除了来自西域所贡美味葡萄酒外,中原地区也有进贡,酿造方法与西域不同,乃用药物淬酿而成。如元太宗(1229～1241 年)

---

①　耶律楚材:《湛然居士文集》卷 5《河中春游有感五首》。
②　耶律楚材:《湛然居士文集》卷 6《西域河中十咏》。
③　耶律楚材:《湛然居士文集》卷 5《西域家人辈酿酒戏书屋壁》。
④　耶律楚材:《湛然居士文集》卷 6《戏作二首》。
⑤　徐霆:《黑鞑事略》。

时，"从领省奥都鲁哈蛮觐和林。一日，太宗方宴，缚领省出，锢直庐中，莫测所以罪。从者皆散匿，独公在侧。领省勉使去，竟弗动。翌日，内出酒一器，敕领省饮。酒墨色，知赐死。领省伏饮，公从旁亦取饮。既移晷，静无所觉。敕使视之，问曰：'向酒汝所进，果何酒？'领省悟，对曰：'臣所进尊，白金新制，药淬未久，涉远，故酒饮色渝。斯诚臣罪，当死。'帝悉其诚，释之"①。

由此史料，可知：

1. 京南重镇真定路当时是重要的葡萄酒酿制基地，所酿之葡萄酒上贡往和林。元代真定路也是元代葡萄的重要产地，众多的寺院也有葡萄种植，据史料记载：成宗元贞二年二月十五日，曾亲赐诏书："但属寺家底田地、水土、葡萄、园林、磨房、堂子每、解典、店铺，他底不拣甚么休夺要者。"②

2. 葡萄酒酿制过程中"有药淬"，说明不是自然发酵。

3. 葡萄酒是贮藏在银制容器中运往和林地区。用银瓶贮藏酒的情况《元史》有相关记载："宣徽所造酒，横索者众，岁费陶瓶甚多。别儿怯不怯花奏制银瓶以贮，而索者遂止。"③

元代葡萄酒的重要产地还有哈剌火州、山西等地，这些地区也是依照西域酿制法来生产葡萄酒的，并曾成为内府贡品。山西安邑县葡萄种植的历史非常悠久，葡萄酒酿造却很少有人涉及。元好问曾写有《蒲桃酒赋（并序）》，这篇赋作为文学作品，却有着珍贵的科技史料价值。他记录下了平阳安邑县葡萄酿酒的来历，对如何酿造也有较详细的记述。此外，序言中也提及西域酿葡萄酒法，尤为难得。故此，照录全文如下：

①　刘敏中：《中庵集》卷16《少中大夫同知南京路总管府事赵公神道碑》。

②　《全元文》卷691《赵州柏林寺圣旨碑》。

③　《元史》卷140《别儿怯不怯传》。

刘邓州光甫为予言:"吾安邑多蒲桃,而人不知有酿酒法。少日,尝与故人许仲祥摘其实并米炊之,酿虽成,而古人所谓甘而不饴、冷而不寒者固已失之矣。贞祐(1213～1216 年)中,邻里一民家避寇自山中归,见竹器所贮蒲桃在空盎上者,枝蒂已干,而汁流盎中,薰然有酒气,饮之,良酒也。盖久而腐败,自然成酒耳。不传之秘,一朝而发之,文士多有所述。今以属子,子宁有意乎?"予曰:"世无此酒久矣。予亦尝见还自西域者云:'大食人绞蒲桃浆,封而埋之,未几成酒,愈久者愈佳,有藏至千斛者。'其说正与此合。物无大小,显晦自有时,决非偶然者。夫得之数百年之后,而证数万里之远,是可赋也。"于是乎赋之。其辞曰:

"西域开,汉节回,得蒲桃之奇种,与天马兮俱来。枝蔓千年,郁其无涯(音崖)。敛清秋以春煦,发至美乎胚胎。意天以美酿而饱予,出遗法于湮埋。索罔象之玄珠,荐清明于玉杯。露初零而未结,云已薄而仍裁。把幽气之薰然,释烦悁于中怀。觉松津之孤峭,羞桂醑之尘埃。我观酒经,必曲糵之中媒。水泉资香洁之助,秫稻取精良之材。效众技之毕前,敢一物之不阶。艰难而出美好,徒酖毒之贻哀。緊工倕之物化,与梓庆之心斋。既以天而合天,故无桎乎灵台。吾然后知珪璋玉毁,青黄木灾。音哀而鼓钟,味薄而盐梅。惟掸残天下之圣法,可以复婴儿之未孩。安得纯白之士,而与之同此味哉"①。

由此赋还可得知,安邑葡萄酒的酿造始自金贞祐(1213～1216年)中。过了数年,安邑被蒙古军队攻占。安邑葡萄酒成为向蒙古汗国进贡之品。据元好问说国兵以庚辰(1220 年)冬攻破绛阳及

①　元好问:《遗山集》卷1《蒲桃酒赋》。

解梁属邑。

中统二年(1261年)六月乙卯,敕平阳路安邑县蒲萄酒自今毋贡。① 到成宗时期,才全面取消了山西的葡萄贡酒,"罢太原、平阳路酿进葡萄酒"②。

元代宫廷中葡萄酒的酿造一直没有间断,从宪宗蒙哥汗戊午年(1258年)到元世祖至元五年(1268年)这十年之间,大都市面上出现了公开发售的葡萄酒,"每葡萄酒一十斤数勾抽分一斤",即征税十分之一;后来,随着葡萄酒的日渐普及,且"葡萄酒浆虽以酒为名,其实不用米曲",减为"三十分取一"。③ 正是因为这一葡萄酒不消耗粮食,有元一代虽屡屡发布禁酒令,对葡萄酒的酿制却没有影响。

元顺帝时期的杨瑀,因为经皇帝授权,可以自由出入禁中,对宫中情况了如指掌,他曾言:"尚酝蒲萄酒,有至元、大德间所进者尚存,闻者疑之。余观西汉《大宛传》,富人藏蒲萄酒万石,数十年不败,自古有之矣。"④

忽思慧由于职业原因,经常接触到来自各个产地的葡萄酒贡品,他曾评价过:"葡萄酒益气调中,耐气强志。酒有数等,有西番者,有哈剌火者,有平阳、太原者,其味都不及哈剌火者田地酒最佳。"⑤

南方各地不产葡萄,马可波罗在江浙行省的繁华城市杭州注意到了这一点,他说:"然此地不产葡萄,亦无葡萄酒,由他国输入

---

① 《元史》卷4《世祖本纪一》。
② 《元史》卷19《成宗本纪》。
③ 《元典章》22《户部》卷8《课程·酒课·葡萄酒三十分取一》。
④ 《山居新话》。
⑤ 忽思慧:《饮膳正要》卷3《米谷品》。

干葡萄及葡萄酒,但土人习饮米酒,不喜饮葡萄酒。"①

五、马奶酒

马奶酒是蒙古民族非常喜爱的酒类,是将马奶贮藏在皮囊中,加以搅拌,经过发酵而成的。元人有许多诗句提到,元好问在过应州时,吟咏道:"随俗未甘尝马湩,敌寒直欲御羊裘。"②耶律楚材有诗云:"天马西来酿玉浆,革囊倾处酒微香。"③长春真人在西游途中,"四月朔,至斡辰大王帐下,冰始泮,草微萌矣。时有婚嫁之会,五百里内首领,皆载马湩助之"④。可见,马奶酒在元代民间可用于多种场合。

马奶酒色、香、味俱佳,许有壬曾有诗曰:"味似融甘露,香疑酿醴泉。新醅撞重白,绝品挹清玄。骥子饥无乳,将军醉卧毡。祠官闻汉史,鲸吸有今年。"⑤

"马湩甘寒久得名,饮余香绕齿牙生。草青绝漠供春祭,灯暗穹庐破宿醒。冷贮革囊和雪杵,光凝银槲(盛酒器)带酥倾。汉家屡有和亲好,恨不当时赐长卿。"⑥

元世祖忽必烈亦好饮,曾因过饮马奶子酒,"得足疾"⑦,后屡次发作,遍请名医诊治。

元代色目人中的钦察人善于制黑马奶酒,蒙古人因之名为哈刺赤,元人记载:"岁丁酉,亦纳思之子孙忽鲁速蛮,自归于太宗。

---

① 《马可波罗行纪》第 151 章《补述行在》。
② 《元好问集》卷 9。
③ 耶律楚材:《湛然居士集》卷四《寄贾搏宵乞马乳》。
④ 《长春真人西游记》卷上。
⑤ 许有壬:《圭塘小稿》卷 3《马乳》。
⑥ 《艮斋诗集》卷 7《马乳》。
⑦ 虞集:《道园学古录》卷 23《句容郡王世绩碑》。

而宪宗受命师师,已及其国,忽鲁速蛮之子班都察举来归,从讨蔑乞思有功。世祖皇帝西征大理,南取宋,其种人以强勇见信,用掌刍牧之事,奉马湩以供玉食。马湩尚黑者,国人谓黑为哈剌,故别号其人曰哈剌赤"①。元史也有类似记载:"忽鲁速蛮之子班都察举族迎降。从征麦怯斯有功。率钦察百人从世祖征大理,伐宋,以强勇称。尝侍左右,掌尚方马畜,岁时挏马乳以进,色清而味美,号黑马乳,因目其属曰哈剌赤。"②

钦察人"出则操刀匕以事割烹,执罍杓以进湩饮,亲幸委任,已见于当时"③,颇得皇室宠信。规模也随之扩大,到至元二十八年(1291年),"王奏哈剌赤之军数已盈万,足以备用"。

元代皇帝、亲王对钦察人的赏赐也颇具特色,主要以酒器为主,如至元十五年(1278年)世祖赐"金壶盘盂各一,白金甕一,椀十",成宗时,赐"七宝金酒器";元武宗时,晋王(即后来的泰定帝)赐"金椀二"④。

元顺帝曾以马奶酒赏赐不能饮烈酒的文人,如危素,"顺帝大悦,诏赐经筵官酒。公不饮。复赐马湩一革囊,金织文币人一端,皆有副"⑤。

马奶酒的制作方法非常简单,到过蒙古的南宋官员耳濡目染,也能无师自通,彭大雅记载道:"马之初乳,日则听其驹之食,夜则聚之以沛,贮以革器,湅洞数宿,味微酸,始可饮。谓之马奶子。"⑥

最好的马奶子称为"黑马奶","色清而味甜,与寻常色白而浊,

---

①　虞集:《道园学古录》卷23《句容郡王世绩碑》。

②　《元史》卷128《土土哈传》。

③　虞集:《道园学古录》卷23《句容郡王世绩碑》。

④　虞集:《道园学古录》卷23《句容郡王世绩碑》。

⑤　宋濂:《宋濂集》卷59《故翰林侍讲学士中顺大夫知制诰同修国史危公新墓碑铭》。

⑥　徐霆:《黑鞑事略》。

味酸而膻者大不同"。鲁不鲁克曾观察过马奶酒的制作过程,记叙下它的制作方法:"他们把要挤奶的母马的小马系上三个时辰,这时母马站在小马附近,让人平静地挤奶。如有一头不安静,即有人把小马牵到它跟前,让小马吸点奶;然后他把小马牵走,挤奶人取代它的位子。当他们取得大量的奶时,奶只要新鲜,就像牛奶那样甜,他们把奶倒入大皮囊或袋里,开始用一根特制的棍子搅拌它,棍的下端粗若人头,并且是空心的。他们使劲拍打马奶,奶开始像新酿酒那样起泡沫,并且变酸发酵。然后他们继续搅拌到他们取得奶油。这时他们品尝它,当它微带辣味时,他们便喝它,喝时它像葡萄酒一样有辣味,喝完后在舌头上有杏乳的味道,使腹内舒畅,也使人有些醉,很利尿。他们还生产哈剌忽迷思,也就是'黑色忽迷思',供大贵人使用。""他们继续搅奶,直到所有浑浊的部分像药渣一样沉底,清纯部分留在面上,好像奶清或新酿的葡萄酒。渣滓很白,给奴隶吃,有利于睡眠。主子喝这种清的,它肯定极为可口,很有益于健康"①。

第二节　元代的制糖业及其生产技术

一、元代的砂糖制作技术

　　砂糖在《金史》中也有记载,章宗明昌年间(1190～1195 年)泗州场岁供进新茶千胯、荔枝五百斤、圆眼五百斤、金橘六千斤、橄榄五百斤、芭蕉干三百个、苏木千斤、温柑七千个、橘子八千个、砂糖三百斤。② 这里提到的泗州场岁进砂糖是通过与南宋的榷场贸易

---

① 何高济译:《鲁布鲁克东行纪》,中华书局 1985 年版。
② 《金史》卷 50《食货志》。

所得，这则史料说明金元交替时期砂糖并不鲜见。但是产地无法推测，可能是来自长江中下游地区，通过江淮的泗州（今江苏泗洪、安徽泗县地区）榷场进入金国境内，产量不大。

元代前期，砂糖仍"最艰得"，只有皇室及回回权贵才能享用，这时的砂糖可能为西域所贡，《湛然居士集》有河中府诗十首。咏其风景云："黄橙调蜜煎，白饼糁糖霜。救旱河为雨，无衣垅种羊。"在《赠高善长一百韵》中，还明确提到了"白沙糖"三字："可爱白沙糖，人生为口腹。"①

在耶律楚材的笔记中，还记载了印度的制糖技术，"又土多甘蔗，广如禾黍，土人绞取其液，醲之为酒，熬之成糖"②。

元人盛如梓也有印度制糖的记载："其南有大河，冷于冰雪，湍流猛峻，注于南海。土多甘蔗，取其液酿酒熬糖。印度西北有可弗义国，数千里皆平川，无复丘垤。不立城邑，民多羊马。以蜜为酿。"③

既然为贡品，寻常百姓难以得到，这时白砂糖的主要功能是用来治疗一些疾病。

元初重臣廉希宪"疾作，上遣御医三人诊视，或言须沙糖作饮，良时最艰得。王弟求诸阿合马，与之二斤，且致密意。王推著地曰：'使此物果能活人，吾终不以奸人所遗愈疾也。'上闻，特赐三斤"④。

《元史》以此为史，记载如下："希宪尝有疾，帝遣医三人诊视，医言须用沙糖作饮。时最艰得，家人求于外，阿合马与之二斤，且致密意。希宪却之曰：'使此物果能活人，吾终不以奸人所与求活

① 耶律楚材：《湛然居士集》卷12。
② 耶律楚材：《西游录》卷上。
③ 盛如梓：《庶斋老学丛谈》卷1。
④ 元明善：《平章政事廉文正王神道碑》。

也。'帝闻而遣赐之。"①这件事情发生的时间是在元世祖至元七年（1270 年）。

为时不久，这种情况有了改观。从元代开始，主要生活在长江或长江流域以南的农作物，包括甘蔗种植区域有向华北地区扩展的趋向。这种趋向从元代农书的记载可以看出端倪。至元七年（1270 年），立司农司，以左丞张文谦为卿。司农司之设，专掌农桑水利。仍分布劝农官及知水利者，巡行郡邑，察举勤惰。②

由司农司编辑的《农桑辑要》"甘蔗"条下对于如何栽种甘蔗有这样一段话："《新添》：栽种法：用肥壮粪地，每岁春间，耕转四遍，耕多更好，摆去柴草，使地净，熟盖下上头。如大都天气，宜三月内下种；迤南暄热，二月内亦得。每栽子一个，截长五寸许有节者，中须带三两节，发芽于节上。畦宽一尺下种处微壅土高，两边低下；相离五寸，卧栽一根，覆土厚二寸。栽毕，用水绕浇，止令湿润根脉，无致淹没栽封。旱则三二日浇一遍，如雨水调匀，每一十日浇一遍。其苗高二尺余，频用水广浇之。荒则锄耘。并不开花结子。直至九月霜后，品尝秸秆，酸甜者成熟，味苦者未成熟。将成熟者附根刈倒，依法即便煎熬外，将所留栽子秸秆，斩去虚梢；深撅窖坑，窖底用草衬藉；将秸秆竖立收藏，于上用板盖，土覆之，毋令透风及冻损。直至来春，依时出窖，截栽如前法。大抵栽种者多用上半截，尽堪作种；其下截肥好者，留熬沙糖。若用肥好者作种，尤佳。"③

这一段话有几个关键点，至少说明以下问题：首先，元代初期，大都及其周围地区是有甘蔗种植的；其次，种植的时间是在三月份；最后，除了大都地区以外，"迤南暄热"地区，即河北、山东等地

---

① 《元史》卷 126《廉希宪传》。
② 《元史》卷 93《食货一》。
③ 《农桑辑要》卷 6。

二月份就可以栽种。这段材料和以下这则史料很好地说明了此问题。至元二十四年(1287年),元政府曾专门给"熬沙糖倒兀等二十七名"匠人驿马赴大都。① 这则史料提到的以"倒兀"为首的这批征调到大都的匠人,由名字看为回回人抑或是阿拉伯制糖工匠,他们将制糖技术传播到了大都地区。这个时候,砂糖也开始步入寻常百姓家了。

过了5年,到马可波罗来华时(他于1275年在上都觐见元世祖),他的一番话就足以证明砂糖的普及程度了,同时也就不会对他的这一番描述匪夷所思了:"述盐课毕,请言其他物品货物之课,应知此城及其辖境制糖甚多,蛮子地方其他八部,已有制者,世界其他诸地制糖总额不及蛮子地方制糖之多,人言且不及其半。所纳糖课值百取三,对于其他商货以及一切制品亦然。"②不过,从马可波罗所述,可以得知,他是在南方所见,而这一地区,向来并不缺乏砂糖,有史为证:

> 南宋末年,权相贾似道家产被查抄,"官籍贾似道第果子库,糖霜凡数百瓮,官吏以为不可久留,难载帐目,遂辇弃湖中,军卒辈或乘时窃出,则他物称是可想矣"③。

纵观蒙元时期,砂糖的主要消费者为皇室、王公贵族、百官以及色目富商,而皇室则是当之无愧的最大消费群体。从忽思慧所著的《饮膳正要》可以看出端倪。他在此著作中记载了大量使用砂糖的御用食谱。如在《诸般汤煎》中:

---

① 《永乐大典》卷19418《站赤三》。
② 《马可波罗行纪》第152章《大汗每年取诸行在及其辖境之巨额赋税》。
③ 周密:《齐东野语》卷16。

桂沉浆，用砂糖六两；

荔枝膏，用砂糖二十六两；

五味子汤，用砂糖二斤；

人参汤，用砂糖一斤；

木瓜煎，内用白砂糖十斤；

香圆煎，内用白砂糖十斤；

株子煎，内用白砂糖五斤；

紫苏煎，内用白砂糖十斤；

金橘煎，内用白砂糖三斤；

樱桃煎，内用白砂糖二十五斤；

石榴浆，内用白砂糖十斤；

五味子舍儿别，内用白砂糖八斤，等等。①

由西域所贡的砂糖，除供蒙古王公贵族享用之外，还被回回医生大量用于回回药方，因用砂糖作药剂、药引是回回药方的一大特色。流行于元代的《回回药方》就有许多药方采用砂糖为成分，如"阿夫忒蒙"方，用"右同为细末，砂糖水调和为丸"；"长生马准"方，用"砂糖或蜜调和，每服五钱"。砂糖的药用价值也被元代医家所认识，时任宫廷御膳太医的忽思慧就曾言："砂糖，味甘寒，无毒，主心腹热胀，止渴明目。即甘蔗汁熬成砂糖。"②

考虑到砂糖仅靠西域进贡无法满足社会的广泛需求，至元十三年(1276年)，元世祖忽必烈命于宣徽院下专设砂糖局，并招募擅长砂糖熬制技术的西域工匠，负责"砂糖蜂蜜煎造"，"沙糖局，秩从五品，掌沙糖、蜂蜜煎造，及方贡果木。至元十三年始置，秩从六

---

① 忽思慧：《饮膳正要》卷2《诸般汤煎》。

② 忽思慧：《饮膳正要》卷3《果品》。

品。十七年,置提点一员。十九年,升从五品,置达鲁花赤一员,从五品;提点一员,从五品;大使一员,正六品;副使一员,正七品"①。

元代的砂糖局设置地有多少,元史没有详细记载。大都的砂糖局是为了满足皇室贵族的需要,"掌沙糖、蜂蜜煎造,及方贡果木"。其他甘蔗产区,也设立了相应的砂糖局,但数目究竟有多少,史无明载,不得而知。

元政府曾在杭州设砂糖局,此事在元人笔记中有记载:"李多尔济左丞,至元间为处州路总管,本处所产荻蔗,每岁供给杭州砂糖局煎熬之用。糖官皆主鹘、回回富商也,需索不一,为害滋甚。李公一日遣人来杭果木铺买砂糖十斤,取其铺单,因计其价,比之官费有数十倍之远,遂呈省革罢之。"②关于杭州砂糖局的这则史料,反映了以下几个事实:

其一:杭州砂糖局造糖的原料来自处州路,品种为荻蔗。

其二:杭州砂糖局的官员"需索不一,为害滋甚"。揭示了当时的处州是无偿或是低于成本价供给。

其三:砂糖局所用成本极低甚至是无成本,造价却比杭州果木铺所售"有数十倍之远",说明官营砂糖局管理不善,浪费惊人。

其四:杭州果木铺此时已经有砂糖出售,官府为此革罢杭州官营砂糖局,暗示此时民间已经掌握了制白砂糖的技术,砂糖不再是少数特权阶层的奢侈品,已入寻常百姓家;也反映了民间制糖业有了长足进步,与官营砂糖局的制品相比毫不逊色。至大元年(1308年),元政府罢江南岁贡砂糖,也许与此有关,"至大元年闰十一月丙申,罢江南进沙糖,止富民输粟赈饥补官"③。

这则笔记中的"主鹘"即"术忽",阿拉伯语 Juhud 的音译,指犹

---

① 《元史》卷87《百官三》。

② 《山居新话》卷1。

③ 《元史》卷22《武宗本纪一》。

太人。当时西亚诸国的白砂糖生产技术水平较高。杭州砂糖局由犹太人、回回人主持，也从侧面说明他们掌握白砂糖生产技术。伊本·白图泰游记当有记载。

除大都、杭州两地的官营制糖业外，据马可波罗记载，福建尤溪在忽必烈统一江南之后，也曾向宫廷进贡砂糖。这件事在马可波罗游记中被详细记载下来，与《永乐大典》中的内容互相印证，说明不是空穴来风："这个地方以大规模的制糖业著名，出产的糖运到汗八里，供给宫廷使用。在它纳入大汗版图之前，本地人不懂得制造高质量糖的工艺。制糖方法很粗糙，冷却后的糖，呈暗褐色的糊状。等到这个城市归入大汗的管辖时，刚好有巴比伦人，来到帝廷，他们精通糖的加工方法，因此被派到这个城市来，向当地人传授用某种木灰精制食糖的方法。"①由此史料，可知元代砂糖的制作工艺来自于西域的技术工匠；而且这个地方因"出产的糖运到汗八里，供给宫廷使用"之故，很可能设置了砂糖局这样的机构，专门负责此事。

民间制糖业首推福建。福建原能生产赤砂糖，元代时来自西亚的巴比伦制糖师向这里传授了用木炭灰脱色的技术后，福建才开始生产白砂糖，这项技术促进了福建甘蔗种植业和制糖业的发展。元代末年，阿拉伯大旅行家伊本·白图泰来华时，他所看到的中国华南地区出产砂糖不仅产量大，制作工艺已居世界前列。他说："中国地域辽阔，物产丰富，各种水果、五谷、黄金、白银，皆是世界各地无法与之比拟的。中国境内有一大河横贯其间，叫做阿布哈亚，意思是生命之水。发源于所谓库赫·布兹奈特丛山中，意思是猴山。这条河在中国中部的流程长达六个月，终点至隋尼隋尼。沿河都是村舍、田禾、花园和市场，较埃及之尼罗河，则人烟更加稠密，沿岸水车林立。中国出产大量蔗糖，其质量较之埃及实有过之

---

① 陈开俊译：《马可波罗游记》，福建科技出版社1981年版，第191页。

而无不及。"①伊本·白图泰显然把长江和珠江弄混淆了,从他的描述看,终点至隋尼隋尼(今广州)的河当为珠江,而非长江。

《农桑辑要》里也有关于北方地区的农家如何因地制宜熬制蔗糖的方法:

> 煎熬法:若刈倒放十许日,即不中煎熬。将初刈倒秸秆,去梢、叶,截长二寸,碓捣碎,用密筐或布袋盛顿,压挤取汁。即用铜锅内,斟酌多寡,以文武火煎熬。其锅隔墙安置,墙外烧火,无令烟火近锅。专一令人看视。熬至稠粘似黑枣,合色。用瓦盆一只,底上钻箸头大窍眼一个,盆下用瓮承接。将熬成汁用瓢盛倾于盆内,极好者澄于盆;流于瓮内者,止可调水饮用。将好者即用有窍眼盆盛顿,或倒在瓦罂内亦可,以物覆盖之。食则从便。慎勿置于热炕上,恐热开化。大抵煎熬者,止取下截肥好者,有力糖多;若连上截用之,亦得。②

关于五岭地区制糖,元代的《大元一统志》有记载。由于此书大多已佚,现在所见的只是原书很少一部分,故难知元时全貌。在"广州路"条下有:"蔗,番禺、南海、东莞有。乡村人煎汁为沙糖,工制虽不逮蜀汉川为狮子形,而味亦过柳城也。"③

宋应星有专文记载:"凡获蔗造糖,有凝冰、白霜、红砂三品。糖品之分,分于蔗浆之老嫩。凡蔗性至秋渐转红黑色,冬至以后由红转褐,以成至白。五岭以南无霜国土,蓄蔗不伐以取糖霜。若

---

① 马金鹏译,伊本·白图泰著:《伊本·白图泰游记》,宁夏人民出版社1985年版,第545页。

② 元司农司编:《农桑辑要》卷6。

③ 《永乐大典》卷11907"广"字条,又见于《元一统志》卷9《广州路·土产》。

韶、雄以北十月霜侵，蔗质遇霜即杀，其身不能久待以成白色，故速伐以取红糖也。凡取红糖，穷十日之力而为之。十日以前其浆尚未满足，十日以后恐霜气逼侵，前功尽弃。故种蔗十亩之家，即制车釜一付以供急用。若广南无霜，迟早惟人也。"①

从元代开始，福建不仅是国内最大的蔗糖产区和供应地，同时广泛开拓了海外市场，宋以前海外市场主要是印度糖一统天下，福建白砂糖引进西域的生产技术后，开始称雄于东南亚一带的糖业市场。

在民间，砂糖已经不是难见之物，《全元散曲》就有砂糖的记录，在时人眼中并不稀奇，"我子道克剌张回回姊妹，却原来是大洪山三圣姨姨。猛回头错认做砂锅底。只合去烧窑淘炭，漆碗熏杯。怎生去迎新送旧，卖笑求食。便是块黑砂糖有甚希奇，便是块试金石难辨高低"。

《嘉靖惠安县志》记载了元明时期福建种蔗煮糖之法："凡煮糖，取蔗入碓舂烂，用桶实之，桶侧近底有小窍，其下承以巨桶，每实一层，辄洒以薄灰，及桶满，以热汤淋之，则浆液自窍注大桶。酌入釜烹炼，俟其浆渐稠，挹置大方盘中冷结，遂成黑砂糖。至正月，复取黑砂糖煮之，劈鸭卵投釜中，疾搅之，使渣滓上浮，辄去至尽。乃以磁器上广下锐如今酒家漏卮者，有窍当其锐，以草塞窍下，承以瓷瓮，挹糖水入器，及冷凝定，其下凝者，沥入瓮为糖水。至三月霉雨候，用赤泥封之，大约半月一易封。伏月剖封出糖，则糖水沥尽，其凝定者，遂燥结无湿气，是谓白砂糖。其响糖、糖霜者，皆煮白砂糖为之。"

福建泉州附近所产蔗糖也如元代远销到国外地区，因为利大，导致当地居民弃稻改种甘蔗，明人笔记反映了这一点："甘蔗，干小而长，居民磨以煮糖，泛海售焉。其地为稻利薄，蔗利厚，往往有改

---

① 宋应星：《天工开物·甘嗜第六》。

稻田种蔗者,故稻米益之,皆仰给于浙直海贩。莅兹土者,当设法禁之,骤似不情,惠后甚溥。"①

对于如何造"白沙糖",他的记载如下:"造白沙糖,法用甘蔗汁,煮黑糖,烹炼成白,劈鸭卵搅之,使渣滓上浮。按《老学庵笔记》云:'闻人茂德言:沙糖,中国本无之。唐太宗时外国国贡至,问其使人此何物,云甘蔗汁煎,用其法煎成,与外国等,自此中国方有沙糖。'茂德乃宋敕局勘定官,余郡人也。"②

二、成都、广西、广东等地竹枝霜、糖霜的生产与技术

竹枝霜其实是糖霜的一种,这个名词早在唐代就已出现,"竹枝霜不蕃"③。

宋代,制糖业有一定的发展,明人叶子奇说:"糖霜始于宋,自蜀遂宁州入贡宣和始。"④"糖霜"一词在两宋文人诗歌中屡屡出现。

黄庭坚把糖霜与龙山白茶相提并论,视为"时物",可见当时糖霜已经成为人们的生活必需品,"茶瓯屡煮龙山白,酒椀希逢若下黄。乌角巾边簪钿朵,红银杯面冻糖霜。会须着意怜时物,看取年华不久芳"⑤。不过他所用的糖霜来自远朋馈赠,"远寄蔗霜知有味,胜于崔浩水精盐。正宗扫地从谁说,我舌犹能及鼻尖"⑥。

涉及砂糖的宋词有二首,出自黄庭坚之手的有描写青年男女

① （明）陈懋仁:《泉南杂志》卷上。
② （明）陈懋仁:《泉南杂志》卷上。
③ 《全唐诗》卷 216《示从孙济》。
④ 叶子奇:《草木子》卷 3 下《杂制篇》。
⑤ 黄庭坚:《山谷集》外集卷 14《次韵伯氏戏赠韩正翁菊花开时家有美酒》。
⑥ 黄庭坚:《山谷集》卷 15《又答寄糖霜颂》。

之间的浓情蜜意，颇为有趣。

> "见来两个宁宁地。眼厮打、过如拳踢。恰得尝些香甜
> 底。苦杀人、遭谁调戏。腊月望州坡上地。冻著你、影□村
> 鬼。你但那些一处睡。烧沙糖、管好滋味"①。

苏轼道出了宋代糖霜成为普通大众日常饮品的缘由：不唯蜀
地有，其他地区也有，"糖霜不待蜀客寄，荔支莫信闽人夸。恣倾白
蜜收五棱，细劚黄土栽三桠"②。

他的文集还有过与友人互赠砂糖的记载："某启。辱手教，承
晚来起居佳胜。惠示珠榄，顷所未见，非独下视沙糖矣。想当一
笑，匆匆，不宣。"③

南宋邓肃《从昭祖乞糖霜》："甜满中边一夜冰，璀璀璨璨自天
成。冷香入骨追琼液，秀色当筵莹水晶。绛阙不须餐沆瀣，玉池何
事养胎津。从公乞取洗蒸，一驭寒风上太清。"

杨万里《德远叔坐上赋肴核·糖霜》："亦非崖蜜亦非饧，青女
吹霜冻作冰。透骨清寒轻着齿，嚼成人迹板桥声。"

上述二诗都是通过对糖霜的口感、色泽，进行绘声绘色、饶有
兴致的描写，反映出人们对糖霜的喜爱。

元代四川的砂糖业并没有停顿，但规模如何，没有确切史料，
《元史》记载，文宗至顺元年（1330 年）闰七月，发成都砂糖户 290
人防遏叙州。④ 说明成都从事砂糖业的人数为数众多，四川遂宁

---

①　（宋）黄庭坚：《山谷词》之《鼓笛令》。

②　《东坡全集》卷 23《次韵正辅同游白水山》，《东坡诗集注》卷 2，在这
首诗此句下有注曰："次公东蜀梓州有糖霜，而广南亦有。"

③　苏轼集补遗《与冯祖仁三首（之一）》。

④　《元史》卷 34《文宗本纪一》。

是传统的糖霜产地,其他地区尚没有史料说明。

糖霜的产地并不局限于蜀地,广东等地糖霜生产已经出现,并成为待客佳品。元人洪希文有二首吟咏糖霜的诗歌,其一名为《糖霜》:"春余甘蔗榨为浆,色弄鹅儿浅浅黄。金掌飞仙承瑞露,板桥行客履新霜。携来已见坚冰渐,嚼过谁传餐玉方。输与雪堂老居士,牙盘玛瑙妙称扬。"其二曰:"凳豆鲜明透水晶,南州气煖体寒凝。干香远敌汉宫露,清冽难为凌室水。齿颊一时增爽快。襟怀六月解炎蒸。玉环昨夜方中酒,渴肺相逢喜可胜。"①由第一首诗描写看,其颜色并不是洁白的,而第二首诗所描写的与如今的冰糖相似。

元代民间制糖业的另一个重要地域是广西。此地所产糖称为"竹枝霜"。《舆地记胜》曾介绍过广西梧州府出产:"竹枝霜,土人沿江种甘蔗,冬初压取汁作糖。以净器贮之,蘸以竹枝,皆洁霜。自至元丁丑以后,山贼作乱,民失此业。今德庆有一二户往往能之。"这段话同时说明了"竹枝霜"一词的来历。

---

① 　　洪希文:《续轩渠集》卷6《糖霜》。

第八章　元代科技高峰形成原因探析

　　有元一代,特别是 13 世纪后期到 14 世纪初期,科技著作大量涌现,科技发明层出不穷,并得以在社会生产力领域得到广泛应用,汉唐望其项背,在某些方面,宋朝与之相比也是黯然失色。元朝能够在世祖至成宗时期达到科技发展的巅峰状态,原因是多方面的。

　　元代科技巅峰期的标志如前所述,在天文学方面,以授时历于 1280 年(至元十七年)修成为其标志;数学方面,朱世杰 1299 年《算学启蒙》、1203 年《四元玉鉴》的发表,是元代筹算系统发展到顶峰的标志;农学方面,大德年间(1297～1307 年)成书的《王祯农书》是元代农书之集大成者;地理学方面,成宗大德七年(1303 年),由元政府主持编纂的一部空前完备而又内容丰富的全国性地理志书《元一统志》编成,成为明、清两朝的范本。元代的科技发展是以社会经济发展为其基础的,与社会文化是相辅相成、密不可分的关系,根据以上对元代文化、经济发展出现的盛世期来看,13 世纪末到 14 世纪初期这段时间无疑是元代科技出现的巅峰时期,如果更确切地说,应从元世祖统一全国的时间 1279 年算起,到他的孙子元成宗去世(1307 年)。

第一节　高度发达的封建经济为
其奠定坚实的物质基础

　　科技是人类文明的重要内容,用现代的话语来说,就是科学技术的发展就代表着先进生产力的发展。要了解元代社会的科技发展情况,必须对元代经济发展状况进行探讨。

　　元代经济的发展长达一个半世纪多,它的盛衰期如何划分?《元史》的总裁官宋濂在《食货志》总论中指出:

　　　　元初,取民未有定制。及世祖立法,一本于宽。其用之也,于宗戚则有岁赐,于凶荒则有赈恤,大率以亲亲爱民为重,而尤倦倦于农桑一事,可谓知理财之本者矣。世祖尝语中书省臣曰:"凡赐与虽有朕命,中书其斟酌之。"成宗亦尝谓丞相完泽等曰:"每岁天下金银钞币所入几何? 诸王驸马赐与及一切营建所出几何? 其会计以闻。"完泽对曰:"岁入之数,金一万九千两,银六万两,钞三百六十万锭,然犹不足于用,又于至元钞本中借二十万锭矣。自今敢以节用为请。"帝嘉纳焉。世称元之治以至元、大德为首者,盖以此。

　　可见,宋濂是把元世祖、成宗时期(1260～1307 年)划分为元代经济的最盛期。

　　在经济政策方面,蒙古诸汗、元世祖对经济发展采取了与中原前代统治者截然不同的政策。元代不是实行"重农抑商",而是"农商并举"。蒙古诸汗、皇帝,毫无疑问都出身于游牧民族,其中多数大体上都认为农业是国家财政收入的重要来源,也认为稳固的农业对于维持其统治关系甚大,因此,历代统治者都有重农之举。在颁布全国的农桑制度十四条中,对于水利、农具等实施得非常详细。在全国大力发展灌溉农业,制造水车,并规定民贫不能制造,则由官造的制度。"农桑之术,以备旱暵为先。凡河渠之利,委本处正官一员,以时浚治。或民力不足者,提举河渠官相其轻重,官为导之。地高水不能上者,命造水车。贫不能造者,官具材木给之。俟秋成之后,验使水之家,俾均输其直。田无水者凿井,井深不能得水者,听种区田。其有水田者,不必区种。仍以区田之法,散诸农民。种植之制,每丁岁种桑枣二十株。土性不宜者,听种榆柳等,其数亦如之"①。

这项制度实施得如何,可以从伊本·白图泰的叙述中得到印证:"中国境内有一大河,叫做阿布哈亚,意思是生命之水……沿岸水车林立。"②很显然,他所说的是长江沿岸。《王祯》农书中介绍了7种新型的灌溉机械水车,对元代农业生产力的提高与加强起到了很大的贡献,对此,中外治科技史专家无不称道。

以农具为例,政府经常官造农具,低价或免费分发给屯田地区的农户,有时规模很大,如中统四年(1263年)一次就铸造农器二十万件,将中原地区先进的农具、种子和耕作方法,推广到广大边疆地区,这些举措使当地农业生产从无到有,改进了耕作、灌溉技术,提高了这些地区的粮食自给,下面仅以元世祖、元成宗、元武宗三朝为例加以说明。

中统二年(1261年),命陕蜀行中书省给绥德州等处屯田牛、种、农具。③

中统四年(1263年),阿合马"奏以礼部尚书马月合乃兼领已括户三千,兴煽铁冶,岁输铁一百三万七千斤,就铸农器二十万事,

---

①　《元史》卷93《食货一》。

②　伊本·白图泰著,马金鹏译:《伊本·白图泰游记》,宁夏人民出版社1985年版,第545页。

③　《元史》卷4《世祖本纪一》。

易粟输官者凡四万石。河南随处城邑市铁之家,令仍旧鼓铸"①。

至元初年,董文用为西夏中兴等路行省郎中,"始开唐来、汉延、秦家等渠,垦中兴、西凉、甘、肃、瓜、沙等州之土为水田若干,于是民之归者户四五万,悉授田种,颁农具"②。

至元七年(1270年),诏遣刘好礼为吉利吉思撼合纳谦州益兰州(今俄罗斯境内)等处断事官,"即于此州修库廪,置传舍,以为治所。先是,数部民俗,皆以杞柳为杯皿,剡木为槽以济水,不解铸作农器,好礼闻诸朝,乃遣工匠,教为陶冶舟楫,土人便之"③。

至元十二年(1275年)九月庚午,阿合马等"以军兴国用不足,请复立都转运司九,量增课程元额,鼓铸铁器,官为局卖"④。

"至元十七年(1280年)十月辛巳,立营田提举司,从五品,俾置司柳林,割诸色户千三百五十五隶之,官给牛种农具"⑤。

至元十八年(1281年)秋八月,"赐谦州屯田军人钞币、衣裘等物,及给农具渔具"⑥。

至元十九年(1282年)五月乙酉,元帅綦公直言:"乞黥逃军,仍使从军,及设立冶场于别十八里(笔者按:即别失八里,在今新疆境内),鼓铸农器。"从之。⑦

至元二十二年(1285年)秋七月,"给诸王阿只吉分地贫民农具牛种,令自耕播"⑧。

至元二十三年(1286年)春正月丙申,"以新附军千人屯田合

---

① 《元史》卷5《世祖本纪五》。
② 《元史》卷148《董文用传》。
③ 《元史》卷63《地理六》。
④ 《元史》卷8《世祖本纪五》。
⑤ 《元史》卷11《世祖本纪八》。
⑥ 《元史》卷11《世祖本纪八》。
⑦ 《元史》卷12《世祖本纪九》。
⑧ 《元史》卷13《世祖本纪十》。

思罕关东旷地,官给农具牛种"①。

至元二十八年(1291 年)六月,"以汴梁逃人男女配偶成家,给农具耕种"②。

至元二十九年(1292 年)二月,"敕畸零拔都儿三百四十七户佃益都闲田,给牛种农具,官为屋居之"③。

至元三十年(1293 年)春正月,捏怯烈女直二百人以渔自给,有旨:"与其渔于水,曷若力田,其给牛价、农具使之耕。"④

二月,益上都屯田军千人,"给农具、牛价钞五千锭,以木八剌沙董之"⑤。

成宗朝,也十分重视。元贞二年(1296 年)二月,给称海屯田军农具。秋七月庚午,肇州万户府立屯田,给以农具、种、食。⑥

大德元年(1297 年)春正月,昔宝赤等为叛寇所掠,仰食于官,赐以农具牛种,俾耕种自给。三月,赐称海匠户市农具钞二万二千九百余锭,及牙忽都所部贫户万锭,别吉辖匠万九百余锭。⑦

大德四年(1300 年),罢称海屯田,改置于呵札之地,以农具、种实给之。⑧

大德五年(1301 年)八月庚午,秃剌铁木而等自和林犒军还,言:"和林屯田宜令军官广其垦辟,量给农具,仓官宜任选人,可革侵盗之弊。"⑨

---

①　《元史》卷 14《世祖本纪十一》。
②　《元史》卷 16《世祖本纪十三》。
③　《元史》卷 17《世祖本纪十四》。
④　《元史》卷 17《世祖本纪十四》。
⑤　《元史》卷 17《世祖本纪十四》。
⑥　《元史》卷 19《成宗本纪二》。
⑦　《元史》卷 19《成宗本纪二》。
⑧　《元史》卷 20《成宗本纪三》。
⑨　《元史》卷 20《成宗本纪三》。

武宗即位后,和林行省左丞相哈剌哈孙命人经理境内称海的屯田,岁得米二十余万石,"益购工冶器,择军中晓耕稼者杂教部落"①。

至大三年(1310年)三月庚戌,以钞九千一百五十八锭有奇市耕牛农具,给直沽酸枣林屯田军。五月,和林省言:"贫民自迤北来者,四年之间靡粟六十万石、钞四万余锭、鱼网三千、农具二万。"诏尚书、枢密差官与和林省臣核实,给赐农具田种,俾自耕食,其续至者,户以四口为率给之粟。②

在生产工具的改进方面,元代各种优良农具的发明推广,大大减轻了农民除草、疏泥等费时费力的劳动。镰刀的种类增加,发明了收荞麦的推镰。用于播种的耧车在元代也有发展,不仅有两脚耧、四脚耧,而且又创造出既能耧种又能下粪的耧车,灵巧方面,省时省力。水利机械和灌溉工具也有很大改进,如水轮、水转连磨等比起前代更为先进完备。

农业得到发展,也带动了商业的发达,元人描绘了当时的政治、经济、文化、科技、商业中心大都:

> 遂使天下之旅,重可轻而远可近。扬波之橹,多于东溟之鱼;驰风之樯,繁于南山之笋。一水既道,万货如粪。是惟圣泽之一端,已涵泳而无尽。论其市廛则通衢交错,列巷纷纭。大可以并百蹄,小可以方八轮……华区锦市,聚万国之珍异;歌棚舞榭迭九州之芬。招提《庙宇》拟乎宸居,廛肆主于宦门。酤户何泰哉!扁斗大之金字,富民何奢哉!服龙盘之绣文。奴隶杂处而无辨,王侯并驱而不分。庖千首以终朝,酿万石而一旬。复有降蛇缚虎之技,扰象藏马之戏。驱鬼役神之术,谈

---

① 刘敏中:《中庵集》卷15《丞相顺德忠献王碑》。
② 《元史》卷23《本纪二》。

天论地之艺,皆能以蛊人之心而荡人之魄。是故猛虎烈山,车之轰也;怒风搏潮,市之声也;长云偃道,马之尘也;殷雷动地,鼓之鸣也;繁庶之极,莫得而名也。若乃城闉之外,则文明为舳舻之津,丽正为衣冠之海,顺则为南商之薮,平则为西贾之派。天生地产,鬼宝神爱人造物化,山奇海怪,不求而自至,不集而自萃。是以吾都之人,家无虚丁,巷无浪辈。计赢于毫毛,运意于蓰倍,一日之间,一哄之内,重毂数百,交凑阛阓,初不计乎人之肩与驴之背。虽川流云合,无鞅而来,随销随散,杳不知其何在。至有货殖之家,如王如孔,张筵设宴,招亲会朋,夸耀都人,而费几千万贯,其视钟鼎,岂不若土芥也哉。若夫歌馆吹台,侯园相苑,长袖轻裙,危弦急管,结春柳以牵愁,凝秋月而流盼,临翠池而暑清,褰绣幌而雪暖,一笑金千,一食钱万,此诚他方巨贾,远土浊宦,乐以销忧,流而忘返,吾都人往往面诛而背讪之也。论其郊原,则春晚冰融,雨济土沃,平平绵绵,天接四野。万型散漫兮鸦点点,千村错落兮蜂簇簇。龙见而冻根栽苗,火中而早穄渐熟。柳暗而始莳瓜,藻花而旋布谷。种草数亩,可易一夫之粟;治蔬千畦,可当万户之禄。寒露既降,雄风亦高,促妇子以刈铚,忧气候之蹉跎。来辐去毂,如乱蚁之救溃垤;千囷万庾,若急雨之沤长河。爰涤我场,其荣孔多。有方外之黄鸡、玄凫,与沙际之绿兔、白鹅。收霜菜而为菹,酿雪米而为醪。①

这篇赋由黄文仲所写,他曾经到过大都,这里所描绘的是元文宗天历、至顺年间(1328～1332 年)的盛况,其赋虽有夸张之辞,但由他所述,大体还是真实的。

在黄文仲约半个世纪前到达大都的马可波罗,在游记中也对

---

① 《全元文》卷 1421《大都赋》。

大都有许多描写，在他的笔下，大都中外商贾云集、珍奇荟萃，是世界著名的大商业都市，可与黄文仲的《大都赋》相互印证：

> 应知汗八里城内外人户繁多，有若干城门即有若干附郭。此十二大郭之中，人户较之城内更众。郭中所居者，各地来往之外国人，或来入贡方物，或来售货宫中……外国巨价异物及百物之输入此城者，世界诸城无能与比……百物输入之众，有如川流之不息。仅丝一项，每日入城者有千车。用此丝制作不少金锦绸绢及其它数种物品。此汗八里大城之周，有城二百，位置远近不等。每城都有商人来此买卖货物，盖此城为商业繁盛之城也。①

二、元代腹里地区的蚕桑丝织业

元代腹里地区的蚕桑丝织业在元世祖时期达到全盛，从事蚕桑丝织业的农户超过 100 万户，仅山东地区就有 40 多万户，河北在 30 万户左右，这个数字超过了宋代的水平。所以马可波罗在大都见到仅丝一项，就日进千车的情景并不是虚构，而是有其客观基础的。从蒙古国到元朝，均在北方农业区内征收丝料。至元四年，征收 109 万余斤，至元代中期仍大体保持这个水平，反映出北方地区蚕桑业有着相当的规模。

下表是元代有史料记载的丝年产量②：

---

① 《马可波罗行纪》第 94 章《汗八里城之贸易发达户口繁盛》。
② 《庚申外史》卷下。

序号	时间	产丝量
1	中统四年(1263 年)	712171(斤)
2	至元二年(1265 年)	986912(斤)
3	至元三年(1266 年)	1053226(斤)
4	至元四年(1267 年)	1096489(斤)
5	天历元年(1328 年)	1098843（斤）
6	元统至元间 (1333～1340 年)	1000000(斤)以上

腹里地区 29 路,目前只有兴和路、德宁路、净州路、泰宁路、应昌路、宁昌路、全宁路以及砂井总管府没有关于蚕桑业的记载。

1. 河北地区

从五户丝户来看,真定路的五户丝户有 106,871 户,大名路有 70,756 户,河间路有 55,259 户,保定路有 60,532 户。参见下列表。

表 1 河间路五户丝户统计表

序号	分拨对象	时间	户数	1319 年户数	1319 年斤数
1	太祖第六子阔列竖 太子子河间王	1236	45930	10140	4479
2	也速不花千户	1252	1317	559	223
3	合丹大息	1236	1023	366	160
4	述律哥图千户	1236	354	354	206
5	太祖第二斡耳朵	1257	2900	1556	657
6	八不别及妃子	1288	510		204
7	也速兀儿等三千户	1236	1775	722	288
8	帖柳兀秃千户	1236	1450	354	206
	合计		55259		

表 2　大名路五户丝户统计表

序号	分拨对象	时间	户数	1319 年户数	1319 年斤数
1	太祖第三子太宗子定宗	1236	68593		
2	迭哥	1236	1713		
3	阿术鲁拔都	1236	310	301	120
4	行丑儿	1236	100	38	15
5	忽都那颜	1252	20		
6	清河县达鲁花赤也速	1252		20	
	合计		70756		

表 3　保定路五户丝户统计表

序号	分拨对象	时间	户数	1319 年户数	1319 年斤数
1	太祖位下大斡耳朵	1279	60000	12693	5207
2	孛罗浑官人	1252	415		6838
3	镇海相公	1252	95	53	31
4	憨剌哈儿	1252	21		
5	阿剌罕万户	1252	1(可能有误)		
	合计		60532		

此外,元代河北地区还包括顺德路,本路蚕桑丝织业的存在历史可以追溯到元太祖时期。史载:"太祖十八年(1223 年),何实从孛鲁南下攻金,所至俘工匠七百余人,受命驻兵刑州(今河北邢台),分织匠五百户,置局课织。"①另外本路的蚕桑灾害发生次数

---

① 《元史》卷 150《孛鲁传》。

较少,有史可载的只有二次:"至元六年(1269年),顺德路桑蚕灾害,量免丝料。"①"大德五年夏四月,顺德虫食桑。"②

　　元仁宗时期(1311～1320年),顺德路总管王结在《善俗要义》(这是向百姓宣讲劝农的材料)中说:"古人云:'十年之计,种之以木'。若载桑或地桑,何必十年,三、五年后便可享其利也……本路官司虽频劝课,至今不见成效,盖人民不为远虑,或又托以地不宜桑,往往废其蚕织,所以民之殷富不及齐、鲁……苟能按其成法,多广栽种,则数年之间丝绢繁盛亦如齐、鲁矣。"③说明顺德路到了元代中期以后,蚕桑业有所衰落,桑树种植并不很普遍,原因是当地百姓对此不甚积极,导致当地的"蚕织"之利、民之殷富比不上"齐、鲁"之地,即山东地区。综合来看,顺德路的蚕桑业在河北诸路中是最不发达的。

　　顺德路的五户丝户目前见诸记载的只有:"八答子,丙申年,分拨顺德路一万四千八十七户。延祐六年,实有四千四百四十六户,计丝二千四百六斤。"

　　综合来看,元代河北地区的五户丝户有 293,418 户,如按"二户丝说"即每户出丝一斤计算,当有 293,418 斤,实际数量应当更多。

　　2. 山东地区

　　元人王恽(1227～1304年)曾有诗,名曰《桑灾叹》:"稚桑发暮春,绿叶光旎旎。田家岁计固不常,农妇相桑扫蚕蚁。黑箱一夜从天来,万树焦枯遭燎毁。今春继以海多风,风剪碎枝条。生意靡天孙,仰诉锦机空。寓氏倚坛如丧妣,蚕生时序三月尾,过晚终非应时美。只缘阙饲勒迟生,往往中乾空满纸。山东自古丝纩窟,大收

---

　　①　《元史》卷96《食货四》。
　　②　《元史》卷20《成宗本纪三》。
　　③　王结:《文忠集》卷6。

之年有不熟。一妇不蚕天下寒,况复例灾过惨酷。"①从这首诗可以看出山东的蚕桑丝织业在全国的地位。

另据元史记载:"二十一年(1284 年)三月,山东陨霜杀桑,蚕尽死,被灾者三万余家。"②王恽诗中所咏可能就是这次桑灾。

进入 14 世纪,大德九年(1305 年)三月,河间、益都、般阳三郡属县陨霜杀桑。清、莫、沧、献四州霜杀桑二百四十一万七千余本,坏蚕一万二千七百余箔。③

这一地区的蚕桑丝织业资料《元史》记载并不太完整,不过统计出来的五户丝户的户数是北方最高的地区,达到 422,704 户④,比河北地区多出 120,000 多户。

3. 河南地区

河南地区五户丝户统计见下表。

元代五户丝户统计表

路、州	分拨对象	时间	户数	1319 年户数	1319 年斤数
汴梁路,后改郑州	太宗子合丹大王位	1257 年	2356		936
汴梁路,后改钧州	太宗子灭里大王位	1257 年	1584	2496	997
汴梁路,后改蔡州	太宗子合失大王位	1257 年	3816	380	154
汴梁,后改拨睢州	太宗子阔出太子位	1257 年	5214	1937	764

---

① 王恽:《秋涧集》卷 9《桑灾叹》。

② 《元史》卷 50《五行一》。

③ 《元史》卷 50《五行一》。

④ 这个数字请参看第四章。

续表

路、州	分拨对象	时间	户数	1319 年户数	1319 年斤数
汴梁	撒吉思不花先锋	1252 年	291	127	15
汴梁	速不台官人	1257 年	1100	577	230
河南府路	睿宗子末哥大王位	1236 年	5552	809	233
彰德路	睿宗子旭烈大王位	1257 年	25056	2929	2201
卫辉路	明里忽都鲁皇后位下	1313 年	3342	2280	916
卫辉路	睿宗长子宪宗子阿速台大王		3342	2380	916
卫辉路	孛罗浑官人	1257 年	1100	1099	449
怀庆路			18673		
			72426		

　　由以上统计可知，元代河南地区的蚕桑丝织业有了一定的发展。根据这些零碎的数字统计，从事蚕桑丝织业的户数已经有72,426户，而据有关学者统计，元代河南人口仅有 814,363 人。①这说明《元史》漏载现象特别严重，仅以此数字计算，从事蚕桑丝织业的比例是相当高的，这还只是部分地区的统计数字。

　　另外，从卫辉路的三组数字来看，这一地区的蚕桑丝织业到了元代中后期并没有很大衰落，一直保持着较为平稳的发展。卫辉路是腹里地区所有路中蚕桑丝织业下降幅度最小的。

---

　　①　袁祖亮：《中国古代人口史专题研究》，第 337 页。

4. 山西地区

本地区的五户丝户统计见下表:

元代五户丝户统计表

路、州	分拨对象	时间	户数	1319年户数	1319年斤数
平阳路	太祖长子术赤大王位	1236年	41302		
平阳路	独木干公主	1257年	1100	560	224
平阳路	塔丑万户	1252年	186	81	37
平阳路	塔察儿官人	1257年	200	20	80
平阳路	折米思拔都儿	1252年	1000	600	240
平阳路	按摊官人	1260年	60	40	16
平阳路	黄兀儿塔海	1236年	140	100	40
大同路	弑木太行省	1252年	751		
太原路	太祖次子茶合鹏大王位		1236年	47330	250
太原路	伯八千户	1257年	1100	354	140
太原路	按察儿官人	1252年	550	98	29
	合计		93719		

从上表统计数字来看,山西的蚕桑丝织业规模在腹里地区中排名第三名,排在河南行省之前,达到 93,719 户。

从上面四地统计可知,元代腹里地区的蚕桑丝织业规模惊人,总户数达到 882,267 户,这个统计数字也是不完整的。

第二节　蒙元诸汗、皇帝高度重视科技发展　　　　以及采取开明、务实、灵活的政策

笔者在前面章节专门谈到此问题,可以这么说,蒙元诸汗、皇

帝是高度重视科技的，从成吉思汗开始，蒙元的科技事业开始起步。成吉思汗很重视战甲的制造，在蒙古军队中有大批精于制作战甲的回纥甲匠。此外，还出现了四世造甲、制盾世家。蒙古国成吉思汗时期（1206～1227 年）炮就已经在对外征服战争中使用，有大批制炮专家，造船业也已经出现，并有了自己的水军。成吉思汗的军队是一支训练有素、装备精良的常胜之师。

南宋人徐霆写有《黑鞑事略》一书，该书中有这样一段话："霆尝考之：鞑人始初草昧，百工之事无一而有。其国除孳畜外，更何所产。其人椎朴，安有所能，止用白木为鞍，桥以羊皮，镫亦剜木为之，箭镞则以骨，无以得铁。后来灭回回，始有器械。盖回回百工技艺极精，攻城之具尤精。后灭金房，百工之事于是大备。"

这段话被后世许多学者引用，以证明蒙古汗国没有军事手工业，甚至没有一般手工业，更不要说有科技因素了。其实这段话客观来说，后半段是事实，前半段是臆测。蒙古帝国占领中亚，也就是史书中所说西域四十四国，灭掉南面的金国之后军工开始有了大发展是事实，但说之前"百工之事无一而有"是不符合历史事实的，也是不合常理的。成吉思汗的部队并不是像徐霆所言无工匠、无器械，只有木棍骨箭、不识铁为何物的极端原始、落后的装备之师。如果是这样的话，他怎么能够率领大军驰骋万里？如何能够使亚欧诸国闻风而逃？如何能够获得"中世纪世界最大兵圣"的称号？

成吉思汗去世以后，他的继任者太宗窝阔台直至末代皇帝元顺帝，对科技事业的促进作用是显而易见的，这些笔者在前面章节已有阐述。现在重点对元世祖予以探讨。

元世祖本人的文化修养水平较高，对各个民族有关治国的历史典籍通过各种方式孜孜不倦地进行探讨、学习，特别是对于儒家经典。对此，明人在修《元史》时甚至不厌其烦，予以大量篇幅记载。

　　据《元史》记载,忽必烈在为藩王之时,抱负很大,为此团结了一批汉人儒士,"岁甲辰(1244年),帝在潜邸,思大有为于天下,延藩府旧臣及四方文学之士,问以治道"①。在此之前,他身边的儒士就有数位,如许国祯、赵璧等,潜移默化间忽必烈对儒家思想有了较深的认识。

　　许国祯,"字进之,绛州曲沃人也。祖济,金绛州节度使。父日严,荣州节度判官。皆业医"。他是一位精通医术的儒医,"国祯博通经史,尤精医术。金乱,避地嵩州永宁县。河南平,归寓太原。世祖在潜邸,国祯以医征至翰海,留守掌医药"②。

　　赵璧,字宝臣,云中怀仁人。"世祖为亲王,闻其名,召见,呼秀才而不名,赐三僮,给薪水,命后亲制衣赐之,视其试服不称,辄为损益,宠遇无与为比。命驰驿四方,聘名士王鹗等。又令蒙古生十人从璧受儒书。敕璧习国语,译《大学衍义》,时从马上听璧陈说,辞旨明贯,世祖嘉之。"③赵璧遵忽必烈之命学习蒙古语,是为了加强他们之间的直接交流,看来很有效果,忽必烈对儒家经典有了浓烈兴趣,在马上也随时听赵璧引经据典、高谈阔论。

　　不过儒家经典众多,赵璧难道只选一部给忽必烈?《元史》记载太过简略,有史料表明,赵璧推荐并翻译给忽必烈的儒家经典还有《论语》、《中庸》、《孟子》诸书,忽必烈"始知圣贤修己治人之方",并感慨道:"汉人乃能为国语深细若此。"④

　　忽必烈尤其喜爱读历史上谈论治国的政治书籍,对用蒙古语写成的《蒙古秘史》手不释卷,经常直接阅览并考究其中得失。至

---

① 《元史》卷4《世祖本纪一》。
② 《元史》卷168《许国祯传》。
③ 《元史》卷159《赵璧传》。
④ 虞集:《道园学古录》卷12《中书平章政事赵璧谥议》。

元十九年,曾刊行蒙古畏吾儿字所书《通鉴》。①　他虽然不能直接阅读大多数汉文书籍,但常让儒士们译讲译刊其中的经典之作,以资治国之鉴。他通过这种特殊方式读到的汉文书籍颇多,除四书五经之外,还有《资治通鉴》、《贞观政要》、《大定治绩》等等。《元史》有一段话,颇能代表忽必烈的儒学水平。

　　问曰:"孔子殁已久,今其性安在?"对曰:"圣人与天地终始,无往不在。殿下能行圣人之道,性即在是矣。"又问:"或云,辽以释废,金以儒亡,有诸?"对曰:"辽事臣未周知,金季乃所亲睹。宰执中虽用一二儒臣,余皆武弁世爵,及论军国大事,又不使预闻,大抵以儒进者三十之一,国之存亡,自有任其责者,儒何咎焉!"世祖然之。因问德辉曰:"祖宗法度具在,而未尽设施者甚多,将如之何?"德辉指银盘,喻曰:"创业之主,如制此器,精选白金良匠,规而成之,畀付后人,传之无穷。当求谨厚者司掌,乃永为宝用。否则不惟缺坏,亦恐有窃而去之者矣。"世祖良久曰:"此正吾心所不忘也。"又访中国人材,德辉举魏璠、元裕之、李冶等二十余人。又问:"农家作劳,何衣食之不赡?"德辉对曰:"农桑天下之本,衣食之所从出者也。男耕女织,终岁勤苦,择其精者输之官,余粗恶者将以仰事俯育。而亲民之吏复横敛以尽之,则民鲜有不冻馁者矣。"岁戊申春,释奠,致胙于世祖,世祖曰:"孔子庙食之礼何如?"对曰:"孔子为万代王者师,有国者尊之,则严其庙貌,修其时祀,其崇与否,于圣人无所损益,但以此见时君崇儒重道之意何如耳。"世祖曰:"今而后,此礼勿废。"世祖又问:"典兵与宰民者,为害孰甚?"对曰:"军无纪律,纵使残暴,害固非轻;若宰民者,头会箕敛以毒天下,使祖宗之民如蹈水火,为害尤甚。"世祖默

---

① 　《元史》卷12《世祖本纪九》。

然，曰："然则奈何？"对曰："莫若更遣族人之贤如口温不花者，使掌兵权，勋旧则如忽都虎者，使主民政，若此，则天下均受赐矣。"①

　　忽必烈印象深刻的儒士还有张特立，"特立通程氏《易》，晚教授诸生，东平严实每加礼焉"。岁丙午（1246 年），世祖在潜邸受王印，首传旨谕特立曰："前监察御史张特立，养素丘园，易代如一，今年几七十，研究圣经，宜锡嘉名，以光潜德，可特赐号曰中庸先生。"又谕曰："先生年老目病，不能就道，故令赵宝臣谕意，且名其读书之堂曰丽泽。"②由此可见，忽必烈对原金国名儒非常尊敬，可以看出他对儒学的尊崇。

　　忽必烈广揽人才，他与理学大师赵复的对话很有意思，赵复对忽必烈让他帮助灭宋的要求坚决拒绝，忽必烈不怒反喜，支持他在北方创建太极书院，传播程、朱理学。"自复至燕，学子从者百余人。世祖在潜邸，尝召见，问曰：'我欲取宋，卿可导之乎？'对曰：'宋，吾父母国也，未有引他人以伐吾父母者。'世祖悦，因不强之仕。惟中闻复论议，始嗜其学，乃与枢谋建太极书院，立周子祠，以二程、张、杨、游、朱六君子配食，选取遗书八千余卷，请复讲授其中……北方知有程、朱之学，自复始。"③

　　从 1246 年至 1252 年，受皇兄蒙哥命远征大理这短短数年间，忽必烈结纳的儒士人数众多。

　　崔斌，字仲文，马邑人。"性警敏，多智虑，魁岸雄伟，善骑射，尤攻文学，而达政术。世祖在潜邸召见，应对称旨。"④

---

① 《元史》卷 163《张德辉传》。
② 《元史》卷 199《张特立传》。
③ 《元史》卷 189《赵复传》。
④ 《元史》卷 173《崔斌传》。

王利用,字国宾,通州潞县人。"辽赠中书令、太原郡公籍之七世孙,高祖以下皆仕金。利用幼颖悟,弱冠与魏初同学,遂齐名,诸名公交口称誉之。初事世祖于潜邸"①。

陈思济,字济民,柘城人。"幼读书,即晓大义,以才器见称于时辈间。世祖在潜邸,闻其名,召之以备顾问。"②

魏璠,庚戌岁(1250年),"世祖居潜邸,闻璠名,征至和林,访以当世之务。璠条陈便宜三十余事,举名士六十余人以对,世祖嘉纳,后多采用焉"③。

马亨,字大用,邢州南和人。"世业农,以赀雄乡里。亨少孤,事母孝,金季习为吏。庚戌(1250年),太保刘秉忠荐亨于世祖,召见潜邸,甚器之。"④

李冶,字仁卿,真定栾城人。"登金进士第,调高陵簿,未上,辟知钧州事。岁壬辰,城溃,冶微服北渡,流落忻、崞间,聚书环堵,人所不堪,冶处之裕如也。世祖在潜邸,闻其贤,遣使召之,且曰:'素闻仁卿学优才赡,潜德不耀,久欲一见,其勿他辞。'既至,问河南居官者孰贤,对曰:'险夷一节,惟完颜仲德。'又问完颜合答及蒲瓦何如,对曰:'二人将略短少,任之不疑,此金所以亡也。'又问魏徵、曹彬何如,对曰:'徵忠言谠论,知无不言,以唐诤臣观之,徵为第一。彬伐江南,未尝妄杀一人,拟之方叔、召虎可也。汉之韩、彭、卫、霍,在所不论。'又问:'今之臣有如魏徵者乎?'对曰:'今以侧媚成风,欲求魏徵之贤,实难其人。'又问今之人材贤否,对曰:'天下未尝乏材,求则得之,舍则失之,理势然耳。今儒生有如魏璠、王鹗、李献卿、兰光庭、赵复、郝经、王博文辈,皆有用之材,又皆贤王所尝

---

①　《元史》卷170《王利用传》。

②　《元史》卷168《陈思济传》。

③　《元史》卷164《魏初传》。

④　《元史》卷163《马亨传》。

聘问者,举而用之,何所不可,但恐用之不尽耳。然四海之广,岂止此数子哉。王诚能旁求于外,将见集于明廷矣。'又问天下当何以治之,对曰:'夫治天下,难则难于登天,易则易于反掌。盖有法度则治,控名责实则治,进君子退小人则治,如是而治天下,岂不易于反掌乎!无法度则乱,有名无实则乱,进小人退君子则乱,如是而治天下,岂不难于登天乎!且为治之道,不过立法度、正纪纲而已。纪纲者,上下相维持;法度者,赏罚示惩劝,今则大官小吏,下至编氓,皆自纵恣,以私害公,是无法度也。有功者未必得赏,有罪者未必被罚,甚则有功者或反受辱,有罪者或反获宠,是无法度也。法度废,纪纲坏,天下不变乱,已为幸矣。'"①

这是 1253 年元世祖南征大理前夕与李冶的谈话,对元世祖影响很大。元世祖得知宋太祖下令征南唐大将军曹彬不许滥杀生灵之事后,不仅嘉纳之,还铭刻在心。事隔 20 年之后,在伐宋渡江之际,总指挥伯颜向他告别,他以此事告诫伯颜不许滥杀无辜,"秋七月,陛辞,世祖谕之曰:'昔曹彬以不嗜杀平江南,汝其体朕心,为吾曹彬可也'"②。

后来,伯颜谨遵元世祖之令,对南宋故都临安(今浙江杭州)没有破坏,为此,伯颜还赋诗二首,歌以咏之。

其一题为《奉使收江南》,曰:"剑指青山山欲裂,马饮长江江欲竭。精兵百万下江南,干戈不染生灵血。"

其二题为《鞭》,曰:"一节高兮一节低,几回敲镫月中归。虽然三尺无刃刀,百万雄师属指挥。"③

临安归入元帝国之后规模进一步扩大,成为令马可波罗为之惊叹的元代南方最大的都市。同时通过海运方式,把南宋的图籍、

---

① 《元史》卷 160《李冶传》。
② 《元史》卷 127《伯颜传》。
③ 《元代少数民族诗选》,内蒙古人民出版社 1981 年版,第 53、54 页。

天文仪器等完好如初运往大都,成为一时佳话,使得前代科技文明成果完整保存下来,并在此基础上,得到进一步发展。

元世祖对科技人才非常重视,在他身边云集了一大批来自域内外的科技专家,前文已经述及。元史还记载了他对科技方面的问题很感兴趣,询问数学家李冶关于地震的成因、看法等,"又问昨地震何如,对曰:'天裂为阳不足,地震为阴有余。夫地道,阴也,阴太盛,则变常。今之地震,或奸邪在侧,或女谒盛行,或谗慝交至,或刑罚失中,或征伐骤举,五者必有一于此矣。夫天之爱君,如爱其子,故示此为警之耳。苟能辨奸邪,去女谒,屏谗慝,省刑罚,慎征讨,上当天心,下协人意,则可转咎为休矣。'世祖嘉纳之"①。

李冶虽为数学家,其对地震成因解释以今日眼光看来,颇有唯心论色彩,但是李冶是想以此劝诫元世祖能够去奸邪、省刑罚、止征讨,为天下百姓考虑,这一点还是得到元世祖的大力肯定的。

蒙元时期,长达一个半世纪多,蒙古诸汗、皇帝采取的科技奖励政策也是前世罕有的。前文已经述及元世祖时期曾对郭守敬进行重奖,类似的例子举不胜举。如太史院官员杨恒"奉敕撰《仪表铭》、《历日序》,文辞典雅,赐楮币千五百缗"②。

另外,元代工匠的地位是比较高的。成吉思汗时期,有这样一则故事:"夏人常八斤,以善造弓见知于帝,因每自矜曰:'国家方用武,耶律儒者何用。'楚材曰:'治弓尚须用弓匠,为天下者岂可不用治天下匠耶?'帝闻之甚喜,日见亲用。"③从这则故事可以看出,造弓匠常八斤敢于对当时成吉思汗的得力助手、中书令耶律楚材这样藐视,从侧面反映出工匠在蒙古汗国的受重视程度,这在别的朝代是不可想象的。

---

① 《元史》卷160《李冶传》。
② 《元史》卷164《杨恒传》。
③ 《元史》卷146《耶律楚材传》。

　　正因为蒙古诸汗、皇帝奖励发明、技艺,许多平民得以加官封爵,泽被后世。

　　王德亮,"父王福,倜傥好义,以善役水为砲,有名燕赵间。遂隶少府俾提领涿州工匠。君改大都税课同提举,期年,课羡四千定。迁承德郎、上都税课同提举。居三年,进奉议大夫、万亿宝源库提举。宝源受天下转输,众谓剧而公甚优于才"①。

　　大同人吴诚,"父候德融,善锻(保护颈项的铠甲,见《说文·金部》),有巧思,宪宗时用为诸路银匠提举。中统初,世祖召,制器尚方,复其家先。是岁,候被旨造征南弩于太原,起家为太原路远仓粮提举监支纳。至元七年夏,大司徒阿尼哥言于昭睿顺圣皇后,建镇国仁王寺,授诸物库提领。转大都路诸物库使。升同知大都人匠总管府事。迁奉训大夫,西京路总管府治中。改泉府少卿。尤善理财,家累千金"②。

　　蓟州甲局提举,"先人始以函工赐田通州,后以锻制精坚他工,迁彰德县院长。寻官进义副尉,徙平阳杂造局副使。再官进义校尉,为使。又官敦武校尉,蓟州局使。提举司以劳深而资久也,制以前官超为提举"③。

　　蔚州杨氏,"至元四年,领三千人采木,建大都城,授蔚州采木同提举,(至元)十六年,为采木提举,由奉训大夫改奉直大夫,泰安州莱芜等处铁冶提举。寻知岚州、平定州。皇太后幸五台山,以候为中顺大夫,知宣德府,仍领采木之役。子国彦,蔚州采木提举"④。

　　陈以忠,"瑞州蒙山产银,州民陈自以其资富力可办,欲因以求

　　①　程钜夫:《雪楼集》卷21《宜兴守王君墓志铭》。
　　②　程钜夫:《雪楼集》卷21《故河东山西道宣慰副使吴君墓碑》。
　　③　姚燧:《牧庵集》卷28《蓟州甲局提举刘府君墓志铭》。
　　④　《松雪斋集》卷3《蔚州杨氏先茔碑铭》。

官,献其说,得为银冶提举"①。

　　吴鼎,字鼎臣,大都大兴人。至元十七年,见裕宗于东宫,命入宿卫。二十五年,授织染杂造局总管府副总管。后积官至礼部尚书、宣徽副使。②

　　上述这些高级匠官,后来有的得到进一步晋升,甚至有位列正二品的。他们先前都为平民,也没有任何背景,都是依靠自己的一技之长得以发挥。

　　另外,元代科技官员的官职也非常之高。科技官员如太史院、太医院都为正二品,广惠司、武备寺、广谊司都为正三品,可见蒙元诸汗、皇帝对科技官员的重视程度。据《元史·百官志》记载:

　　太史院,秩正二品,掌天文历数之事。

　　司天监,秩正四品,掌凡历象之事。

　　回回司天监,秩正四品,掌观象衍历。

　　太医院,秩正二品,掌医事,制奉御药物,领各属医职。

　　广惠司,秩正三品,掌修制御用回回药物及和剂,以疗诸宿卫士及在京孤寒者。

　　典瑞院,秩正二品。掌宝玺、金银符牌。

　　都水监,秩从三品,掌治河渠并堤防水利桥梁闸堰之事。

　　太仆寺,秩从二品,掌阿塔思马匹,受给造作鞍辔之事。

　　武备寺,秩正三品,掌缮治戎器,兼典受给。

　　广谊司,秩正三品。司令二员,正三品;同知二员,正四品;总和顾和买、营缮织造工役、供亿物色之务。

---

①　虞集:《道园学古录》卷《靖州路总管捏古台公墓志铭》。
②　《新元史》卷 203《吴鼎传》。

第三节　人才评价机制产生重大变革

郭永芳先生曾经以《"四大发明"在东西方的不同命运》为题，发文讨论自然科学的进步除受其本身体系的完善外，还深受社会诸因素（如政治、经济、文化等）的制约。

他提出了一种中国古代"可变血统论"。他是这样阐述的："各个王朝通过贡举和科举的选拔制度，把社会上的优秀人才遴选到政权机器里来，增强政权的生命力。这样做，能够使出身'寒门'的人才改换'门庭'和'血统'。中国的血统论是可变的血统论，而不是欧洲封建社会里不可变的血统论。"[1]

元代前期，这种遴选机制发生了变化，科举和贡举制度中断，直到皇庆二年（1313 年），才下诏恢复久废的科举考试，而恰在被废除的这段时间，元代科学技术不仅没有退步，反而达到了巅峰。

从秦汉到两宋，直到元朝以后的明清两朝，都是以士大夫为主体的知识分子从事学术活动，他们的研究方式是以思辨为主，很少从事有实际意义的科学实验，而元代出现了一个现象：从事科技活动的主体大大增加，既有士大夫官员阶层，也有大批境内外工匠群体以及高级匠官，还包括普通百姓。如何解释这种现象？借用郭永芳先生的理论，就是元代科学技术的创新主体发生了可变的血统论。

单以高级匠官而言，元代匠官的人数众多，他们集中于官营手工业之中，机构十分复杂。在《元史》卷 85《百官一》中有详细的记载，这些机构有的属于中央政府，亦有属于皇室太子、后妃、公主、驸马的，还有的属于地方政府。中央各部门都设有自己统管的局、

---

① 　郭永芳：《"四大发明"在东西方的不同命运》，载《文史知识》1987 年第 1 期。

院、提举司、所、库等,设院长、大使、副使、提举、同提举、副提举、提点、提领等官员,其下还有管勾、作头、头目、堂长等,从管勾以下,品级都很低,如山东东路转运盐使司"下辖盐场一十九所,每场设司令一员,从七品;司丞一员,从八品;管勾一员,从八品。解盐场,管勾一员,正九品;同管勾一员,从九品"。

据《元典章》,北方局院统管工匠在 500 户以上者称提举、副提举、同提举;300～500 户者称院长、提领、提点;100～300 户者称大使、副使。南方 2000 户以上者称提举、副提举、同提举;500～2000户者称局使、副使;500 户以下者称院长。这可能是因为南方人口密度大、工匠绝对数目比北方大的缘故。这些高级匠官对元代的科技事业的推动作用也不可小觑。下面是笔者从众多高级匠官中选取的数例:

如在农业书籍的印行推广方面,延祐二年(1315 年)八月,"诏江浙行省印《农桑辑要》万部,颁降有司遵守劝课"。延祐五年(1318 年)四月二十七日,"帝御嘉禧殿,集贤大学士李邦宁、大司徒臣源进呈农桑图。上披览再三,问作诗者何人? 对曰翰林承旨赵孟頫;作图者何人? 对曰诸色人匠提举臣杨叔谦。帝嘉赏久之,人赐文绮一段,绢一段"。可见,杨叔谦虽为诸色人匠,对农桑也很留意,所绘农桑图能够让仁宗皇帝嘉赏久之,可谓难得。

在铁矿冶炼方面,邢秉仁于公元 1298 年(元大德二年)以中书掾任济南莱芜等处铁冶都提举司副提举,大德五年升任提举。莱芜铁冶自至元间徐前提举上任后成立通利、宝成、锟锘三监,监设户丁,形成了一套较完备的制度。徐琰调离后,由于人员更迭,管理不善,出现了税利不多但矿冶工却不胜其扰的局面。省部将济南商山提举司撤销,把其所属的元固、富国二监与莱芜通利、宝成、锟锘三监合并,成立济南莱芜等处地方铁冶提举司。总部设在莱芜,以阿里沙(札鲁花赤)、田可宜并为提举,邢秉仁为副提举。三提举到任后,除了继承原有的制度外,选贤任能,三载考绩,上面税收增加,下边获利丰厚,形成了"逋者还、居者乐、废者兴、缺者完、旅贩辐辏、铁法大成"的良好局面,"选充广平、彰德等处铁冶都提举,官中议大夫。都提举广平、彰德诸冶,差户程功,矿火悉给缩贾,殖货以利予农,治办为最"①。

济南莱芜等处铁冶都提举司,几乎管理着整个山东的矿冶业,冶户四千余。此时全国铁年产量在 1000 万至 1500 万斤,莱芜年课铁产量虽然缺漏,如按最低 139 万至 217 万斤计算,在全国地位也非常重要。

在工匠培养方面,德兴燕京太原人匠达鲁花赤王德真做出较大贡献,"岁壬辰(1232),有诏命公集诸匠,一日应募数千。适岁饥,人相食。公出已财粮以食之,脱死者不可计。率诸匠北来至太原,较其技艺,率多畏死冒充而实不能者。公亦不之罪,谕以温语,示以程法,积以日月,后皆为良工"②。

在蒙古汗国时期的天文事业方面,刘敏曾经作出独特贡献,他曾经跟随成吉思汗西征,挑选了一批回回天文科技人员,为后来蒙古汗国的司天台的建立立下大功,成为最早的负责人,"上试公已久,熟其材量,而闵其劳苦,随以西域工技户四分二千之一立局燕京,兼提举燕京路,征收课税、漕运、盐场及僧道、司天等事。山东十路、山西五路、工技所出军,立二总管,公皆将之"③。

江东等处坑冶副提举谭澄通晓鼓铸之法,对胆水浸铜也深有研究,"至大庚戌(1310 年),尚书省铸新钱,以才选将仕郎、江东等处坑冶副提举,君博览志。夙谙鼓铸之法,召工溃铁于池即成铜。

①　马祖常:《石田文集》卷 12《致仕礼部尚书邢公神道碑铭》。
②　《紫山大全集》卷 16《德兴燕京太原人匠达鲁花赤王公神道碑》。
③　《元好问集》卷 28《大丞相刘氏先茔神道碑》。

烹炼功多利,悉送官"①。

在纺织业方面,韩奕利用本地机户分散但人数众多的优势,完成大规模集中作业。"初,治中为行工部所署时,募工置诸局司。虽谨程度,严政令,而抚循有恩,人乐为用。及佐郡时,属有旨,岁赠织绫段五万。治中公计局工不足办,藉民间杼柚成之,较官出工物杂费省缗钱且万,民又利佣直,不逾月,乃成。"②

元代纺织业方面取得的进步,还与两位普通民间妇女有关。

"松江府东去五十里许,曰乌泥泾。其地土田硗瘠,民食不给,因谋树艺,以资生业。遂觅种于彼。初无踏车椎弓之制,率用手剖去子,线弦竹弧置按间,振掉成剂,厥功甚艰。"这则史料说明元代初期的松江府乌泥泾还是贫瘠之地,当地居民仅靠种地难以维持生计,"闽广多种木绵,纺织为布,名曰吉贝……遂觅种于彼"。他们从闽广引进棉种,但是因为缺少合适的纺织工具,生产力还很落后。

"元贞间,姬遇海舶以归。躬纺木棉花,织崖州被自给,教他姓妇不少倦,未几,被更乌泾名天下,仰食者千余家"③。此姬就是历史上著名的黄道婆。元末陶宗仪在《南村辍耕录》中对她记载得很详细:"国初时,有一姬名黄道婆者,自崖州来,乃教以做造捍弹纺织之具,至于错纱配色,综线挈花,各有其法,以故织成被褥带帨。其上折枝团凤棋局字样,粲然若写。人既受教,竞相作为,转货他郡,家既就殷。未几,姬卒,莫不感恩洒泣而共葬之,又为立祠,岁时享之。越三十年,祠毁,乡人赵愚轩重立。今祠复毁,无人为之

①　许有壬:《至正集》卷87《有元奉训大夫南雄路总管府经历谭君墓志铭》。

②　《安雅堂集》卷10《韩总管墓碑》。

③　王逢:《梧溪集》卷3《黄道婆祠》。

创建。道婆之名,日渐泯灭无闻矣。"①

通过上述二则史料可以知道,在黄道婆的悉心指导下,松江的棉纺织生产很快发展起来,仰食者千余家,形成了全国闻名的棉纺织基地。在黄道婆传授和改进技术的基础上,乌泥泾及其周围地区的棉纺织技术很快领先于全国,后又传播到了长江中下游的广大地区。元人熊磵谷所写《木棉歌》描写了当时江南地区家庭棉纺织的情景:"尺铁碾去瑶台雪,一弓弹破秋江云。中虚外泛搓成絮,昼夜踏车声落落。"

除去这数则史料外,元末还有一首诗也描述了此时的盛况:

> 黄浦之水不育蚕,什什伍伍种木棉。木棉花开海天白,晴云擘絮秋风颠。男丁采花如采茧,女媪织花如织绢。由来风土赖此物,祈寒庶免妻,黄浦水,潮来载木棉,潮去催官来,自从丧乱苦征多,海上人家今有几?府帖昨夜下县急,官科木棉四万匹②。

这首诗写作的时间当是在 1352 年农民起义后,可能要早于陶宗仪的《南村辍耕录》(1366 年)。

可以看出,黄道婆去世以后,黄浦江流域的棉花种植非常普及,这一流域的居民像养蚕织绢那样来采摘棉花进行纺织棉制品,如果诗人提供的数字四万匹是真实情况的话,当占江浙行省的很大一部分。据元末笔记《庚申外史》:"元统至元间(1333—1340年),一岁入至粮一千三百五十万八千八百八十四石,而江浙四分强,河南二分强,江西一分强,腹里一分强,湖广、陕西、辽阳总二分强,通十分也。金入凡三百余锭,银入凡千余锭,钞本入一千余万

---

① 陶宗仪:《南村辍耕录》卷 24。
② 沈梦麟:《花溪集》卷 2《黄浦水》,丛书集成续编本。

锭,丝入凡壹百余万斤,绵入凡七万余斤,布帛入凡四十八万余匹,而江浙常居其半。"①

　　明清时代松江织造冠天下,誉满全国,论起来,其实从黄道婆去世至元朝灭亡这数十年的时间,元代松江地区已经达到产布之盛、衣被天下的程度了。

　　随着时间的飞速发展,时至今日,黄道婆并没有如时人所说,"道婆之名,日渐泯灭无闻矣"②。"黄婆婆,黄婆婆,教我纱,教我布,两只筒子两匹布。"在上海华泾镇,至今仍然流传着这首颂扬黄道婆在家乡推广、传授棉纺织技术的歌谣。下页图是笔者在网上最新搜得的黄道婆晚年画像,画像中面带慈祥笑容的黄道婆手持一根绽满棉花花蕾的枝条,腰间扎着黄布腰带,袖口露出的两只手非常小巧。

　　棉花种植的推广和棉纺织技术的改进,是元代手工业发展过程中的一件大事,它标志着当时的社会生产力发展到了新的阶段,改变了广大人民和广大农村的家庭手工业的物质内容,同时也改变了人们的衣着。

　　另一位在北方陕西的兴元路。现在的陕西与元代时期无法相提并论,无论是生态环境还是农业生产水平。陕西行省在元代历史上是存在着蚕桑的,而且非常有名。在蒙(元)宋战争中,陕西是蒙古(元)军进攻四川的后勤供应基地。据苏天爵记载,丙辰(1256年)夏,蒙古军"征南,诏京兆布万匹、米三千石、帛三千段,械器称是,输平凉为军需。军期迫甚,郡人大恐、公(此指关中宣抚司郎中商挺)曰:'它易集也,运米千里,妨我蚕麦'"③。从输送的物资来看,有"帛三千段";从商挺所言,当时京兆(路治即今陕西西安)有

---

① 权衡:《庚申外史》卷下。
② 陶宗仪:《南村辍耕录》卷24。
③ 苏天爵:《元朝名臣事略》卷11《参政商文定公》。

蚕业存在,"妨我蚕麦"说明可能在地方经济中还发挥着重要作用。

黄道婆晚年画像①

大约 20 年后,马可波罗游历此地,"沿途所见城村,皆有墙垣。工商发达,树木园林既美且众,田野桑树遍布,此即蚕食其叶而吐丝之树也"②。陕西行省有如此雄厚的工商业基础,以及发达的蚕桑业,难怪忽必烈把它作为征占四川物资军需供应的大后方。

马可波罗到了元世祖之子安西王京兆府,"城甚壮丽,为京兆

---

① 资料来源:http://news. xinhuanet. com/shuhua/2007 - 01/25/content_5650049. htm.

② 《马可波罗行纪》第 100 章《京兆府城》。

府国之都会。昔为一国,甚富强……惟在今日,则由大汗子忙哥剌(Mangalay)镇守此地。大汗以此地封之,命为国王。此城工商繁盛,产丝多,居民以制种种金锦丝绢,城中且制一切武装"①。

马可波罗到过的陕西另一地方是关中,"离上述忙哥剌之宫室后,西行三日,沿途皆见有不少环墙之乡村及美丽平原。居民以工商为业,有丝甚饶"②。

陕西行省南部的兴元路(路治南郑,今陕西汉中),蚕桑业也很兴盛。蒲道源记载说,其妻子何宜人由于蒲道源家境贫困,于是"一意于纺绩蚕桑之业"以补家用。③

另据他记载:"孺人邓氏,今汉中处士任君元善字东卿之配也。其先沧州人……勤于蚕织,工于剪制……始于家道未充,织绩之外,专业蚕桑。蚁饲茧簇,风雨寒暖节适,法无不得宜,岁获甚丰,遂致完美。汉中治生者取以为法。"④

从这则史料可知,这位邓氏,养蚕非常出名,蚕也养得非常好,达到完美的境地,使得陕西南部汉中地区的人都向她学习养蚕技术,"汉中治生者取以为法",可惜她的名字没有流传下来,而且后人根本就遗忘了她的事迹,不像黄道婆那样能够名扬四方,妇孺皆知。

第四节　最大限度地利用域外科技文明成果,集中西技艺之大成

13世纪蒙古族的骤然兴起及其建立的元朝,揭开了我国古代

---

① 《马可波罗行纪》第110章《京兆府城》。
② 《马可波罗行纪》第111章《难于跋涉之关中州》。
③ 蒲道源:《何氏宜人墓铭》。
④ 蒲道源:《孺人邓氏墓志铭》。

史上中外科技交流新的篇章。在庞大的帝国内,其间元太宗窝阔台时期的和林与元世祖时期的大都成为 13 世纪初期和中后期世界交流的中心。

当时的和林城中,不仅有维吾尔人、回回人、波斯人,而且有匈牙利人、弗莱曼人、俄罗斯人,甚至还有英国和法国人。忽必烈定都大都后,大都城里也聚集了来自亚、欧、非的达官贵人、传教士、天文学家、阴阳家、建筑师、医生、富商、各种工程技术人员以及乐师、舞蹈家等等,据马可波罗记述:"郭中所居者,有各地来往之外国人,或来入贡方物,或来售货宫中⋯⋯外国巨价异物及百物之输入此城者,世界诸城无能与比。"①

此外,元朝征服过程中从西域各国掳掠了大量工匠。如花剌子模的讹答剌城被蒙古军攻破后,"那些刀下余生的庶民和工匠,蒙古人把他们掳掠而去,或者在军中服役,或者从事他们的手艺"。在撒麻耳罕,"三万有手艺的人被挑选出来,成吉思汗把他们分给他的诸子和族人"②。通过这种方式得到的工匠有数十万之多,而有元一代,迁居中原的中亚波斯人、阿拉伯人总数可能有百万之众。

正是在这种空前开放的经济文化交流的大格局中,形成了堪称中国古代历史上最大规模的科技交流。这些交流包括天文历法交流、数学交流、医药学交流、地理学交流、建筑学交流、火炮术交流、陶瓷制法的交流等等,其中医药学交流、建筑学交流、火炮术交流笔者在有关章节已经涉及,这里不再赘述,笔者仅以天文历法交流为例。

天文历法方面最早的交流可追溯到 1220 年蒙古军西征撒马

①　《马可波罗行纪》第 94 章《汗八里城之贸易发达户口繁盛》。
②　费志尼:《世界征服者史》上册,内蒙古人民出版社 1980 年版,第 99、140 页。

尔罕(费志尼《世界征服者史》中的撒麻耳罕),"西域历人奏五月望夜月当蚀,楚材曰:'否。'卒不蚀。明年十月,楚材言月当蚀,西域人曰不蚀,至期果蚀八分"①。据宋子贞记载,耶律楚材曾将西域历法介绍到中国,编了一部《麻答把历》,"尝言西域历五星密于中国,乃作《麻答把历》,盖回鹘历名也。又以日食躔度与中国不同,以《大明历》浸差故也,乃定文献公所著《乙未元历》行于世"②。

耶律楚材编历受到了阿拉伯历法的影响,丰富了中国的天文历法学,是为蒙古汗国时期阿拉伯天文历法对中国天文历法的最早影响。

元世祖时期,对西域历法更加重视。1263 年,他曾命爱薛掌西域星历、医药二司,此人是"西域拂林人……于西域诸国语、星历、医药无不研习"③。

至元四年(1267 年),波斯人天文学家札马鲁丁撰进《万年历》,忽必烈下令予以颁行。④ 同年,札马鲁丁制造了 7 件西域仪象:

1. 咱秃哈剌吉,汉言混天仪也。其制以铜为之,平设单环,刻周天度,画十二辰位,以准地面。侧立双环而结于平环之子午,半入地下,以分天度。内第二双环,亦刻周天度,而参差相交,以结于侧双环,去地平三十六度以为南北极,可以旋转,以象天运为日行之道。内第三、第四环,皆结于第二环,又去南北极二十四度,亦可以运转。凡可运三环,各对缀铜方钉,皆有窍以代衡箫之仰窥焉。

2. 咱秃朔八台,汉言测验周天星曜之器也。外周圆墙,而东面启门,中有小台,立铜表高七尺五寸,上设机轴,悬铜尺,长五尺

---

① 《元史》卷 146《耶律楚材传》。

② 《全元文》卷 8《中书令耶律公神道碑》。

③ 程钜夫:《雪楼集》卷 5《拂林忠献王神道碑》。

④ 《元史》卷 52《历一》。

五寸,复加窥测之第二,其长如之,下置横尺,刻度数其上,以准挂尺。下本开图之远近,可以左右转而周窥,可以高低举而遍测。

3. 鲁哈麻亦渺凹只,汉言春秋分晷影堂。为屋二间,脊开东西横罅,以斜通日晷。中有台,随晷影南高北下,上仰置铜半环,刻天度一百八十,以准地上之半天,斜倚锐者铜尺,长六尺,阔一寸六分,上结半环之中,下加半环之上,可以往来窥运,侧望漏屋晷影,验度数,以定春秋二分。

4. 鲁哈麻亦木思塔余,汉言冬夏至晷影堂也。为屋五间,屋下为坎,深二丈二尺,脊开南北一罅,以直通日晷。随罅立壁,附壁悬铜尺,长一丈六寸。壁仰画天度半规,其尺亦可往来规运,直望漏屋晷影,以定冬夏二至。

5. 苦来亦撒麻,汉言浑天图也。其制以铜为丸,斜刻日道交环度数于其腹,刻二十八宿形于其上。外平置铜单环,刻周天度数,列于十二辰位以准地。而侧立单环二,一结于平环之子午,以铜丁象南北极,一结于平环之卯酉,皆刻天度。即浑天仪而不可运转窥测者也。

6. 苦来亦阿儿子,汉言地理志也。其制以木为圆球,七分为水,其色绿,三分为土地,其色白。画江河湖海,脉络贯串于其中。画作小方井,以计幅圆之广袤、道里之远近。

7. 兀速都儿剌不,定汉言,昼夜时刻之器。其制以铜如圆镜而可挂,面刻十二辰位、昼夜时刻,上加铜条缀其中,可以圆转。铜条两端,各屈其首为二窍以对望,昼则视日影,夜则窥星辰,以定时刻,以测休咎。背嵌镜片,三面刻其图凡七,以辨东西南北日影长短之不同、星辰向背之有异,故各异其图,以画天地之变焉。

这7件阿拉伯式的天文仪器,即浑天仪、方位仪、斜纬仪、平纬仪、天球仪、地球仪、观象仪,其中有的是第一次在中国出现,开拓了中国天文学者的眼界。

回回书籍也大批进入中国,据《秘书监志》卷七录有"回回书籍"，记载北司天台收藏的波斯文、阿拉伯文书籍有242种，包括天文、历法、算学、占星书等书。天文历法著作有《麦者思的造天仪式十五部》、《积尺诸家历四十八部》、《哈里雅尔历法叚数七部》、《松阿里阿尔齐巴星纂四部》、《萨哈勒阿噜图造浑仪香漏八部》等。

又据此书记载："秘书监照得，本监应有书画图籍等物，须要依时正官监视，仔细点检曝晒，不致虫伤，浥变损坏。外据回回文书就便北台内令鄂都玛勒一同检觑曝晒。"①由此看来，秘书监当时收藏的回回天文历算、算学、占星等方面的书籍不在少数。

大批阿拉伯天文历法书籍以及天文历法方面的专家进入中国，对中国天文历法产生了积极影响。如郭守敬著作当中，有《五星细行考》五十卷，就是吸收了回回历的五星纬度计算法。这种算法比较严密，对郭守敬后来编制《授时历》当有帮助。

但是对于中国受到影响的程度有多大，值得怀疑。李约瑟就曾说："正是这种自高自大的心理（指后来的耶稣会传教士），使得后来的科学史家误以为中国天文学曾受到过伊斯兰教地区的重大影响。如上文所述，事实是恰恰相反的。"②

研究郭守敬的陈美东先生在《郭守敬传》中也指出："质言之，对于授时历和回回历法关系的问题，我们既不同意授时历是以回回历法为蓝本或暗用回回历法之说，也不同意在授时历中没有受阿拉伯人天文学影响痕迹之说，因为这些都不符合历史事实。"③

如郭守敬制作简仪，陈美东先生说："其实，简仪之作不是非有阿拉伯天文仪器的影响不可。在金章宗承安四年（1198年）时，有个名叫丑和尚的人向金政府进呈了许多天文仪器的图样，其中一

　　①　《秘书监志》卷6。

　　②　李约瑟：《中国科学技术史》第4卷《天学》第2分册，科学出版社1975年版，中译本第498页。

　　③　陈美东：《郭守敬传》，南京大学出版社2003年版，第382页。

种便叫做简仪。郭守敬的简仪可能受到丑和尚简仪的影响,应是更合理的猜测……由此看来,郭守敬简仪之作当是对中国传统浑仪的继承,又是具有创新性的发展。"①

对郭守敬的成就如何评价,他说:"授时历是在继承中国传统历法的基础上,有诸多创新。在这些创新中,有的是建于中国固有历法或算法基础上的,有的则是受到阿拉伯天文学的影响。同样,郭守敬一系列天文仪器的制作是在继承中国天文仪器制作传统的基础上,有诸多创新。在这些创新中,有的是建于中国传统天文仪器制作的基础上,有的则是受到阿拉伯天文仪器的启示。"②这个评价是非常中肯的,也是符合历史事实的。

郭守敬的授时历以及郭守敬天文仪器制作之所以能够超越前代,吸收中外已有的先进的科学技术成果当是重要的原因之一。

笔者完全同意陈美东先生的看法,实际上,沈括所主持铸制的"沈括浑仪"和北宋皇祐铜浑仪都对郭守敬制作简仪产生了影响。

另外,笔者对陈美东先生的看法从史料上给以支持。陈先生所说丑和尚之事,《金史》有载:"癸未,奉职丑和尚进《浮漏水称影仪简仪图》。命有司依式造之。"③看来,丑和尚进呈的这些天文仪器的图样,金章宗不但采纳,而且"命有司依式造之"。可见,金国的统治者也有非常重视科技的。

那么,这些仪器下落如何呢?笔者认为,它可能和众多科学仪器一起,包括著名的北宋皇祐铜浑仪、北宋针灸铜人,以及金朝司天监官员张行简所制莲花漏、星丸漏等等一起,被蒙古人获得,并得到精心保护,继续在元代发扬光大。

交流是双向的,元代是中国古代史上天文历法发展的巅峰时

---

①　陈美东:《郭守敬传》,南京大学出版社 2003 年版,第 385 页。

②　陈美东:《郭守敬传》,南京大学出版社 2003 年版,第 382 页。

③　《金史》卷 11《章宗本纪三》。

期,在当时世界范围内也处于领先地位。所以,中国先进的天文历法理所当然对阿拉伯诸国的天文历法也产生明显影响。

如耶律楚材,前已述及,与撒马尔罕天文学家关于天文历法的讨论,使得他们对中华历法有所了解,并通过严密的计算使对方折服。中国天文学家当时在预测日月食、恒星观测方面都处于领先地位。

此外,有大量域外材料也当涉及此点,如波斯文、阿拉伯文等,可以从这里挖掘,怎奈笔者缺乏这方面的语言基础,只能望洋兴叹,在语言方面继续开拓,这当是笔者今后应当努力的方向。

主要参考文献

古代典籍

1. 宋濂等:《元史》,中华书局 1976 年版。

2. 脱脱等:《宋史》,中华书局 1977 年版。

3. 佚名:《元典章》,中国书店 1990 年版。

4. 苏天爵编:《元文类》,四库全书本。

5. 屠寄:《蒙兀儿史记》,中国书店影印本。

6. 柯劭忞:《新元史》,中国书店影印本。

7. 王德毅等(编):《元人传记资料索引》1～5 册,中华书局 1985 年版。

8. 陈梦雷等:《古今图书集成》,中华书局、巴蜀书局 1985 年版。

9. (明)王圻撰:《续文献通考》,四库全书存目丛书本。

10. 方龄贵(辑校):《通制条格校注》,中华书局 2001 年版。

11. 陈得芝、邱树森等编:《元代奏议集录》,浙江古籍出版社 1998 年版。

12. 李修生等编:《全元文》1～25 册,江苏古籍出版社 1998 年版;《全元文》26～60 册,凤凰出版社 2004 年版。

13. 苏天爵:《元朝名臣事略》,中华书局点校本 1996 年版;《滋溪文稿》,四库全书本。

14. 孛兰兮、赵万里（校辑）:《元一统志》,中华书局 1966年版。

15. 臧晋叔（编）:《元曲选》,中华书局 1989 年版。

16.（清）顾嗣立（编）:《元诗选》,中华书局 1987 年版。

17. 权衡:《庚申外史》,丛书集成初编本;《庆元条法事类》,黑龙江人民出版社 2002 年版。

18. 陶宗仪:《南村辍耕录》,四部丛刊本。

19. 赵孟頫:《松雪庵集》,四库全书本。

20. 任道斌（校点）:《赵孟頫集》,浙江古籍出版社 1986 年版。

21. 虞集:《道园类稿》,元人文集珍本丛刊,台湾新文丰出版公司 1985 年版;《道园学古录》,四库全书本。

22. 彭大雅、徐霆:《黑鞑事略》,丛书集成本。

23. 佚名:《蒙古秘史》,内蒙古人民出版社。

24. 钱大昕:《元史氏族表》,二十五史补编本。

25. 司农司（编）:《农桑辑要》,四库全书本。

26. 王祯:《农书》,四库全书本。

27. 曹昭:《格古要论》,四库全书本。

28. 孔齐:《至正直记》,丛书集成初编本。

29. 陆容:《菽园杂记》,中华书局 1985 年版;《日知录集释》,上海古籍出版社 1985 年版。

30. 耶律楚材:《西游录》,中华书局点校本 2000 年版;《湛然居士集》,四库全书本。

31. 李志常:《长春真人西游记》,王国维校注本。

32. 叶子奇:《草木子》,中华书局点校本。

33. 刘敏中:《中庵集》,四库全书本。

34. 王恽:《秋涧集》,四库全书本;《玉堂嘉话》,四库全书本;《承华事略》,丛书集成续编。

35. 袁桷:《清容居士集》,四库全书本。

36. 郑元祐:《侨吴集》,四库全书本。

37. 马祖常:《石田文集》,四库全书本。

38. 吴莱:《渊颖吴先生文集》,四部丛刊初编本。

39. 黄镇成:《秋声集》,四库全书本。

40. 黄溍:《金华黄先生文集》,四部丛刊初编本。

41. 沈梦麟:《花溪集》,元人文集珍本丛刊,台湾新文丰出版公司 1985 年版。

42. 王逢:《梧溪集》,四库全书本。

43. 吕诚:《来鹤亭记》,四库全书本。

44. 许恕:《北郭集》,四库全书本。

45. 纳延:《金台集》,四库全书本。

46. 刘冼:《桂隐诗集》,四库全书本。

47. 魏初:《青崖集》,四库全书本。

48. 郝经:《陵川文集》,四库全书本。

49. 胡祗遹:《紫山大全集》,四库全书本。

50. 程钜夫:《雪楼集》,四库全书本。

51. 张养浩:《归田类稿》,四库全书本。

52. 王行:《半轩集》,四库全书本。

53. 危素:《危太朴文集》,元人文集珍本丛刊,台湾新文丰出版公司 1985 年版。

54. 陈高:《不系舟渔集》,元人文集珍本丛刊,台湾新文丰出版公司 1985 年版。

55. 揭傒斯:《文安集》,四库全书本;《揭曼硕文选》,四库全书存目丛书本。

56. 刘因:《静修先生文集》,四库全书本。

57. 胡行简:《樗隐集》六卷,四库全书本。

58. 宋濂:《宋学士文集》,四库全书本。

59. (明)释妙声撰:《东皋录》,四库全书本。

60. 谢应芳:《龟巢稿》,四库全书本。

61. 戴良:《九灵山房集》,四部丛刊本。

62. 陈旅:《安雅堂集》,四库全书本。

63. 吴皋:《吾吾类集》,四库全书本。

64. 王恭:《草泽狂歌》,四库全书本。

65. 张羽:《静庵集》,四库全书本。

66. 孙作:《沧螺集》,四库全书本。

67. 于敏中:《钦定日下旧闻录》,北京古籍出版社1985年版。

68. (明)张昱撰:《可闲老人集》,四库全书本。

69. 宋褧:《燕石集》,四库全书本。

70. 王冕:《王冕集》,浙江古籍出版社1999年版。

71. 同恕:《榘庵集》,四库全书本。

72. 陈孚:《陈刚中诗集》,四库全书本。

73. 杨维桢:《东维子集》,四库全书本。

74. 刘岳申:《申斋集》,四库全书本。

75. 陈基:《夷白斋稿集》,四库全书本。

76. 舒頔:《贞素斋集》,四库全书本。

77. 李存:《俟庵集》,四库全书本。

78. 陶安:《陶学士集》,四库全书本。

79. 孙蕡(撰):《西庵集》,四库全书本。

80. 高启:《凫藻集》,四库全书本。

81. 程端学:《积斋集》,四库全书本。

82. 吴当:《学言稿》,四库全书本。

83. 董纪:《西郊笑端集》,四库全书本。

84. 徐一夔撰:《始丰稿》,四库全书本。

85. 邓文原:《巴西集》,四库全书本。

87. 蒲道源:《闲居丛稿》,四库全书本。

88. 刘基:《诚意伯刘文成公文集》,四部丛刊初编本。

89. 范梈撰:《范德机诗集》,四库全书本。

90. 王祎:《王忠文集》,四库全书本。

91. 蓝浦、郑廷桂:《景德镇陶录校注》,江西人民出版社 1996 年版。

92. 杨瑀撰:《山居新话》,笔记小说大观本,江苏广陵古籍刻印社 1984 年版。

93. 刘一清:《钱塘遗事》,笔记小说大观本,江苏广陵古籍刻印社 1984 年版。

94. 周密:《癸辛杂识》,中华书局 1988 年版。

95. 马端临:《文献通考》,四库全书本。

96. 蔡美彪(编):《元代白话碑集录》,科学出版社 1955 年版。

97. 胡聘之:《山右石刻丛编》,台湾新文丰出版公司 1982 年版。

98. 武树善:《陕西金石志》,台湾新文丰出版公司 1982 年版。

99. 沈寿:《常山贞石志》,台湾新文丰出版公司 1982 年版。

100. 袁桷:《(延祐)四明志》,宋元地方志丛刊本。

101. 王元恭:《(至正)四明续志》,宋元地方志丛刊本。

102. 张铉:《(至正)金陵新志》,宋元地方志丛刊本。

103. 杨譓纂修:《(至正)昆山郡志》,宋元地方志丛刊本。

104. 俞希鲁:《(至顺)镇江志》,宋元地方志丛刊本。

105. 徐硕:《(至元)嘉禾志》,宋元地方志丛刊本。

106. 冯福京:《(大德)昌国州图志》,宋元地方志丛刊本。

107. 于钦:《齐乘》,宋元地方志丛刊本。

108. 佚名:《无锡志》,宋元地方志丛刊本。

109. 陈大震:《南海志》,宋元地方志丛刊本。

110. 佚名:《河南志》,宋元地方志丛刊本。

111. 骆天骧(黄永年点校):《类编长安志》,三秦出版社 2006 年版。

112. 杨循吉（编纂）：《吴邑志；长洲县志》，广陵书社 2006 年版。

113. 周达观（夏鼐校注）：《真腊风土记》，中华书局 2000 年版。

114. 周致中：《异域志》，中华书局校注本 2000 年版。

115. 元好问：《续夷坚志》，四库全书存目丛书本。《遗山集》，四库全书本。《中州集》，四库全书本。

116. （元释）清珙撰：《石屋禅师山居诗》，四库全书存目丛书本。

117. 朱思本：《贞一斋杂着一卷、诗稿一卷》，丛书集成续编。

118. 许谦：《白云集》，丛书集成初编。

119. 鲁明善：《农桑衣食撮要》，四库全书本。

120. （元）周砥、马治撰：《荆南唱和诗集》，四库全书本。

121. （元）顾瑛等撰、袁华编：《玉山纪游》，四库全书本；《草堂雅集》，四库全书本；《玉山名胜集》，四库全书本。

122. 周南瑞：《天下同文集》，四库全书本。

123. 许有壬：《圭塘欸乃集》二卷，四库全书本；《至正集》，四库全书本。

124. （元）赵景良编：《忠义集》，四库全书本。

125. （元）王泽民、张师愚编：《宛陵羣英集》十二卷，四库全书本。

126. （元）房祺编：《河汾诸老诗集》八卷，四库全书本。

127. （元）王士点、商企翁同撰：《秘书监志》，四库全书本。

128. 沙克什（赡思）《河防通议》，四库全书本。

129. 欧阳玄：《圭斋文集》，四库全书本；《拯荒事略》，四库全书存目丛书。

130. 熊梦祥：《析津志辑佚》，北京古籍出版社 1983 年版。

131. （元）李道纯撰，蔡志颐辑：《清庵先生中和集》，四库全书存目丛书。

　　132.（元）徐勉之撰：《保越录》，丛书集成初编。

　　133.（清）于敏中、英廉等奉敕撰：《钦定日下旧闻考》，四库全书本。

　　134.杨笃：《（光绪）蔚州志》，历代石刻史料汇编本，北京图书馆 2000 年版。

　　135.陈椿：《熬波图》，四库全书本。

　　136.王象之：《舆地纪胜》，台北文海出版社 1971 年版。

　　137.沈括：《梦溪笔谈》，文物出版社 1975 年版。

　　138.李诫：《营造法式》，四库全书本。

　　139.姚燧：《牧庵集》，四库全书本。

　　140.忽思慧：《饮膳正要》，上海古籍出版社 1990 年版。

　　141.程敏政：《（弘治）休宁志》，北京图书馆古籍珍本丛刊，书目文献出版社 1998 年版。

　　142.黄仲昭：《（弘治）八闽通志》，北京图书馆古籍珍本丛刊，书目文献出版社,1998 年版。

　　143.觉罗雅尔哈善：《（正德）饶州府志》，天一阁藏明代方志选刊本。

《（正德）赵州志》，天一阁藏明代方志选刊本。

《（嘉靖）彰德府志》，天一阁藏明代方志选刊本。

《（嘉靖）常德府志》，天一阁藏明代方志选刊本。

《（弘治）八闽通志》，天一阁藏明代方志选刊本。

元代笔记小说系列（周光培主编，河北教育出版社 1994 年版）

1. 周致中：《异域志》一卷。

2. 吾丘衍：《学古编》一卷。

3. 李材：《解醒语》一卷。

4. 李志常：《长春真人西游记》三卷。

5. 李翀:《日闻录》一卷。

6. 伊世珍:《琅嬛记》三卷。

7. 俞琰:《席上腐谈》二卷。

8. 谕德邻:《佩韦斋辑闻》四卷。

9. 陆友:《墨史》三卷。

10. 姚桐寿:《乐郊私语》一卷。

11. 陆友仁:《吴中旧事》一卷。

12. 陶宗仪:《元氏掖庭记》一卷。

13. 郭翼:《雪履斋笔记》一卷。

14. 陶宗仪:《辍耕录》三十卷。

15. 王顕:《稗史集传》一卷。

16. 刘一清:《钱塘遗事》十卷。

17. 无名氏:《保越录》一卷。

18. 纳新:《河朔访古记》三卷。

19. 黄溍:《日损斋笔记》一卷、附录一卷。

20. 费著:《岁华纪丽谱》一卷。

21. 郑禧:《春梦录》一卷。

22. 蒋正子:《山房随笔》一卷。

23. 权衡:《庚申外史》二卷。

24. 无名氏:《元朝秘史》十五卷。

25. 无名氏:《东南纪闻》三卷。

26. 王恽:《玉堂嘉话》八卷。

27. 无名氏:《元朝征缅录》一卷。

28. 王鹗:《汝南遗事》四卷。

29. 白珽:《湛渊静语》二卷。

今人著作

1. 默顿:《十七世纪英格兰的科学、技术与社会》,商务印书馆

2000 年版。

2．W．C．丹皮尔：《科学史及其与哲学和宗教的关系》，商务印书馆 1975 年版。

3．（美）D. Lindberg：《西方科学的起源——公元前六百年至公元一千四百五十年宗教、哲学和社会建制大背景下的欧洲科学传统》，中国对外翻译出版公司 2001 年版。

4．查尔斯、辛格等主编：《技术史》（1～7 卷），上海科技教育出版社 2004 年版。

5．李约瑟：《中国科学技术史》，科学出版社 1975 年版。

6．潘吉星：《中国造纸技术史稿》，文物出版社 1979 年版。

7．夏湘蓉：《中国古代矿冶开发史》，地质出版社 1980 年版。

8．颜泽贤、黄世瑞著：《岭南科技史》，广东人民出版社 2002 年版。

9．刘敦桢：《中国古代建筑史》，中国建筑工业出版社 1981 年版。

10．中国硅酸盐协会：《中国陶瓷史》，文物出版社 1982 年版。

11．轻工业部陶瓷工业科学研究所：《中国的瓷器》，中国轻工业出版社 1983 年版。

12．陈维稷：《中国纺织科学技术史》，科学出版社 1984 年版。

13．李家冶：《中国古代陶瓷科学技术成就》，上海科学技术出版社 1985 年版。

14．张秀民：《中国印刷史》，上海人民出版社 1989 年版。

15．何亚平：《科学社会学教程》，浙江大学 1990 年版。

16．陈高华：《中国经济通史·元代经济卷》，经济日报出版社 2000 年版。

17．漆侠：《中国经济通史·宋代经济卷》，经济日报出版社 1999 年版。

18．李仁溥：《中国古代纺织史稿》，岳麓书社 1983 年版。

19. 薛增福:《曲阳北岳庙》,河北美术出版社 2000 年版。

20. 傅增湘:《藏园群书经眼录》,中华书局 1983 年版。

21. 雅各:《莱芜文物》,齐鲁书社 1998 年版。

22. 游彪:《宋代寺院经济史稿》,河北大学出版社 2003 年版。

23. 赵岗:《中国经济制度史论》,台湾联经出版社 1986 年版。

24. 中国人民大学中国历史教研室编著:《中国封建经济关系的若干问题》,三联书店 1958 年版。

25. 张秀民:《中国印刷术的发明及其影响》,人民出版社 1958 年版。

26. 加藤繁:《中国经济史考证》,商务印书馆 1959 年版。

27. 张子高:《中国化学史稿》,科学出版社 1964 年版。

28. 戴家璋:《中国造纸技术简史》,中国轻工业出版社 1994 年版。

29. 田长浒:《中国铸造技术史》,航空工业出版社 1995 年版。

30. 朱裕平:《元代青花瓷》,文汇出版社 2000 年版。

31. 李剑农:《宋元明经济史稿》,三联书店 1957 年版。

32. 陈垣:《道家金石略》,文物出版社 1988 年版。

33. 胡务:《元代庙学》,四川出版集团巴蜀书社 2005 年版。

34. 席龙飞:《中国造船史》,湖北教育出版社 2004 年版。

35. 王毓瑚:《中国农学书录》,中华书局 2006 年版。

36. 程民生:《河南经济简史》,中国社会科学出版社 2005 年版。

37. 韩儒林:《元朝史》,人民出版社 1986 年版。

38. 韩汝玢、柯俊主编:《中国科学技术史》矿冶卷,科学出版社 2007 年版。

西文著作

1. 多桑(D'Ohsson):《蒙古史》(*Histoire des Mongols*),冯承

钧汉译本《多桑蒙古史》,上海书店出版社 2001 年重排本。

2. M. Bridgstock D. Burch 著,刘立等译:《科学技术与社会导论》,清华大学出版社 2005 年版。

3. [日]西嶋定生:《中国经济史研究》,农业出版社 1984年版。

4. 马可波罗:《马可波罗行纪》,2007 年东方出版社,足本。

5. [苏]帕舒托:《蒙古统治时期的俄国史略》,科学出版社 1959 年版。

6. 山崎忠:《别里哥文字考——〈元典章〉研究の一出》,《东方学报》(京都),第 24 卷(1954)。

7. 格列科夫、雅库博夫斯基:《金帐汗国兴衰史》,初版于 1950年,余大钧汉译本,商务印书馆 1985 年版。

8. [法]韩百诗:《元史·诸王表笺证》,湖南大学出版社 2005年中译本。

9. [伊朗]志费尼(J. Boyle) 著、何高济译:《世界征服者史》(*The History of the world conqueror*),内蒙古人民出版社,1981年版。

10. 李穑:《牧隐文稿》,韩国成均大学校大东文化研究院影印本。

11. Ayalon, David. "On One Of the Works of Jean Sauvaget", Israel Oriental Studies, I(1971).

12. T. V. Wylie. "The First Mongol conquest of Tibet reinterepreted", in HJAS, 37(1977), 103~133.

13. Halperin, Charles J. "Russia in the Mongol Empire in Comparative Perpective", Harvard journal of Asiatic Studies, vol. 43, no. 1(1983).

14. M. Rossabi, khubilai Khan. *his life and times*, Univ. of California Press 1988

15. P. Olbricht. *das Postwesen in China under der Mongolenherrschaft im* 13. *und* 14. *jahrhundert*,Wiesbaden, 1954.

16. P. Pelliot. "Notes sur le Turkestan de M. W. Barthold", in T'oung Pao,27(1930),12~56.

17. Yuan Thought. *Chinese Thought and Religion under Mongols*. New York,Columbia University Press,1982.